高校城乡规划专业规划推荐教材

本书写作由科技部创新方法工作(2007FY140800)资助完成

城市规划系统工程学

陈彦光　编著

中国建筑工业出版社

图书在版编目(CIP)数据

城市规划系统工程学/陈彦光编著.—北京:中
国建筑工业出版社,2012.2
高校城乡规划专业规划推荐教材
ISBN 978-7-112-14062-6

Ⅰ.①城… Ⅱ.①陈… Ⅲ.①城市规划-系统工程-
高等学校-教材 Ⅳ.①TU984

中国版本图书馆 CIP 数据核字(2012)第 026907 号

本书讲授城市规划系统工程学的入门知识,包括基本理论和应用方法。本书前三章讲述系统理论、系统方法和信息熵的基本知识,其余章节讲解城市规划的定量分析、综合评价和发展预测方法。第一部分是基础,第二部分是主要框架。在基于城市和城市体系介绍了系统工程学的基本概念之后,讲授非线性回归预测方法、Logistic 回归与离散选择模型、Markov 链与系统演化过程、线性规划、层次分析法、模糊综合评价以及人工神经网络等。其中,回归分析和人工神经网络建模属于"黑箱"方法,GM(1,1)等属于"灰箱"方法,层次分析法和模糊综合评价属于系统评价方法,线性规划属于运筹和优化分析。

本书可供城乡规划学、地理学、经济学和系统科学等诸多领域的学生、研究人员以及工程技术人员学习或参考。

为更好地支持本课程的教学,我们向使用本书的教师免费提供教学课件,有需要者请与出版社联系,邮箱:jgcabpbeijing@163.com。

责任编辑: 杨 虹
责任设计: 董建平
责任校对: 刘梦然 姜小莲

高校城乡规划专业规划推荐教材
城市规划系统工程学
陈彦光 编著
*
中国建筑工业出版社出版、发行(北京海淀三里河路9号)
各地新华书店、建筑书店经销
北京嘉泰利德公司制版
北京建筑工业印刷厂印刷
*
开本:787×1092毫米 1/16 印张:19 字数:446千字
2019年12月第一版 2019年12月第一次印刷
定价:**45.00**元(赠课件)
ISBN 978-7-112-14062-6
(22092)

前言

　　长期以来，科学和工程技术研究的主要思维方式是还原论。然而，复杂系统却是不可还原的。还原式思维方法在复杂系统的研究和应用中受到很大局限。系统思想是对基于还原论的研究方法的一种反动。由于系统理论和系统方法的发展，人们解决复杂问题有了新的思路和技术路线。系统科学和系统工程学应运而生。系统工程学既是一种方法，也是一种学科。系统工程教育的目的在于将方法正规化，由此确定新的方法和研究机会，这些方法和机会与其他工程领域的情况具有类似之处。作为方法，系统工程是整体论的和跨学科的。作为学科，既有一般意义的系统工程学，也有各个具体应用领域的系统工程学——城市规划系统工程学属于后者。

　　城市和城市体系都是复杂的巨系统，研究复杂系统自然需要整体论的方法。系统思想和理论早就应用于城市研究，但是，城市规划具有工程和技术性质，为此需要一门相应的系统工程学体系。正如一位西方学者所说，系统方法也许不是最好的方法，但是，至今为止的确未能找到更好的方法。套用这句话来说，系统工程也许不是最好的工程，但是，对于城市规划而言，目前似乎没有比之更好的工程。在某种意义上，城市规划相当于一种系统的开发。系统开发常常需要多个技术领域的支撑。通过提供基于整体论的系统观点，系统工程学可以帮助规划师将多种技术贡献整合起来，形成一种结构性的发展过程，这个过程贯穿着概念、调查、规划编制乃至规划实施。在教育方面，系统工程属于交叉学科的内容，需要具备不同领域知识的多名教师共同完成，或者一个教员需要同时具备多种学科的知识，否则难以胜任。

　　如今，一般系统论的发展已经融入复杂性科学的潮流。复杂性研究的崛起是对还原论思维的第二次大规模的反动。相应地，系统方法、系统工程等都与复杂性探索、分析和管理相互交融。一个系统或者项目的复杂性增加，人们对系统工程学的需要程度也会随之增加。在这方面，复杂性不仅融合工程系统，同时也融合人类逻辑意义的数据组织。同时，一个系统的复杂性也可能与设计过程中系统规模的增加以及数据、变量或者牵涉领域的数量的增加存在关系。系统工程学有助于人们(包括规划师)更好地理解和管理系统(包括城市)中的复杂性,为此有必要借助相应的工具。这类工具包括建模和模拟(modeling and simulation)、系统建设(system architecture)、优化(optimization)、系统动力学(system dynamics)、系统分析(system analysis)、统计分析(statistical analysis)、可靠性分析(reliability analysis)以及决策(decision making)等。其实,通过跨学科的途径实施系统工程本身就是非常复杂的过程,因为系统组成部分的相互作用一般不容易有效定义,也不便于即时理解。定义或者刻画这类系统或其子系统以及这些系统中的相互作用是系统工程的目的之一。为此,需要联系不同的学科,联系定性与定量,联系理论与实践,联系科学与技术。对于城市规划而言,系统工程联系着城市学、地理学、规划学、运筹学、优化理论和技术,如此等等。

本书前3章讲述系统思想、概念、方法和系统工程学的基本思路,以及信息熵在城市空间分析中的应用。4~11章讲述定量分析方法、综合评价技术以及运筹学的基本知识。第1章讲一般系统论的基本概念;第2章讲系统方法和系统工程的基础知识;第3章讲信息熵和基于信息熵概念的空间熵;第4章讲基于非线性回归模型的常规预测方法;第5章讲Logistic回归分析和离散选择模型;第6章讲Markov链和系统演化过程,其中涉及平均熵的计算;第7章讲线性规划模型和案例;第8章讲层次分析法(AHP法)和决策分析;第9章讲模糊综合评价方法;第10章讲人工神经网络和非线性建模;第11章讲灰色系统预测模型的建构。其中,回归分析和人工神经网络属于"黑箱"分析方法,回归与GM(1,1)建模属于预测方法,而人工神经网络又属于复杂系统研究方法之一。层次分析法和模糊综合评价属于系统决策和评价技术,而线性规划则属于运筹和优化方面的内容。

如前所述,系统工程学是跨学科的知识领域,一个人的知识结构很难胜任全部的城市规划系统工程学教学和实践。虽然本书初步形成一个体系,但结构尚且不够完整,内容也存在很大的优化空间。诚然,以本书作者一人之力编著相对完整的城市规划系统工程学教材,时间、精力和能力都不允许。希望今后在国内找到合适的合作者,共同发展这个知识体系,以期形成一个相对健全的教学框架。书中的个别案例不是针对城市而是针对区域展开,但读者很容易通过举一反三而触类旁通,进而运用于城市规划领域。限于作者的认识水平和目前的知识结构,书中的失误和错讹在所难免,诚恳地欢迎广大读者批评指正。

编　者

目录

第 1 章

系统和系统科学

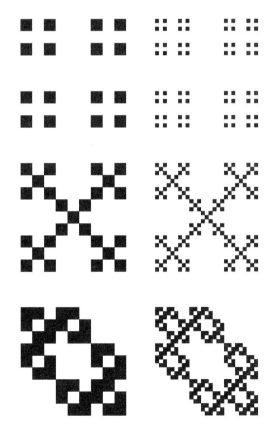

　　城市是一种复杂的开放系统，研究城市系统需要系统思想和系统科学方法。系统论起源于 20 世纪 30 年代的生物学和物理学，二战期间数学家曾经试图将其改造为一门数学分支。最后系统理论形成一门横断科学（cross science），众多的学科在此交叉。系统研究发展为两大分支：一是学术研究，主要是发展一般系统论；二是应用研究，主要是发展系统方法和系统工程学。前者偏重于系统思想、理论和模型，后者偏重于预测、决策、评价和规划。两方面的研究相互关联、相互渗透。系统工程需要用到一般系统论的基本原理，一般系统论要为系统工程提供理论指导和方法论证。作为基础知识，本章着重介绍与城市有关的一般系统论概念和观点，并简单说明基于系统论发展起来的复杂性科学。系统思想和复杂性观念有助于学者从整体论的观点看待城市演化及其发展规划。

1.1　系统和系统科学的概念

1.1.1　什么是系统

　　系统是指相互作用、相互联系、相互依存的要素构成的复合整体。系统（system）一词出自希腊语：由 syn（一起）+histemi（装置）两部分组合而成，原意为"装配到一起"。理论意义的系统有各种定义。一般系统论的创始人 Bertalanffy（1968）在《General System Theory》一书中对系统的解释如下："系统可以定义为具有相互关系的要素的集合。相互关系意味着，如果要素 p 位于关系 R 之中，则其行为不同于它在另一种关系 R' 中的行为。如果 R 和 R' 中的要素行为没有什么不同，那就表明不存在相互作用，从而对于关系 R 和 R' 而言，要素的行为彼此无关。"

　　这里涉及几个概念：要素（element，元素）p，相互关系（interrelation）—相互作用（interaction），关系（relation）R 和 R'。这段话的意思是说，在不同的关系（relation）里，要素的相互作用（interaction）的方式是不同的，从而系统的结构不同，因而行为（behavior）不同；如果在不同的关系 R 和 R' 里，要素的行为居然相同，那就意味着要素彼此之间没有相互作用，从而对于 R 和 R' 来说，要素各自独立。系统概念的要点在于：要素集合、相互作用（关系+运行）、结构和功能。简而言之，由一定要素组成的、具有一定结构和功能的有序集合，就是所谓系统。

　　不同领域的专家对系统的理解有所差别，但大同小异。Mayhew（1997）在《牛津地理学词典》（第二版）中对系统的解释是："任何相互关系的部分组成的集合体。"系统可以是具体的现象，如一座学校，也可以是抽象概念的集合，如一门学科体系。

　　系统是普遍存在的。举目四望，几乎无处不系统。Krone（1980）指出，一个办公室，一个国家的政府机构，世界范围的能源消费和生产，如此等等，都可以视为一个系统。对于城市规划专业而言，一个社区，一座城市，区域中的城市群体，以及城市之间的交通网络，均可视为系统。系统和组织不同，某种组织必定是一个系统，但反之未必尽然——一个系统不一定就是组织。组织比系统的要求更为严格。或者说，作为概念，组织的内涵大于系统，而外延则小于系统。

1.1.2 基本概念

全面描述一个系统，或者学习系统理论，我们需要了解如下几组基本概念。

1. 要素—边界—环境

要素（element）是构成系统的基本单元。简单的系统直接由要素构成，复杂系统具有多重层级，最下一级就是要素。一个系统具有一个明确的或者模糊的边界（boundary），这个边界将系统与其生存环境（environment）分隔开来。以城市为例，中国古代的城市往往具有明确的边界，那就是它们的城墙。当代城市开放多了，一般不再具备明确的边界。但是，城市与乡村之间可以通过一定的过渡地带分开。原则上，城市与乡村之间存在一种分界线，这个界线将城市与其周边环境分隔开来。

2. 结构—功能—涨落

结构、功能和涨落是系统理论最基本也最重要的概念。结构（structure）是要素的秩序和关系的总和，功能（function）为有秩序的行为及其后果，涨落则是对秩序的干扰，或者对平衡状态的一种随机偏离。

结构是关系的集合。Pullan（2000）指出，提起结构，"人们立刻想起某些词汇：组织、排列、连贯、倾向、构架，还有次序——尤其是次序，它包蕴甚广并成为结构的根基。"（Pullan and Bhadeshia，2000）任何一个系统（当然包括城市系统）都是由要素的集合和把各要素组合成一个整体的结构共同决定的。要素之间的关联方式有很多种，当系统处于停止状态，其要素的关联方式称为框架结构；当系统处于进行状态则其结构称为运行结构；要素在时间流程中的关联方式称为时间结构；要素在空间中的关联方式称为空间结构；当时间关联和空间关联兼而有之的时候称为时空结构（许国志，2000）。城市系统分析涉及最多的是空间结构和时空结构。

功能是刻画系统行为、特别是系统与环境关系的概念。具体说来，功能是指系统行为引起的、有利于环境中某些事物乃至整个环境的生存与发展的影响或作用。系统的结构决定功能，功能反作用于结构，结构、功能、涨落三者的相互作用导致系统的演进与发展。简单系统的功能由结构决定，复杂演化系统则是结构及其与环境的关系共同决定该系统的功能。

与结构有关的一个重要的概念是组织。组织（organize）是指按一定目的、任务和形式加以编制，使得要素形成一个具有秩序、职能和结构的整体。系统的主要行为是演化，组织是系统的一种特殊演化过程，实际上就是系统结构的有序化过程。组织可分为他组织和自组织。当组织（organization）作为名词时，它指的是一种特殊的建构。系统组分的关联方式有有序和无序之分，组织乃是一种有序的结构（许国志，2000）。

3. 目标—运行—演化

任何一个系统，都有或明或暗的目标（goal）。目标可以分为三个层次。系统近期的追求指向叫做目的（objective），比目的更远的追求方向定位叫做目标（end，goal），非常遥远、可望不可及但对系统的演化具有影响的目标叫做理想（ideal）。系统围绕目标运动，同时发挥自身的功能，就是系统的运行（movement）。系统运行都有一定的方式，运行方式决定了系统工作的效率。系统围绕发展目标的持续运行、逐步改进，就是系统的演化（evolution）。演化是一种过程，可以是时间过程，也可以是空间过程，还可以是时空过程。

4. 状态—行为—耦合

系统在一定的阶段所具有的形态或者条件，就是系统的状态（state）。状态与生长、发育、构成、形式、结构、模式等有关。系统的状态可以通过一系列的测度或者变量来描述。状态与行为有关。系统的行为（behavior）就是系统在某种时空的动态表现。系统行为通常遵循一定的模式。系统的行为模式是系统状态的内容之一。如果系统的一种行为与另外一种行为不存在能量传递关系，则行为模式相对简单；如果不同的行为之间存在能量传递过程，则系统具有某种耦合（coupling）过程。耦合在系统的动力学模型中表现为交叉项。如果系统动力学的方程具有交叉项，就有耦合，否则系统没有耦合行为。

5. 输入/输出—通量—反馈

任何一个系统，都具有一个或者多个输入（input）、输出（output）端口。输入是环境对系统的影响，输出则是系统对环境的影响。在物质、能量和信息通过输入端进入系统，然后通过输出端排放出来的过程中，系统中就会形成一定的通量，即吞吐量。所谓通量（throughput），是指一个系统输入—输出之间的变换。输入量、吞吐量和输出量是系统处理的基本测度。如果系统的输入和输出没有联系，那就是单向流通；如果系统的输入与输出具有关联，那就是存在某种反馈。反馈其实就是系统的自相关过程（图1-1）。

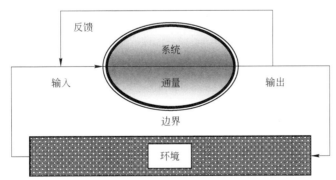

图1-1　系统自相关及其与环境关系示意图

所谓反馈（feedback），就是将一个系统的输出信号的一部分或者全部以一定的方式和路径送回到系统的输入端，使之成为输入信号的一部分。系统在追求目标的运行过程中，需要根据过去的行为效果进行反复调整，调整的过程就是反馈的过程。反馈有正、负之分。正反馈是一种自我强化机制，它可以使得系统越来越好，或者越来越糟。负反馈则是一种自我平衡机制，为了有效地趋近目标，通过测量输出调整输入，从而实现不偏不倚、恰到好处的运动。

6. 物质—能量—信息

人类科学的历史上，有三个最重要的基本概念，那就是物质（mass）、能量（energy）和信息（information）。物质概念出现得最早，它是古典力学的基础。19世纪初期，科学家在热机—热力学的基础上提出"能量（energy）"概念。20世纪上半叶，爱因斯坦（A. Einstein）发现了物质与能量之间的转换关系，并将其表示为著名的质能公式：$E=mc^2$（E是能量，m是物质，c是光速），从而揭示了它们的本质联系。信息这个概念出现较晚。20世纪中期，由于通信技术和控制理论的发展，"信息"一词才应运而生。尽管人们对这三个基本概念的认识时间前后不一，但它们的本身是同时存在、不可须臾分离的：自古至今，物质、能量与信息一直相互结合、扮演世界演化的基本构成。如今西方甚至有一个极端的观点：世界的本质不是物质，也不是能量，而是信息（Bekenstein，2003）！

现实世界的系统输入和输出包括各种各样的流，人流、货流、物资流、资金流、信息流，如此等等。所有的输入和输出都可以抽象为物质、能量和信息。

1.2 系统的特性与分类

1.2.1 系统的特性

第二次世界大战期间，由于需要引导和控制大型军事行动，美国科学家着手发展出一门叫做"系统理论（theory of system）"的数学分支学科。这门学科的发展目标是要解决寻找最优的工程进度、最佳的补给路线等议题。作为该研究的继续，二战结束以后，科学家开始探讨是否可能存在一门"系统科学（science of system）"，解决交通网络之类的优化问题。作为学科，人们普遍关注的是，作为一个系统，是否必须具备某些性质，就像凡是金属都能导电、凡是哺乳动物都是胎生并且两性繁殖一样。猜测层出不穷，但求证任重而道远。研究者找来各种系统进行研究，详细分析每一个系统的特性，但却没有找到系统的共同性质，从而否决了系统具有特定属性的猜想。

尽管没有找到系统的本质属性，但系统的一般特性还是显而易见的。系统的主要特性包括整体性、层次性、关联性、目的性和稳定性。

（1）整体性。根据系统的整体性公理，整体不等于部分之和，在正常情况下整体大于部分之和。这是系统思想的基石。假定用W代表整体产出，Q_i代表第i个要素独立时的产出，则在正常的竞争—合作关系下，必有

$$W > \sum_i Q_i \qquad (1-1)$$

当然，这里有一个前提：系统的结构是好的。否则，整体小于部分之和。

整体性联系着非线性（nonlinearity）。对于线性的系统，整体等于部分之和；只有对于非线性系统，整体才不等于部分之和。

（2）层次性。系统存在阶次。一个系统，可以分出子系统（subsystem），子系统还可以分出一个个的部分，最后的基本单元是要素或者元素。Mayhew（1997）在《牛津地理学词典》中以橡树为例，说明橡树叶构成的系统是橡树这

个系统的一部分，而橡树作为一个系统又是橡树林系统的一部分，如此等等。Krone(1980)曾经在空军服役，他根据自身的经历指出，一架飞机，是由电子、液压、气动和机械等子系统构成的飞行系统，而飞机又和飞行员、维护和管理人员等组成人类系统——飞机是这个人类系统的子系统。一个国家的空军是一个更大的系统。Krone(1980)认为："这个例子最清楚不过地表明了系统的层次性。"

城市和城市体系是不同层次的系统。Berry(1964)曾经指出，若以城市为要素，则区域城市体系是一个系统(system of cities/towns)，这类系统由城市、交通网络及其腹地组成。城市又是一个系统(cities as systems)，其构成是人口、商业、文化、道路、桥梁、广场、车站、仓库、园林以及各种楼堂馆所。一个城市可以分出不同的层级，包括各种功能区系统、社区系统，最后到家庭住宅单元乃至个人。

城市的结构特征和层次性可以作多种理解，加拿大科学家 Kaye(1989)在其《分维漫步》一书中进行了如下图解。首先将城市分区分为四个等级：扇形区(sector)、管理区(district)、街道(neighborhood)、场所(site)。当我们走进某个城市扇形区的时候，我们可以看到居住用地(residential)、工商业用地(commercial-industrial)、开放空间(open space)和空闲地(vacant land)等用地类型。但是，每一种用地都不是纯粹的一类用地，当我们走进以工商业用地为主的管理区的时候，我们还可以看到住宅用地、工商业用地、开放空间和空闲地。进一步地，从管理区走进以开放空间为主的街道，从街道走进以空闲地为主的场所时，看到的依然是上述各种用地类型的组合。相同的城市用地结构(住宅—工商业—开放空间—空闲地等)在扇形区、管理区、街道和场所等不同的层次上重现自己，这就是自相似(self-similarity)的基本思想(图1-2)。城市的这个构造被西方学者如 Batty(1994)等视为等级体系(urban hierarchy)，该体系具有递阶结构(cascade structure)。

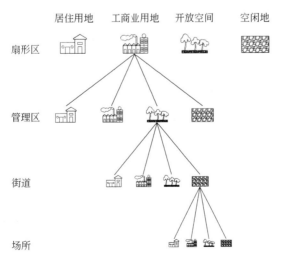

图1-2　城市用地等级体系的递阶结构(根据 Kaye，1989 绘制)

(3) 关联性。系统的各个部分或者基本元素都是相互联系的，没有关联就没有整体，没有整体就没有系统。关联是先于系统的概念。系统的定义之一，就是一组相互作用(interaction)、相互联系(interrelation)、相互依存(interdepend-ence)的要素形成的复杂整体。

(4)目的性。如前所述，凡系统都有目的、目标和理想。近距离的演化指向为目的，中距离的演化指向为目标，远距离的演化指向为理想。无论系统趋向目的、目标抑或理想，都是系统目的性的表现。系统的一切行为和功能都围绕目标展开或者发挥作用。没有目标的系统是不能持久的系统。

(5)稳定性。也有人将这种特性视为适应性。一个系统，如果没有稳定性的保证，则要么随时变异，要么随时解体。以城市为例，美国著名科学家、遗传算法的创始人、复杂性适应系统(complex adaptive system)研究的开拓者Holland(1995)在其《隐秩序》一书的开篇就对城市的自组织及其复杂性表示惊叹："我们观察大城市千变万化的本性时，就会陷入更深的困惑。买者、卖者、管理机构、街道、桥梁和建筑物都在不停地变化着。看来，一个城市的协调运作，似乎是与人们永不停止的流动和他们形成的种种结构分不开的。正如急流中的一块礁石前的驻波，城市是一种动态模式(a pattern in time)。没有哪个组成要素(constituent)能够独立地保持不变，但城市本身却延续下来了。"

1.2.2　系统的分类

系统的分类是一种复杂的工作，其中涉及模糊的边界和交叉的内容。不过，对于学习系统理论而言，无须对系统进行十分精确的分类——精确分类既无可能也没有必要。以下系统的类别都是大致的划分，学习者不必严格地分清每一种分类包含的具体系统，只需概略地了解即可。

(1)根据复杂性可以分为简单系统和复杂系统。简单系统如汽车，复杂系统如城市。

(2)根据系统与环境的关系可以分为孤立系统、封闭系统和开放系统。孤立系统与外界环境没有任何物质、能量和信息的交换。封闭系统与外界交换能量，但不交换物质。开放系统与环境交换物质、能量乃至信息。根据目前的知识，宇宙是一个孤立的系统，地球是一个封闭的系统，城市则是开放的系统。

(3)根据组织特征分为自组织系统和他组织系统。当系统之外的组织者按照某种目标、根据一定的计划、规则和方案对系统行为进行设计、规划和引导时，我们称之为他组织系统；当系统演化无须外界的特定干扰，仅依靠系统内部各要素的相互协调便能达到某种目标时，我们说系统是自组织(self-organization)的。当然，这是一种宽泛的划分。虽然我们对城市也进行规划和设计，但城市却是自组织系统。生命、生物、生态、人类社会都是自组织系统，各种机器则是他组织系统。任何机器，将其拆散之后，其零部件绝对不可能自我组装起来。

(4)根据作用关系可以分为线性系统和非线性系统。线性系统很少见，一般作为非线性系统在一定条件下的特例或者近似表示。非线性系统则比比皆是，城市就是复杂的非线性系统。在数学描述方面，如果系统的动力学方程没有耦合项，就是线性系统；如果存在耦合项，就是非线性系统。

（5）根据模型建设可以分为良性结构系统与不良结构系统。良性结构系统机理明显，可以采用比较明确的数学模型进行描述，而且借助现成的定量方法可以分析出系统的行为特征或寻找到解决问题的最佳方案。与此相反，不良结构系统机理不明确，难以运用数学模型有效描述，只能用半定量、半定性的方法，有时只能用定性的方法来处理问题，甚至要凭借人的直觉判断来解决问题。今天看来，良性结构系统包括线性系统、结构简单的非线性系统以及特殊的、可以线性化的非线性系统，它们都可以归结为简单系统一类。不良结构系统则全部属于非线性系统。经典物理学研究的主要是良性结构系统，而城市地理系统属于不良结构系统。

（6）根据运行状态可以分为动态系统和静态系统。状态参数随时间而改变的系统为动态系统，状态参数为常数的系统为静态系统。

（7）根据是否存在反馈环可以分为开环系统和闭环系统。开环系统不存在反馈环，如钟表。闭环系统存在反馈环，如人和钟表组成的系统。钟表走快了，人可以将其调慢，走慢了则可以将其调快，不走了则为其补充能量。这个人—钟的调节系统就是闭环系统，闭环系统又叫反馈系统。

（8）根据系统内部结构的透明程度分为白色系统、黑色系统和灰色系统。内部运行结构完全透明的系统为白色系统，如人类设计的机器；内部运行结构完全隐蔽的系统为黑色系统，如人的大脑；内部运行结构若隐若现、不完全透明的系统为灰色系统，如各种社会—经济系统。系统方法中的白箱、黑箱和灰箱思维就是分别针对这三类系统建模的。

（9）根据成因可以分为天然系统和人造系统。天然系统的成因与人类无关，如原始森林。人造系统则是人工建造的系统，如城镇。

（10）根据属性可以分为自然系统和人文/社会系统。自然系统包括自然界的各类系统，如森林、湖泊。人文/社会系统则是与人类活动有关的系统，如国家、城市、高校。

（11）根据是否抽象可以分为实体系统和概念系统。实体系统是指具体的系统，如汽车、城市。概念系统则是人类精神活动创造的一类系统，如制度系统、学科系统、软件系统。

（12）其他分类，如人机系统、对象系统。人机系统如广播系统、导航系统、交通管制系统等。对象系统如操作系统、管理系统、教育系统、医疗系统、商业系统、军事系统、工程系统、农业系统，如此等。

1.3 系统科学的理论体系

1.3.1 系统科学体系

由于没有找到系统的共性，人们就不能建立严格意义的、作为数学分支的系统理论。Bertalanffy（1968）的一般系统论，是以一门交叉科学的面貌出现的。虽然系统理论的发展初衷未能实现，但有关研究的科学意义却不同一般——现代科学的许多大的进步都是由此发展起来的。早先，人们将大系统科学分为

"老三论"和"新三论"。老三论包括系统论（system theory）、控制论（control theory, cybernetics）、信息论（information theory），合称 SCI 理论。新三论包括耗散结构论（dissipative structure theory）、协同学（synergetics）和突变论（catastrophe theory），合称 DSSC 理论（图 1-3）。当然，今天的所谓新三论已经不是新理论了，混沌理论（chaos theory）、分形理论（fractal theory）、复杂性理论等相继诞生，更多的理论还在孕育和发展过程之中。需要说明的是，作为系统科学分支的突变论不同于生物学进化学说中的突变论（mutationism）。前者又译为灾变论，后者又译为骤变论——骤变论是生物进化的一种观点。

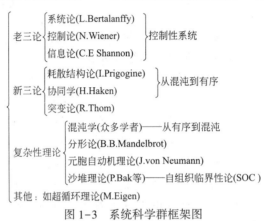

图 1-3　系统科学群框架图

1.3.2　系统科学在城市中的应用

系统科学的发展，深刻地影响着城市研究和城市地理学。由于城市和城市体系是不可还原的复杂系统，标准科学普遍运用的研究方法对于城市研究而言缺乏效果。一般系统论产生以后，城市学家开始借助系统思想寻找方法论的出路。信息论、控制论、协同学、耗散结构论等交叉学科的概念也先后被引入城市分析过程。有些是城市理论工作者主动"拿来"，有些则是有关领域的科学家自动"送来"。系统论的创始人 Bertalanffy 与 Narroll 合作，将系统论的异速分析引入城市定量研究（Narroll and Bertalanffy, 1956）。Allen 等在借助耗散结构理论研究中心地演化的过程中，与耗散结构论的创始人 Prigogine 有过合作（Allen and Sanglier, 1981；Prigogine and Allen, 1982）。协同学的创始人 Haken(1995) 利用他的协同学理论研究城市演化，并与地理学家合作将信息论的思想和自组织理论方法用于城市分析（Haken and Portugali, 2003）……（表 1-1）

系统科学理论对城市研究的影响　　　　　　　　表 1-1

理论框架	系统科学理论	对城市研究的影响	主要影响时期	方法重点
老三论（SCI）	系统论	整体性原理	20 世纪 50~60 年代	结构研究（静态分析）
	控制论	调控与反馈分析		
	信息论	信息分析		

续表

理论框架	系统科学理论	对城市研究的影响	主要影响时期	方法重点
新三论 （DSSC）	耗散结构论	宏观自组织分析	20世纪70~ 80年代	过程研究 （演化分析）
	协同学	微观自组织分析		
	突变论	系统演化分析		
复杂性科学	混沌学	非线性动力学分析	20世纪80 年代至今	动力学分析 （动态分析）
	分形论	不规则几何学分析		
	自组织临界性	复杂演变分析		
	元胞自动机和多重智能体	计算机模拟		
	复杂性理论	突现机制分析		

由于城市本身是一种自组织系统，自组织理论在城市研究中相对深入而且广泛。自组织理论包括耗散结构论、协同学、超循环理论、突变论、混沌理论、分形理论、元胞自动机理论（在此基础上发展了广义的元胞自动机理论，元细胞空间理论）、自组织临界理论（沙堆理论）等（Bak，1996；Haken，1986；Mandelbrot，1977；Mandelbrot，1983；Prigogine and Stengers，1984）。这些理论如今形成了阵容庞大的自组织学科群，当代城市科学的前沿领域正在与这些理论发生意义深远的学术交融（表1-2）。城市系统理论从一般系统思想到自组织城市，再到复杂城市系统，逐步发展并形成全新的城市理论体系（Albeverio，et al，2008；Allen，1997；Batty，2005；Batty and Longley，1994；Bertuglia，et al，1998；陈彦光，2008；Portugali，2000；Portugali，2006；Wilson，2000）。

自组织城市理论和模型的理论基础与创建人　　　　　　表1-2

自组织城市类型	理论基础	理论基础的奠基者	基础理论的发展者
耗散城市	耗散结构论	I. Prigogine	P. A. Allen 及其合作者
协同城市	协同理论	H. Haken	J. Portugali、　W. Weidlich、 H. Haken 及其合作者
混沌城市	混沌数学	E. Lorenz、J. York 等	D. S. Dendrinos、P. Nijkamp 等
分形城市	分形几何	B. B. Mandelbrot	M. Batty、P. A. Longley、P. Frankhauser 及其合作者等
元胞城市	细胞自动机模型	A. Turing、J. von Neumann 等	H. Couclelis、R. White、M. Batty 及其合作者等
沙堆城市	自组织临界模型	P. Bak 及其合作者	M. Batty 及其合作者
FACS 和 IRN 城市	细胞空间模型	J. von Neumann 等	J. Portugali 及其合作者

资料来源：根据 Portugali（2000）。

1.4　系统思维❶

1.4.1　基本观点

第一个观点：系统是有机的整体。整体不等于部分之和，这是系统最重要的特性，也是系统论首要的观点。在系统论产生之前，人们是基于还原论（re-ductionism）的观点看待世界。系统论产生之后，人们开始形成整体论的视角。Batty（2000）指出，起源于20世纪30年代生物学和物理学的一般系统论的一个最重要的观点就是："整体大于部分之和。"这就是所谓整体性公理。系统思想的提出，是对科学研究中还原论的一次反动："根据 Ludwig von Bertalanffy（1972）的思想，你不可以将部分简单地叠加起来构成一个完整的物体，这种命题成为当时的一种口号，用于反对科学中长期追求的、将每一个事物还原为基本粒子的做法。"（Batty，2000）

历史上拿破仑（Napoleon Bonaparte，1769～1821）的法国军人与马木路克（Mameluke/Mamluk）军人的战斗效果可以清楚地说明什么是系统整体性。马木路克人组成的军队在世界历史上是以非常剽悍著名的。根据一些历史学家的考证，当年欧洲"十字军（Crusade）"东征和蒙古大军纵横亚欧大陆，遇到的克星就是马木路克军。13世纪末期，马木路克军人最终结束了历时200年的欧洲十字军东征；13～14世纪之交，马木路克军队大败蒙古军，最终阻止了亚洲蒙古军队的西进。1798年，拿破仑率军入侵埃及，当年7月，法军与马木路克军会战于因巴贝（Embaba，Imbaba）。马木路克骑兵和步兵在善使大炮的拿破仑面前惨遭重创。你可以说，由于武器装备的悬殊，导致马木路克军队的失败。这当然是最主要原因——无论从战略层面抑或战术层面都是如此。但是，多次交手之后，在战术层面，拿破仑有个说法。拿破仑在一则日记中描述了法国骑兵与马木路克骑兵之间的战斗情形："两个马木路克骑兵绝对能打赢3个法国兵；100个法国兵与100个马木路克兵势均力敌；300个法国兵大都能战胜300个马木路克兵，而1000个法国兵总能打败1500个马木路克兵。"（参见恩格斯的《反杜林论》）

为什么这样呢？恩格斯在《反杜林论》中曾经引用拿破仑的自述说明"质"与"量"的辩证关系，实际上这涉及系统的结构与功能的关系、整体与部分的关系。马木路克士兵是从童年时代开始训练的职业军人，他们一生为作战而准备，骑马技术和单兵格斗能力的水平甚高，个人作战能力极强。但是，他们追求的是个人战斗成果，组织和纪律性不强，没有严格的协同作战的观念。因此，即便在武装条件同等的情况下，2个马木路克军人可以打败拿破仑的3个法国士兵；但是，拿破仑的1000个法国军人却可以战败1500个马木路克军人。原因在于，法国的1000个士兵可以组成一个结构优良的军人系统，发挥整体性优势，

---

❶　关于系统思维，参阅了北京大学朱德威教授生前的学术报告"地理学与数学"的有关内容（报告时间：1986年10月21日；地点：华中师范大学地理系）。朱先生可能参考了有关系统动力学的著作。

战胜要素优良但结构较差的马木路克军队。整体大于部分之和，这个例子提供了一个良好的定量说明。

启示是：优化整体结构比强化个体要素更重要。

第二个观点：系统无处不在。自然和人造系统广泛地存在于我们周围。一个班级就是一个系统，一个大学更是一个系统，一个城市则是一个非常复杂的巨系统。有人提出疑问，既然几乎所有的东西都被定义为一个系统，那么"系统"一词是否就失去了意义？需要明确的是，一个表征普遍存在现象的概念与一个什么都能解释的"万能理论"是不一样的。如果一个理论企图什么都解释，必然什么都不能真正地解释。概念与理论不同。我们说，原子无处不在，你不能说"原子"这个概念没有意义。其实原子也是一个系统，只不过相对于人类直观的尺度而言，原子是尺度很小的系统而已。

启示是：要时时刻刻用系统的观点看待问题。

第三个观点：系统必须开放。科学界采用热力学熵度量系统的无序化程度，任何一个孤立的系统都有自发达到热熵最大的、最无序的状态（最自然的状态）的倾向。换言之，当系统孤立的时候，其结构趋向于均衡、同一、低能态。封闭的系统也是没有前途的。孤立系统与外界没有任何交换，封闭系统与外界交换能量，但不交换物质。只有开放的系统，与外界交换物质、能量和信息。物质和能量可以转换为信息，信息可以抵消热熵，故人们将信息视为"负熵"。只有一个系统不断地从环境中吸收负熵，才可以中和热熵，维持秩序乃至增加秩序。

启示是：封闭导致无序，开放才能发展。

第四个观点：系统具有目标。系统发展都追求某种目标。任何系统，都有一个或者几个或明显的或隐含的目标。系统的行为方式与其目标有关，系统的演化则是追求目标的过程。因此，要想认识一个系统，必须明确它的目标；要想优化一个系统，必须在明确其目标的同时，了解系统的现状。目标与现状的距离就是需要解决的问题。对于自组织演化系统，如果寻找目标是一个过程，就表明存在一种"反馈结构"。

启示是：决策依赖于目标。

第五个观点：反馈调节演化。系统趋向目标的行为是通过信息反馈在一定的、有规律的过程中进行的。系统常由因果反馈环（正环、负环）组成。反馈在日常生活和工作中无处不在。例如一个人学习骑自行车，他就反复体验和观察自身的动作与车子平衡的情况：一些动作有助于车子平衡，就继续发扬；另一些动作不利于车子平衡，就注意回避。这是一种反馈调节过程。这样反复练习，直到可以驾驭自行车为止。练习游泳的过程与此类似。教师上课，要通过课堂提问和课下批改作业的过程了解学生的听课情况，调整自己的教学方式和讲授内容。这个过程也是反馈调节过程。

正反馈机制可以不断强化系统的某种行为，使得一种过程不断偏向某个极端的方向，直到达到极限为止。负反馈机制则是引导系统趋于平衡、避免极端行为。如果正反馈对应于恶性循环，必将不可收拾，其结果是爆炸或者崩溃；

但如果对应于良性循环，则对系统的发展有利。考虑一个城市，假定就业的机会增加，需要招工，从而迁入人口增加；人口多了，需要更多的商业服务，商店增加，于是就业机会增加（图1-4）。这是自我强化过程，亦即一个正的反馈过程。当然，导致良性循环的正反馈在时间方向上最终有一个限度——正反馈可能被负反馈替代。

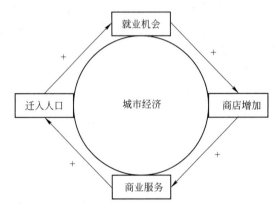

图 1-4 城市经济的正反馈一例（良性循环）

正、负反馈与正、负因果有关。因增大（或减小），果也增大（或减小），此为正因果；因增大（或减小），果就减小（或增大），此为负因果（图1-5）。

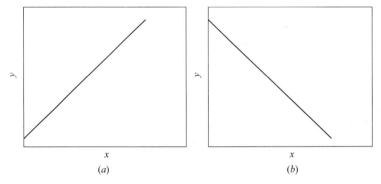

图 1-5 正、负因果关系示意图
(a) 正因果；(b) 负因果

正反馈就是趋向于"自我肯定"的过程，如果用函数表示，那就是指数式增长或者衰退，使得系统远离现状。这类系统的相对增长率为常数，用公式表示就是

$$\frac{\mathrm{d}y}{\mathrm{d}t} = ay \tag{1-2}$$

这个简单的微分方程的解就是指数函数

$$y = y_0 e^{at} \tag{1-3}$$

式中，y_0 为 $t=0$ 时的初始值，a 为相对增长率。当参数 $a>0$ 时，为指数增长；反之，当参数 $a<0$ 时，为指数衰减。

如果正反馈具有良好的目标，趋向于发展，那就是良性循环；反之，如果正反馈没有目标，导致失控，那就是恶性循环。

反馈过程通常体现在相互作用过程中。产业的发展有一个俗谚，叫做"逢俏莫赶，逢弃莫丢"。目前看来形势很好的行业若干年后未必很好，目前看来形势不好的行业若干年后可能兴旺发达。经济学中的蛛网模型描述的就是市场上供给与需求的双向互动关系，这种关系不仅可以反映反应滞后较短的产品，如瓜果、蔬菜，同时也可反映反应滞后较长的产品，如家电、汽车(图1-6)。目前市场上的生猪和猪肉价格就典型地反映了一种蛛网变动模式。

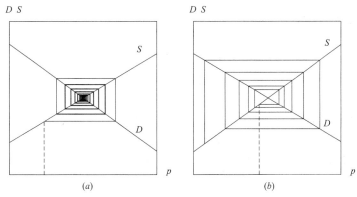

图1-6　商品供给与需求的蛛网模型图示

(a) 收敛式（负反馈）；(b) 发散式（正反馈）

所谓负反馈，就是趋向于"自我否定"的过程，它的作用就是使得系统在时间方向上保持平衡。负反馈的数学表达式类似于牛顿冷却方程

$$\frac{\mathrm{d}y}{\mathrm{d}t} = \lambda(Y-y) \tag{1-4}$$

式中，Y 为常数，代表容量（承载量）或者饱和值。y 最终趋向于 Y 附近。式(1-4)的解为

$$y = Y + (y_0 - Y)e^{-\lambda t} \tag{1-5}$$

式中，y_0 为常数，代表 $t=0$ 时的初始值。

启示是：利用反馈调控系统。

第六个观点：系统可以分解。在一定条件下，系统分解为不同层级的子系统，子系统最后分解为要素。这是一种还原论的方法，但有时可以帮助我们理解系统的结构。分析一个系统，关键是模式分解。系统的基本行为模式有如下几种。

一是双曲线式增长。此为减速增长，代表系统有控。通常的双曲线函数的数学表达式为

$$\frac{1}{y} = a + b\frac{1}{x} \tag{1-6}$$

式中，a、b 为常数，并且 $a>0$。当 $b>0$ 时为增长，$b<0$ 时为衰减(图1-7)。

二是指数增长。此为加速增长，代表失控、正反馈。指数方程的一般数学表达式前面已经给出，即

$$y = ae^{bx} \tag{1-7}$$

式中，a、b 为常数，并且 $a>0$。当 $b>0$ 时为增长，$b<0$ 时为衰减(图1-8)。但是，

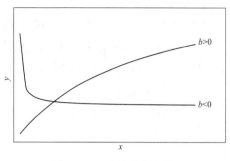

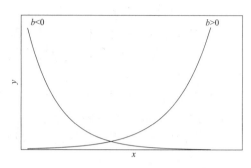

图 1-7　双曲线增长图像　　　　　　　图 1-8　指数方程图像

如果系统的增长表现为如下双曲线模式，即

$$\frac{1}{y}=a+bx \qquad (1-8)$$

则也是一种失控的加速变化，而且比指数变化还快。当 $b>0$ 时为衰减，$b<0$ 时为增长。指数增长为匀速翻番，双曲线增长则是加速翻番。

　　三是 Logistic 增长（S 形增长）。此为从失控到有控。Logistic 函数的数学表达式为

$$y=\frac{Y}{1+ae^{-bx}} \qquad (1-9)$$

式中，a、b、Y 为参数，其中 Y 为容量参数，并且 a、b、$Y>0$（图 1-9）。Logistic 增长的前半段类似于指数增长，后半段则类似于对数增长。因而前半段好像要失控，但后半段转向有控趋势，并逐渐趋于饱和值。

　　四是振荡式趋向于平衡。此为有控增长，暗示一种负反馈过程（图 1-10）。当 Logistic 模型的参数 b 值大到一定程度的时候，系统的变化就会出现振荡。对式（1-9）求导数，然后离散化为一维映射，将参数 b 调到 1.5 以上，即可表现出明显的振荡行为。由此可见，在一定条件下，Logistic 增长的前半段类似于正反馈过程，后半段则转换为负反馈过程。

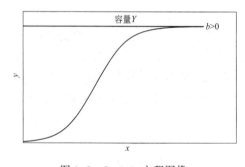

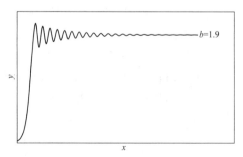

图 1-9　Logistic 方程图像　　　　　　　图 1-10　振荡收敛图像
（$a=100$，$b=0.045$，$Y=0.8$）

　　启示是：当还原论在系统分析中失效的时候，可以借助模式解析认识系统。
　　第七个观点：系统具有反直观性。在认识一个系统的行为之前，不必要有

很多的反馈环，就会遇到较大的困难。系统越复杂，因与果就在时间与空间上相距越远。因此，处理系统时，决不能凭直觉的经验。

德国鲁尔波鸿大学（Ruhr University Bochum）的 Braess（1968）教授建立了一个非常简单的交通网络模型，该模型可以很好地反映系统的反直观性。假定一个区域，有一个村庄 A，一个房屋或者聚落 B，一座山 C 和一个城市 D。在这些地物之间有两条公路，这两条公路分为四段：从 A 到 C 和从 B 到 D 是两条高质量的高速公路，无论有多少车辆都可以顺利通过，且在 50 分钟之内走完各段路程。但是，从 A 到 B 或者从 C 到 D 之间的路况较差，随着车辆的增多通过的时间也线性增加：1000 辆车需要 10 分钟，2000 辆车需要 20 分钟……6000 辆车需要 60 分钟（图 1-11a）。

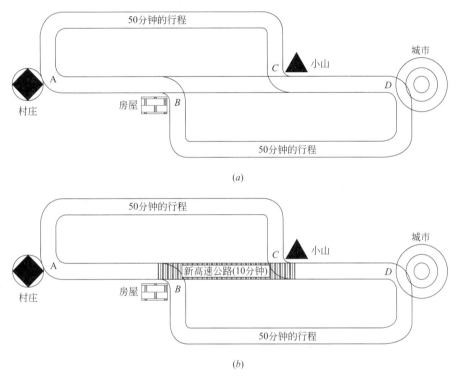

图 1-11　Braess 的交通佯谬示意图
（a）修建高速公路之前；（b）修建高速公路之后

为了提高通车效率，有人建议在 B~C 之间建设一条新的高速公路，这条高速公路 10 分钟可以走完。直观看来，这条高速公路可以提高通车效率。但是，简单的计算之后表明，高速公路非但没有提高运行效率，反而降低了行车效率。因此，Braess 将此种现象称为佯谬（paradox）：逻辑上理当如此（提高效率），实际上并非如此（与逻辑判断相反）。

另一个系统反直观例子是在大都市周围修建卫星城，用以缓解中心城市的人口压力。从逻辑上看来，这种措施应该是有效的。然而，城市化动力学分析表明：卫星城与城市化动力方向背道而驰。卫星城不能解决大都市的人口压力问题。实际上，伦敦和巴黎等国际城市的发展经验表明，卫星城无助于缓解中心城市的人口压力。

启示是：分析系统不能仅凭直观经验，需要定性与定量、经验与理论相互结合。

第八个观点：系统结构具有等级性。系统往往具有递阶结构（cascade structure），不同层次具有不同的目标。有些系统的等级结构是明显的，有些则不太明显，需要通过定量分析才能取得。以城市体系为例，城市规模分布的位序—规模法则（rank-size rule）暗示一种递阶结构，这种递阶结构可以通过理论推导和数据分析揭示出来（图1-12）。等级结构与相应的空间网络结构是一枚硬币的两个侧面（Batty and Longley，1994），可以利用等级体系认识系统的网络结构。中心地理论最早揭示了城市体系的等级结构，并将等级结构与网络结构联系起来。

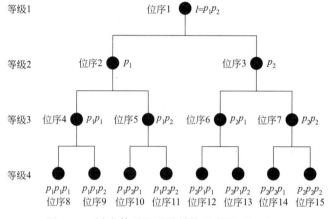

图1-12　城市体系的递阶结构示意图（前四级）

启示是：利用等级结构，可以在不失整体性的前提下对系统进行分解和分析。

第九个观点：系统具有高杠杆作用点。在任何给定的系统中，都存在着少数"高杠杆作用点"，在那里施加作用会引起系统较大的变化。俗语所谓"牵牛要牵牛鼻子"，因为牛鼻子是牛身上比较脆弱的部位，并且这个部位易于控制牛的行走方向。要想控制一个系统，或者对一个系统的变化施加影响，最好找准所谓"高杠杆作用点"，这样才能事半功倍，甚至"四两拨千斤"。

此外，任何一个系统都有自身最关键的约束条件。我们说"万事俱备，只欠东风"，这个"东风"就是最关键的约束条件。最薄弱的环节是决定系统未来发展最重要的因素。也就是说，一个系统能发展到什么程度，不是取决于最强的因素，而是取决于最薄弱的因素。在系统理论中，有一个所谓的"木桶原理"：一个系统能装多少水不是取决于木桶的最长板，而是取决于木桶的最短板。木桶原理又叫链条原理：一个链条能够承受多少重力，不是取决于最强的环节，而是取决于最弱的环节。例如，我们将某种作物从一个地方引入另一个地方，即便光照、降水等气候条件很好，但只要存在一个薄弱环节，例如年极端温度，则这种作物的引进就会失败。这时，极端温度就是木桶的短板，或者链条的薄弱环节。再如，在中国的工业发展中，新材料是许多高新技术产业的木桶短板。以电子工业为例，由于缺乏必要的新材料，即便电子技术过关，也无法生产关键性的电子元器件。

启示是：调控系统不要使用蛮力。

第十个观点：结构决定功能。一个系统的结构决定该系统的行为，或者对某些事件的反应。要想永久地改变一个系统，就必须改变它的结构。

学过马克思主义哲学的人都知道量变、质变及其辩证关系。量变（quantitative change）就是事物在数量上的增加，质变（qualitative change）则是事物的本质发生变化。从量变到质变通常被认为是事物发展过程中的一种飞跃。根据一般系统论，量变是要素的增减，质变则通常意味着结构改变。质变主要表现为三种形式：系统结构变化、系统状态变化以及系统与环境的关系发生变化。

一个系统的本质特征是由系统的结构及其与外界环境的关系决定的。系统的要素可增可减，要素的增加与减少都是量变。如果改变要素的数量，但并不改变系统的结构或者系统要素与环境的关系，则无论如何量变，都不可能导致质变。有时候，要素改变的数量并不太多，但关键性的要素的增删改变了系统的结构，这个时候质变就会发生。如果系统的结构变得更为优化，则质变就是良性变化；反之，如果系统的结构转为低劣，则质变就是向着恶性方向改变。

启示是：通过结构调整引导质变。

第十一个观点：隔离机制。系统通过各个组成部分的变化而得到发展，最后达到进一步的整合。整体不仅大于部分之和，而且与部分之和非常不同。在某种程度上，这类观点与后来复杂性理论的中心概念之一——突现（emergence）——存在内在关系。一个系统通过微观层面要素的相互作用而形成一种宏观层面的整体图式，但整体图式具有局部或者要素所不具备的新的特性。调控一个系统，既要通过一般性的控制施加外部影响，也要通过系统的自组织机制施加内部影响。

启示是：不能单凭局部调研认识整体特征，认识整体需要跳到"局外"。

第十二个观点：等价原则。系统某一个给定的最终状态，可以通过不同的方式、不同的途径达到。目标可以是唯一的，但通往同一目标的途径则是多种多样的。佛教《楞严经》所谓"归元无二路，方便有多门"，就是这个意思。在处理实际问题的时候，为了解决一个问题，可以提出多种可行性方案。解决问题是我们的目标，方案则是通往目标的途径。提出多种方案的好处在于：第一，具有比较和选择的余地；第二，预防意外，备选方案可以替换首次被选中，但因意外的约束条件而无法实施的方案。

启示是：决策过程中，不能拘泥于某个单一的方案。

1.4.2　系统思维准则

根据一般系统论、自组织理论以及有关系统分析方法的研究，系统思维具有如下准则。

1. 每一个事件都联系着别的事件

这种观点在文学中早已出现。英国诗人 Francis Thompson（1859~1907）在一首诗（*Mistress of Passion*）中写道："所有的事物，或近或远，它们都暗中彼此关联；如果你打扰一朵鲜花，远处就会有一颗星星因此变暗。"更早地，1624年，英国诗人 John Donne（1572~1631）在一首诗（*Devotions upon Emergent Occasions*）中写道："没有人是一个孤岛，可以完全独立；每一个人都是大陆中的一片土地，作为部分离不开主体。如果一个土块被海水冲走，欧洲就会减小，就像岬角受损，就像你或者你朋友的庄园转移。任何人的死亡都会伤害自己，因为整个人类你中有我、我中有你。因此，请不要问丧钟为谁而鸣，它正在为你响起。"美国作家海明威（Ernest Hemingway，1899~1961）很喜欢 Donne 的这首诗，它将"丧钟为谁而鸣"作为自己的一篇小说的副标题。Tobler 的"地理学第一定律"指出："每一件事情都联系着其他的事情，但较近的事情比较远的事情联系更多。"生态学中有类似的"定律"。Garrett James Hardin（1915~2003）的生态学第一定律指出："你不可能做唯一的事情。"每一件事情都与其他事情相互联系。今天，地理学家常常用 Thompson 的诗来生动地诠释地理学第一定律，当然也可以诠释生态学第一定律。

类推1：城市的每一个部分都联系着其他部分，每一个城市都联系着其他城市。

2. 未来不完全包含在过去之中

这是耗散结构论奠基人 Prigogine 的一个观点，但作为系统思想已经成为科学界的共识。如果一个系统的时间序列平均值和方差为常数，并且协方差仅仅与时间滞后有关，则这个序列为协方差平稳序列，只有协方差序列平稳，过去与未来的概率结构才是相同的，从而系统是可以预测的。如果协方差不平稳，则过去的概率结构在未来会发生改变，不可以通过过去的数据信息推测未来的发展方向，至少不可能准确预测。协方差是否平稳，与系统的物质、能量和信息守恒有关。只有守恒的系统才满足时空平移对称性，只有对称的系统才是真正可以预测的。在人类生存的尺度上，系统不守恒，系统演化不对称，从而未来与过去不同。

类推2：时间不可逆，城市的发展无法准确预测。城市决策和规划一旦出错就不可逆转。

3. 子系统可能包含母系统的全部信息

人类生存的尺度上，系统演化不满足时空平移对称性，但通常满足标度对称性，即局部与整体相似。这个观点有点类似于中国古代中医学的全息（holography）论。很多世界的奥秘，诗人早就凭着灵性发现，若干年后科学家才开始研究。英国诗人 William Blake（1757~1827）在一首诗（*Auguries of Innocence*）中写道："一粒沙中可以看到一个世界，一朵野花显示整个天空。你的手掌就可以握住无限，一个钟点之内时间无始无终。"这首诗中就包含全息思想。当然，文学家的观点往往非常极端，科学家则是根据逻辑和事实论证可以观测和检验的系统结构和特性。

类推3：城市研究，有可能小中见大，透过局部看整体。

4. 选择就意味着损失

西方有个谚语："没有免费的午餐(There's No Such Thing as a Free Lunch)。"有所得必有所失，选择就意味着放弃，得到就意味着失去。这个道理并不深奥。如果你的全部家当是 300 万元，你用这些资金为自己购买一套房子，你就失去了用这笔资金购买其他消费品的机会。按照经济学原则，正确的选择不是没有损失的选择，而是机会成本最小的选择。

类推 4：城市建设不可能十全十美。一块城市土地用于某方面的建设，就会失去其他建设的机会。

5. 较好就是最好，最好反而不好(决策的"满意法则")

这个观点来自 Harbert A. Simen 的决策理论(decision-making theory)。Simen 发现，由于社会经济系统都是不良结构系统，不可能像良性结构系统那样建立数学模型并开展完全理性分析。他提出，在社会经济活动中，应该采用"有限理性"代替"完全理性"决策。Simen 率先揭示社会经济系统的非良性结构，推动决策过程从最优到满意转轨。Simen 是多年来管理学界唯一的诺贝尔经济学奖获得者。

类推 5：城市规划没有最优方案，只要令人满意即可。

6. 系统趋向于重复自己

世界上万事万物都在不停地变化，以致"一个人不能两次踏进同一条河流"(Heraclitus，约公元前 530~前 470 年)。然而，在这千变万化的过程中，又有一些保持不变的东西，以致有人感叹"太阳底下没有新生事物"(据说此话出自古以色列国王 Solomon，公元前？~前 932 年)。有的智者看到了系统要素的演变，强调动态；有的智者则看到了不变的结构或者规则，强调静态。着眼点不同，观点也就不一样。哲学之争有助于思想的发展。作为科学研究，则既要了解动态的过程，又要了解静态的结构。动态分析更多地为了预测，静态研究则更多地用于解释。虽然"未来不完全包含在过去之中"，但未来也不可能完全摆脱过去。系统发展和行为决策的路径依赖(path dependence)并非虚构。在许多情况下，系统发展螺旋上升，其"投影"具有某种周期性。

类推 6：研究一个城市，要了解它的历史。

7. 决策及其效果之间存在一定的时间尺度

系统结构的改良效果不可能立竿见影，改良措施的投入要到一定时间之后才能收效。这就说是，系统的投入与产出之间有一个时间滞后，滞后期的长短因系统和改良目标而定。根据西方学者的研究，最显著的经济、政治和社会决策，其效果体现的时间尺度长于四年(至少四年以后见效)。历史上西门豹治邺，发动民工开凿 12 条水渠引水灌溉，当时民众怨声载道。西门豹之所以坚持这个决策，就是相信百年之后民众受益很大。秦王朝修筑万里长城，隋王朝开掘千里大运河，都曾导致民怨沸腾。但是，后世却受益无穷。如果没有万里长程，北方游牧民族的袭扰将防不胜防，生命和财产的损失将难以数计，代价远远大于修筑长城的成本。如果没有京杭大运河(唐代东京洛阳到杭州，元明以后北京到杭州)保证南粮北运，后代在运输和饮食方面的代价将无法估计。可是，诸如此类的措施在当时却没有得到民众的理解和支持。

类推7：城市规划的效果不可能即时给出正确的评价。

1.5 复杂性科学

1.5.1 简单系统与复杂系统

一般系统理论的继续发展和新近体现是复杂性理论。简单说来，复杂性理论是研究复杂系统的理论。那么，何谓复杂系统呢？不同学者对复杂系统有不同的定义。从方法论的角度看来，凡是不能用还原法进行有效研究的系统，都是复杂系统(Gallagher and Appenzeller, 1999)。经典物理学研究的系统大都是简单系统，这类系统可以通过部分的行为解释其整体的发展和特性。城市和区域都是复杂系统，不可以通过还原论的方法对它们进行有效分析。举例说来，如果我们将一个城市分解为楼堂馆所和熙熙攘攘的人群，它们丝毫无助于解释城市的演化机制和空间图式。

为了说明城市系统的复杂性特征，不妨从几个基本的方面对比简单系统与复杂系统(表1-3)。

简单系统与复杂系统的简单对比 表1-3

系统特征	简单系统	复杂系统
要素关系	线性	非线性
系统结构	良性，机理清楚	不良，机理不明
关键方法	静态结构描述	动力学分析
问题解答	有最优解	没有最优解，只有满意解
研究方法	可还原	不可还原
求解工具	解析解	模拟解
规律特征	对称(普适)	对称破坏(不普适)

第一个方面，线性与非线性。简单系统的要素关系是线性关系，具有可叠加性，整体等于部分之和；复杂系统的要素关系是非线性关系，不满足可叠加性，整体不等于部分之和。复杂系统不能借助简单的比例关系定量地表示其结构特征，复杂系统的刻画需要采用动力学分析工具。

第二个方面，可还原与不可还原。由于简单系统的要素关系是线性的，或者可以近似为线性关系，系统整体可以分解为局部，然后将局部分析结果叠加起来还原出整体的特征。可是，复杂系统的要素关系是非线性关系，不可以通过逐步化简的方法解析系统结构，如果强行将系统整体分解为各个部分，通过部分分析的结论也无法借助加和的方式正确地给出整体的信息。

第三个方面，可解析与不可解析。对于简单的良性结构系统，可以建立适当的数学模型并求解析解；对于复杂的不良结构系统，很难建立适当的数学模型，即便建模成功也不能求解析解，目前只能借助计算机模拟实验求模拟解。

因此，对于系统结构优化问题，简单系统有最优解；复杂系统往往没有最优解，只有满意解。

第四个方面，静态与动态，或者说结构与动力学。简单系统的描述重在结构分析，复杂系统的研究则重在动力学分析。这种区别也是一般系统论与复杂性理论的差异所在。

第五个方面，对称与不对称。对于科学理论而言，模型的普适性及其参数的恒常性就是对称性，否则就是不对称或者对称破坏。简单系统的规律是对称的，这类系统的规律可以用唯一最佳的数学模型刻画，一般不存在多种模型同时并用的现象。这叫做宏观对称。而且，模型的参数是恒定的，可以视为常数，这叫做微观对称。可是，复杂系统不一样，模型不是唯一的，在不同的时空条件下可以采用不同的模型进行描述，这是宏观不对称。而且，模型的参数不是恒定的，而是随着时空条件而改变，这叫做微观不对称。

简单与复杂的标准是什么？不同学者有不同的认识，Gallagher 等（1999）建议采用可还原性作为分界：如果一个系统的性质不能完全通过理解其组成部分来进行解释，则这个系统就是复杂系统。一言以蔽之，如果一个系统可以借助还原论方法进行研究，那就是简单系统；否则，就是复杂系统了。现实世界中可以还原的系统是非常有限的，大部分系统的研究是近似还原或者被迫还原，于是错误、荒谬的见解就不可避免。正因为如此，科学才要不断发展和改进自身，科学研究方法也随之改进。

1.5.2　超脱还原论

在某种意义上，复杂性理论的崛起是对还原论的反动和对整体论的继续发展。当前科学研究中的主流方法论是还原论。从西方科学产生之日起，人类就借助还原论的方法获取有用信息，以致该方法深深根植于我们的科学文化之中乃至更广泛的文化领域。人们用原子的运动解释物理、化学问题，用生物分子的运行解释细胞生物学问题，用细胞体系的相互作用解释生物有机体问题……还原论在一定时空范围内，在某些学科的分支领域中，的确非常有效，并且产生了有目共睹的科学成就。可是，还原论的缺陷也在变得日益暴露，主要的问题表现在两个方面（Gallagher and Appenzeller, 1999）。其一是信息超载。人们常说"科学家对越来越少的东西了解得越来越多"，分支学科的分支学科的分支学科（sub-sub-subdisciplines）的专门化正在创造信息流通的障碍。其二是过度简化。最能反映过度简化问题的，乃是模型建设过程中的所谓"球形鸡综合征（spherical chicken syndrome）"（Kaye, 1989）。诺贝尔奖获得者 Lederman（1993）在一本科普著作中讲到一个"球形鸡"笑话："如果一个物理学家着手研究一只鸡，他必须首先给出如下假定：这只鸡的形状为球形。"这个笑话在西方工程师之间流传甚广，球形鸡综合征本质上是分析方法的简化症。如果我们将一个城市近似为一个半圆球，那就比"球形鸡"更为糟糕。

一般系统论为我们看待世界提供了整体论的观点，该理论的发展是对还原论的一次反动。在还原论的思维框架里，整体是等于部分之和的。系统的"整体大于部分之和"的思想在 20 世纪中期是具有革命性的观念。"然而，尽管这种观点在当时具有革命性，但同时也引起争议。采用整体性观点并不能保证我们能够解释'部分（parts）'如何合成'整体（wholes）'。诚然，在一般系统论最为活跃的 20 世纪 60 年代，众多定义不明的自然和社会学科沉浸于讨论这种思想如何地符合逻辑，但几乎没有一门学科在解释部分构成整体方面取得进展。"（Batty，2000）如果不能解释部分与整体的关系，以及部分如何通过相互作用形成整体的结构，就不能突破从而超脱还原论。

由于一般系统论的上述不足，协同学和耗散结构论等自组织理论先后发展起来。协同学主要从微观的视角研究自组织机制，耗散结构论则偏重于从宏观的角度研究自组织过程。Haken（1986）的协同学的一个重要思想就是：系统的各个部分之间互相合作、协同运动，可以导致整个系统形成一些不见于微观个体层次的新的结构和特征。Prigogine 的耗散结构论包括两个基本要点：一是开放是有序之源，二是系统通过涨落从无序通往有序（Prigogine and Stengers，1984）。复杂系统的发展过程是一种自下而上的自组织演化过程，微观层面的要素相互作用，最终在宏观层面形成某种图式或者模型。举例说明，城市内部各要素的相互作用，在宏观层面形成自相似的分形图式；区域中各个城市的相互作用，在宏观层面形成位序—规模分布图式。系统要素的相互作用要求从系统外界供应物质、能量和信息。在物质、能量和信息的转换过程中，就会产生对稳定状态的某种偏移，形成涨落。如果局部的微涨落相互共振发展成大涨落乃至巨涨落，新的秩序和图式就会在整体层面形成。对于开放系统，物质、能量和信息在系统边界之内都不守恒，原有的对称性质在成长过程中逐步破坏，于是新、奇的结构和图式就会出现。通过自组织，即便对于简单的系统，一旦发生对称破坏，"……我们就会看到，整体不仅大于部分之和，而且与部分之和非常不同。"（Anderson，1972）

自组织理论的发展为我们超脱还原论、理解复杂系统提供了新的理论工具，但局部与整体的关系依然没有从根本上解决。在一般系统论、自组织理论的基础上，复杂性理论应运而生。Batty（2000）指出："一般系统论的当今体现是复杂性理论。但是，较之于系统论，复杂性理论发生了巨大的变化。在系统的内在驱动分析方面，动力学显然变得比结构更为重要，而且，从周期到灾变再到混沌变化，非均衡性已经变成了'常态'模式，系统通常以这种模式运行。尽管系统可以采用静态的方法'描述'，但系统的静态'解释'思想如今似乎没有太大意义。"要理解简单与复杂的关系，必须了解"突现（emergence，或译为"涌现"）"概念，这个概念在复杂性研究中十分重要，在城市分析中似乎尤其重要。Batty（2000）指出："在某种意义上，复杂性理论研究具有突现结构的一类系统。突现性质显然是城市、经济和生态系统的特征，在这些系统中，新、奇的要素在其结构中演化。"人类思维超越还原论的目标能否实现，关键或许在于突现研究的突破性进展。

随着一般系统论、自组织理论和复杂性理论的发展，人类对世界的认识日渐深刻。认识论改变了方法论。人们不再像以前那样倚重确定性模式，动力学分析开始占据主导地位。决定系统功能的不仅仅是系统结构，同时包括系统与环境的交互作用。结构与功能的关系不是一种静态的函数，而是一种动态的过程。对于系统的整体性原理，也不再限于量的理解，同时包括质的认识。整体不仅在数量上大于部分之和，而且在性质上不同于部分之和。这样，突现概念就代替了当初的整体性公理占据认识过程的关键位置（表1-4）。

静态系统研究与动态系统研究的特点比较　　　表1-4

理论基础	一般系统论	复杂性理论
着眼的状态	静态	动态
研究重点	结构	动力学
研究方法	数学描述	计算机模拟
理论关键	整体性原理	突现机制
整体与部分的关系	整体大于部分之和	整体在数量上大于部分之和，在质量上不同于部分之和
系统状态	平衡态	非平衡态
研究现象	平稳序列、趋势变动……	周期倍增、混沌、灾变……

1.5.3　突现

复杂理论关心的并非复杂本身，而更多的是复杂与简单的关系，局部与整体的关系，微观与宏观的关系，有序与无序的关系，如此等等。复杂性研究最感兴趣的问题之一就是：微观层面的复杂的、无序的行为如何在宏观层面形成简单的规则和有序的图式，宏观层面的简单规则又是如何支配微观层面的复杂行为的。复杂系统在自组织演化的过程中，可以通过各个部分协同运动，形成一些不见于微观个体层面的新的结构和特征。以城市为例，我们无法用买者、卖者、管理机构、街道、桥梁和建筑物的变化及其相互作用解释城市的动态模式。由此可见，城市系统不具备还原性。

英国城市理论学家Batty（2000）曾经写过一篇社论式的短文，标题令人感到意外："少即多，多则变——复杂性、形态学、城市和突现"。其实这里所谓的"少即多，多则变（Less is more, more is different）"就是由Holland（1998）和Anderson（1972）两家的论点化用而来的。Anderson（1972）曾经撰写了一篇文章"量多则变（More is different）"，Holland（1998）在定义突现概念时写道："多来自少（much coming from little）。"Batty（2000）风趣地指出，对于复杂系统，少就是多（less is more），多就是少（more is less）。这里似乎在玩文字游戏，其实讨论的是深刻的哲理和科学道理。

在复杂系统演化的过程中，有些性质和图式是突然地、意想不到地出现的，如分形、混沌吸引子、对称破坏、局域化，诸如此类的形成过程就是突现过程（Anderson，1991，1992）。以城市为例，一个城市的形态是由一幢幢建筑物、一条条道路、一处处公共设施等形成的。虽然城市规划史已逾百年，但城市形态图式的出现实际上并未经过中心规划。换言之，一栋建筑与另外一栋建筑出现的时间、地点和模式往往很不相同，甚至表面看来没有任何关系。但是，在整体上，只要城市发育到一定程度，就会出现自相似或者自仿射的分形图式。尽管东方与西方历史文化不同，但在城市分形形态方面并无本质差异（Feng and Chen，2010）。一座座城市彼此未必具有明确关系，但一个区域的城市体系却可以形成分形结构。这类分形结构是如何出现的？西方学者将城市视为混沌吸引子（Dendrinos，1996），城市化动力学过程的确会出现混沌吸引子结构，这种混沌吸引子是如何形成的？虽然城市用地形态表现出长程作用性质，但城市人口密度分布却具有明显的局域化特征。这种局域化又是如何演变的？在经典物理系统对称结构发生破坏的时候，对称原本破坏的人文地理系统却在寻求重建对称模式。对称的破坏和重构的发生机理是什么？上述问题种种，都涉及突现概念。

复杂性理论的突现概念源于一般系统论的整体性公理。对于非线性或者不对称系统，整体不等于部分之和。系统要素或者部分经过相互作用形成整体，但整体不仅在量上多于部分之和，而且在质上不同于部分之和。在这种情况下，一般系统论的整体性原理不足以解释系统的局部与整体的关系。整体具有部分不具备的新、异性质和图式。突现研究最初希望解释如下问题：一粒不起眼的种子，如何发育成美丽的葡萄藤（Holland，1998）？我们感兴趣的问题是：一个小的聚落如一个渔村或者乡镇，如何发育成百万人口的大都市？当我们将一颗葡萄种子埋在土壤之中以后，只要水、气、光、土等条件合适，它就会吸收水分、矿物质、气体等，逐步发芽，然后经过光合作用和新陈代谢过程成长为葡萄藤。这里涉及如下几个过程和特性：其一，由少变多。葡萄藤的物质、能量和信息含量远远大于一颗种子的物质、能量和信息含量。这是一个量变的过程，比较容易理解一些。其二，"无中生有"。这是质变的过程，系统的宏观层面出现微观层面所不具备的新的特性。葡萄藤表现的图式和特性是不见于一粒种子之中的。其三，理解断层。由于第二条，我们无法用种子中分子或者原子的相互作用解释葡萄藤的发育及其开花、结果机制。

具有突现性质和结构的系统，是一种不可还原的系统。我们无法用建筑物的相互作用解释城市的分形形态，也无法用城市的地理性质解释城市体系的分形结构。同样地，我们无法用人口的城乡迁移和转换来解释城市化的混沌动力学行为。其实，不仅城市系统，经济系统和生态系统也如此。对于具体的城市现象，Batty（2000）写道："当然，在大体上，我们知道为什么会出现边缘城市（edge cities）以及城外大型购物中心（out-of-town shopping malls），但我们无法预见这类城市和购物中心发生的特定区位。我们当然可以事后诸葛地解释美国宾夕法尼亚州（Pennsylvania）东部的普鲁士国王（King of Prussia）和英国肯特郡（Kent）的深水公园（Bluewater Park）之类超级购物中心（mega-mall）的出现，我们可以追踪其发育过程，并且用区位经济学予以解释，但我们却无法知道这类现象何时何地将会发生。于是，突现成了问题的关键。"在 Batty（2000）看来，建立好的模型并据此开展动力学分析，是探索突现现象并解决有关问题的重要途径。

一言以蔽之，突现问题涉及系统局部与整体、微观与宏观的关系，涉及有序与无序、结构与动力学的关系，涉及不可还原系统的方法论问题。如果说一般系统论强调从结构的角度理解系统，复杂性科学则强调从动力学的角度认识系统；一般系统论基于整体性公理处理系统的不可还原问题，复杂性理论则基于突现性质探索不可还原系统的演化机理。

1.6 城市系统

1.6.1 作为系统的城市和城市系统

城市是一种系统，一种开放的、复杂的自组织系统。在另一个层面上，城市又作为要素构成区域系统或者城市体系。作为系统的城市，包括人口、土地、交通线、车站、广场、各种楼堂馆所以及维持城市生态条件的植被、水体等。日本学者矶村英一对城市有一个形象的比喻："城市是大地的精华。城市就像一棵大树，深深地把根扎在农村的土壤中，枝干伸向各种类型的产业。为了得到更好的安歇，人们朝这棵大树聚拢过来。"这个比喻形象地反映了城市的系统特征。

在一个区域内，一群城市通过交通和通信网络联系起来，也可以形成一种系统，中文通常称之为城市体系。城市体系指的是在一个相对完整的区域中，由不同职能分工、不同等级规模、联系密切、相互依存的城镇组成的群体。城市体系理论以一个区域内的聚落集团为研究对象，而不是把一座城市当做一个系统来研究。

城市体系的理论研究始于 20 世纪 30~40 年代 Christaller（1933）和 Lösch（1954）的中心地模型，但那时还没有关于城市体系的专门术语。1960 年，Duncan 及其同事在《大都市和区域》一书中首次使用"城市体系"一词，并用这个新的概念描述美国的国家经济和国家地理（Duncan，et al，1960）。后来，Berry（1964）将中心地等级体系与一般系统论的语言联系起来，使城市体系一词成为一个正式术语迅速流传开来（周一星，1995）。今日城市体系的"体系"即一般系统论的"系统"。因此，在国内，城市体系又被译为"城市系统"（许学强，朱剑如，1988）。

城市体系是一种具有自组织能力的系统，城市体系的时空演化过程主要是通过系统要素相互作用、协调发展的过程。城市体系的主要要素是城、镇，以及联系城镇的以交通为主包括通信、能源、水源等的各种线状网络，此外还有城镇通过这些线状网络所形成的势力范围（图 1-13）。城市体系可以简单概括为点、线、面三要素。实际上，各个城、镇本身也是系统，城市体系是由众多子系统构成的复杂大系统。当我们研究城市体系的时候，有时将城市看做要素，有时又将它们看做子系统。究竟是将城市视为要素还是看成子系统，要根据具体的研究目标而定。当然，如果研究城市内部结构，就将城市视为一种自组织系统。可见，系统、子系统、要素等不同层次的概念是具有相对意义的。关于系统论的基本概念与城市地理学有关概念的对应关系，可以列表如下（表 1-5），供读者深入理解城市和城市体系时参考。

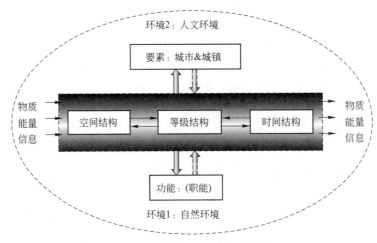

图1-13 城市地理系统示意图

系统、作为系统的城市和城市体系的简单对比　　　　　　表1-5

范畴	系统	作为系统的城市	城市体系
第一范畴：要素—边界—环境	要素：构成系统的基本元素，系统是要素的集合	城市要素：人口、土地、交通线、植被、水体、楼堂馆所等	要素：各个城市、城镇、村庄、交通网络等
	环境：系统之外与它相关联的事物构成的集合	城市环境：包括自然环境和人文环境即社会经济环境	环境：自然环境、社会环境，包括城市腹地
	边界：分开系统与环境的界线	城市边界：至今为止，还没有找到一种确定城市边界的有效办法。但城市与乡村区域肯定存在分界	边界：一般以区域边缘为界，有时超越区域边界，视区域的完整性而定
第二范畴：结构—功能—行为	结构：系统组分之间的关联方式。包括时间结构、空间结构、时空结构。　组织：有序的结构	空间结构：包括城市形态、土地利用结构、要素分布以及其他点、线、面关系。　产业结构：不同产业之间的关系。　其他结构：如城市人—地关系	结构：空间结构、等级结构(包括城市规模分布)等。空间结构表现为：点结构、环结构、树结构、网络结构。等级结构主要是树结构
	功能：刻画系统行为特别是系统与环境关系的一个概念。　性能(performance)：系统的某种特性和能力，或者发生作用的方式。功能是一种特殊的性能	城市职能：城市在区域中作用和分工(如行政职能：对外关系是管理一个区域；交通职能：负责区域内外的交通运输；商业职能：负责区域商贸；教科文职能：负责区域科学、文化、教育，以及诸如此类)	功能：城市体系在一个区域中的作用便是它的职能，该职能由城市体系中各要素(主要是城、镇)的职能决定，但不是后者的简单加和

续表

范畴	系统	作为系统的城市	城市体系
第二范畴：结构—功能—行为	行为：系统相对于环境表现出来的各种变化	城市行为：城市的发展和变化，适应和自组织是城市最典型的行为	行为：发展、变化
第三范畴：状态—演化—过程	状态：形态和阶段，与结构、生长、发育和构成有关	城市状态：城市发展的阶段、形态和现实状况	状态：城市体系的发育阶段及构成，用体系中各城镇的特征矢量描述
	演化：系统的结构、功能、行为、状态等随着时间的推移而发生的变化	城市演化：郊区城市化、城市郊区化、空间结构和产业结构变化等均属城市演化，近年国外开展了较多的模拟研究	演化：狭义：结构的转变；广义：发生、发育、转变、退化、解体等变化
	过程：系统演化在一定时间尺度上的展开，即系统演化的历程	城市过程：与城市演化有关，城市的形成、发展、老化、消亡等历程	过程：人口城市化、空间网络化等应属城市体系的发育过程

1.6.2 易混的概念

一个城市是一个系统，一群城市也是一个系统，它们是不同层次上的系统。作为系统的单个城市我们可以称之为城市系统(city system)，城市群体构成的系统则可以称之为城市体系(system of cities)。研究一个城市的时候，城市体系是单个城市系统的环境；研究城市体系的时候，城市则是城市体系的子系统或者要素。这原本没有什么问题。问题在于，我们在表述上出现了困难。不仅中文存在困难，西文中同样存在困难和概念的混淆。

最早将个体城市和区域中的一群城市作为两个层面的系统对待的可能是Berry(1964：147)，他将个体城市视为城市体系中的子系统："城市是城市体系中的系统"。在英文中，表示城市体系的术语有：city system(城市系统)，urban system(城市体系或系统)，system of cities(城市体系)，以及system of cities and towns(城镇体系)。这似乎已经是常识，没有什么可以说明。但是，事实并非如此简单，这其中的一些概念关系尚未理顺。Knox 和 Marston(1998：410)在其《人文地理学：全球化背景下的地方和区域》教科书中对城市体系的定义如下："一个城市体系(urban system)，或者城市系统(city-system)，指的是一个特定区域内相互依存的城市聚落的集合。例如，我们可以说法国城市体系，非洲城市体系，甚至全球城市体系。"这个关于城市体系的定义是比较中肯的，作者显然用 urban system 和 city system 表示相同的概念，指的都是 system of cities(城市体系)或者 system of cities and towns(城镇体系)。

但是，在著名城市理论专家 Batty(1991)等人那里，city system 和 system of cities 却是不同层面的概念。Batty 和 Longley(1994：47)在《分形城市：形态

和功能的几何学》一书中讨论空间等级体系（spatial hierarchy）时根据 Berry（1964）的观点写道："空间等级体系涉及连续尺度上城市系统（city systems）和城市体系（systems of cities）的要素，在这些尺度上，城市结构的要素以多种方式在整个范围内重复自身。"显然，Batty 等的 city systems 指的是 cities as systems（作为系统的个体城市）而非 systems of cities（一群城市组成的城市体系）。在 Batty 等的著作中，不少地方都使用 city system 代表作为系统的个体城市，而当他们使用 urban system 一词时，则兼指 cities as systems 和 systems of cities（例如 Batty，et al，1997）。不仅 Batty，西方的理论地理学家在处理这些概念时的认识基本一致，但他们的认识与应用地理学家的看法存在分歧。

实际上，在英文中，urban system 和 system of cities 有一个微妙的区别：systems of cities 指的是纯粹的城市组成的网络，一般并不考虑腹地（hinterland）；而 urban system 不仅考虑城市网络，同时包括这种网络赖以发育的腹地（Bourne and Simmons，1978）。《牛津地理学词典》将城市体系解释如下（Mayhew，1997：434）："任意的一个可以视为系统的城镇网络及其腹地，因为它取决于劳动、货物和服务、观念以及资本在网络中的流动。对体系中相互作用至关重要的因素是有效的交通运输和通信系统。"

关于城市体系的定义，到 20 世纪 80 年代前后，西方学界的认识大体趋于一致，似乎没有太多的争论。但是，在国内，学者之间的看法却又言人人殊。周一星（1995）倾向于使用城镇体系这个概念，许学强、朱剑如（1988）则使用城市系统这个名词。这些都是认识的外在差异，源于不同学者各自对术语表述的偏好。问题在于，我国学界对城市体系的内涵认识并不统一。少数学者对城市体系的定义是从一般系统论出发的，与西方学界对城市体系的理解大体一致。有些学者对城市体系的定义非常严格，还有人坚持要将城市体系与城镇体系分别对待。杨吾扬（1987）将城市体系定义为"地域上邻近、彼此有稳定联系并具有层次的一组城市群体"。他认为地域邻近、稳定联系和层次三个特点，缺一不能成为城市体系。这种理解可能与西方早期的城市体系定义有关。还有学者将一个区域中的城市的集合分为城市体系、城市群和城市密集地区等几个层面的概念。这种划分似乎与杨吾扬的城市体系定义有一定的对应关系。在他们看来，一个区域中的一群城市可以叫做城市密集地区；当这些城市的联系密切到一定程度，就是城市群；城市群内部的联系进一步加强，才能叫做城市体系。问题在于，城市密集地区、城市群、城市体系之间区分的定量判据是什么？如果没有这样的判据，那就会众说纷纭，莫衷一是；即便给出一种判据，又未必与一般系统论的思想一致。

根据一般系统论的思想，大至一个国家乃至全球，小至一个县域，只要城镇聚落之间有交通运输和通信网络联系，都可以将其视为一个系统或者体系。本书作者一贯的思路是根据一般系统论的原理，从最宽泛的角度理解和定义城市体系。Simmons（1978：61）指出："在最狭窄和最传统的意义上，城市体系（urban system）指的是一个区域或者国家中城市的集合及其属性。这个系统仅仅是城市聚合体，而不必试图确认城市之间的关系。"这种最狭义的理解似乎比我国地理界最广义的理解还要宽泛。接着他指出："在较广的意义上，城市体系则是基于城市节点（urban nodes），亦即基于人类及其活动在区域或者国家中的空间集聚，但也包括节点与其周边区域的关系，特别是节点之间的连接。"这种理解与 Knox 等的定义和《牛津地理学词典》的解释大同小异，符合一般系统论的基本思想。

1.7 小结

系统科学是系统工程学的基础之一，学习城市规划系统工程学，有必要了解系统科学体系的有关知识。早期的系统科学包括一般系统论、信息论和控制论，其中一般系统论的应用范围最为广泛。系统论的理论基石是整体性原理，但它无法解释为何整体大于部分之和。为了解释系统要素的相互作用形成整体模式的机制，耗散结构论、协同学和突变论相继产生。这些理论为我们理解整体与局部的关系提供了不同的视角，但它们尚未解决不可还原系统研究方法问题。此后混沌理论、分形理论、自组织临界性理论等逐步形成，它们在一般系统论和自组织理论的基础上发展成为复杂性科学体系。

现实中的系统可以分为简单系统和复杂系统两大类别，是否可以借助还原论的方法开展研究是鉴别两类系统的主要判据。虽然一般系统论以及相关理论的研究对象涉及各种系统，但它能有效解决问题的主要对象是相对简单的系统。对于复杂系统分析，一般系统论未能从根本上解决问题。一般系统论揭示了系统的整体大于部分之和，但它不能解释部分如何通过相互作用形成整体层面的新的特性和模式。复杂性理论是系统论的继续发展，但它与一般系统论有着显著的差别。一般系统论着重于静态的结构描述，复杂性理论则着重于动力学分析；一般系统论倚重于整体性原理，复杂性理论则关注突现结构和机制。

城市和城市体系都是开放的复杂系统，它们通过自组织自下而上地发展和演化。另一方面，在一个区域如一个国家中，众多的城市通过交通和通信网络联系起来形成大尺度的系统，这个系统就是通常所谓的城市体系。当我们研究城市体系的时候，单个城市可以视为系统的要素。另一方面，当我们研究一个城市的结构时，城市又被视为一个系统，要素则是城市中的人口、土地、道路、车站、广场、树木、水体、各种楼堂馆所等。作为系统的城市服务于周围的地区，并且从周围地区吸收物质流、能量流和信息流以维持自身的发展。研究一个城市，既要运用整体性的思想，也要应用突现理论；既要进行静态的结构描述，也要进行演化的动力学分析。

第 2 章

系统分析和城市系统设计

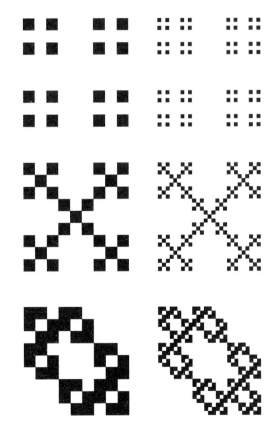

系统开发常常需要多种技术学科的支持，也就是说，我们需要来自不同知识领域的专业人才共同设计一个系统，或者解决一个系统的难题。基于系统发展的整体论观点，系统工程可以帮助我们将不同技术领域的分析成果集成为一个有机的整体，形成结构化的开发过程。系统工程学包括如下知识体系：一是系统科学，特别是一般系统论的知识背景；二是系统分析方法；三是系统设计过程；四是运筹学的有关知识，包括预测、评价、规划、优化、决策和博弈等。早在20世纪70年代前后，系统分析方法就被视为城市规划的一种工具（Forrester，1970）。对于城市规划专业而言，今天学习系统分析方法和相关技术更有意义。一般系统论的基本知识已经在第1章讲过一些，运筹学的基础知识将在后面各章陆续介绍。本章着重讲述两方面的知识——系统分析和系统设计，最后说明什么是系统工程学。

2.1 系统分析及其研究方法

2.1.1 系统分析的起源

一般系统论起源于20世纪30年代的生物学和物理学（Batty，2000）。但严格意义的系统分析方法和系统工程学起步要晚一些。我们在第1章讲到，第二次世界大战期间，由于需要指导和控制大型军事活动，美国科学家着手发展系统理论科学，目标是要解决最优的军事工程进度、最佳的后勤补给路线等问题。在这次战争初期，美国空军面临一个难题：如何从适应和平的状态转换为适应战争的状态。诸如此类的问题催生了系统分析方法。

根据系统论的思想，战争代表一种状态，这是混乱无序的状态；和平是另外一个状态，应该是一种有序的状态。就像水有固态、液态和气态一样，社会发展在不同的阶段，也表现出不同的状态。状态不同，演化规则（主导规律）也不同。战争时期的一些规则，在和平时期不再适用，反之亦然。当时美国空军面临的具体问题是，军用飞机的设计者们如何筹划出飞机编队的队形以及投入战斗时所用的战略，并据此预测飞机武器装备的数量。任务交给 Robert McNamara（1916~2009）领导的"统计控制计划"小组去完成，他们首次运用了系统分析的方法。此后研究与发展公司用这种方法组织并指导超音速 B-52 飞机的设计。20世纪50年代以后，系统分析方法从军事领域转到商业领域，后来又转移到工业生产和管理等方面（Krone，1980）。可以说，系统分析方法处于科学与技术之间，理论与应用之间。

系统分析方法在20世纪40年代到70年代之间发展很快，60年代该分析方法像一般系统论一样达到全盛期。在此期间，形成了两条不同的系统分析成长路线。

一是实用的路线。着重于将系统分析作为经济合理地思维的工具，将数学和经济学用于二战和战后时期新型防卫武器系统之类的研究。我们知道，像二战期间研制原子弹的曼哈顿工程（Manhattan Project），战后1958~1969年的阿波罗登月工程（Apollo Project），都是庞大的系统工程，没有系统分析方法是无法组织运行的。20 世纪 40~50 年代使用很多的名词是："运行分析""损益分析""运筹学"以及"系统工程"，如此等等。当时最有影响的一个机构是 Santa Monica 的研究与发展公司。艾森豪威尔（Dwight D. Eisenhower）和肯尼迪（John F. Kennedy）当政时期有影响的分析人员，都来自这个机构。1960 年，肯尼迪当选美国总统之后，他任命的国防部长 McNamara 将系统分析及其直接产物计划—规划—预算系统（Planning Programming Budgeting System，PPBS）带到华盛顿。计划—规划—预算系统包括三个组成部分：长期预算（Long-term budget）、管理信息系统（Manage Information System）和系统分析。肯尼迪的后任总统约翰逊（Lyndon B. Johnson）基于国防部的经验于 1965 年进一步指示将计划—规划—预算系统方法用于所有的联邦政府机构。有资料表明，约翰逊的指示没有被全部执行，有关系统分析和计划—规划—预算系统的方法有可能因为称职人员的短缺而被滥用（Krone，1980）。因此，1966~1968 年，关于系统分析的争论白热化了。1969 年尼克松（Richard M. Nixon）上台伊始，就企图发布政令贬低系统分析在国防部的意义。

在同一时期，一些民间结构也开始利用系统分析方法，旨在改进交通、通信、计算机、公共卫生等设施的效率和性能。这方面的典型事例是载人和不载人空间飞行器的研制。在此过程中，滥觞于研究与发展公司的系统分析很快从军界蔓延到民间和半民间的研究结构中。

二是理论的路线。着重于理论面向社会的学院式研究，体现在与大学有关的教学和研究活动之中。在这方面，存在一种试图将众多学科加以系统地理论化的倾向：首先是生物学和数学——一般系统论的创始人 Bertalanffy 就是生物学出身，特别是控制论；其后扩展到一般系统论、通信理论、工程学、管理系统、生态系统、政治结构和国际关系、心理和精神分析以及教育系统。

上述两条渠道开始是并行的，两种研究路线相互脱离，这种状况一直持续到 20 世纪 70 年代。后来，由于以色列 Yekezkel Dror 等政策科学家的著述、宣传等努力，人们才开始明白从第二条路线取得的成果，对于来自第一条路线的知识的有效利用和进一步发展非常有益。因此，两类研究路线逐渐殊途同归。

系统分析的发展对地理学和城市规划产生了深远的影响。如今地理信息系统（Geographical Information System，GIS）不仅是地理研究的重要工具，也是城市规划系统工程的基本工具之一。地理信息系统来源于管理信息系统，管理信息系统是当初计划—规划—预算系统的组成部分之一，目的是用于监督有关项目及其开展情况。由于计划—规划—预算系统方法一度引起美国政府的高度重视，管理信息系统的用途和意义也很快引起人们的关注，这为后来地理信息系统的发展创造了良好的社会环境。

任何方法都有自己的适用范围，任何工具的功能都不能无限度地夸大。否则过犹不及、物极必反。"系统"一词曾经在美国激起抨击乃至仇视，原因在于两个方面。一方面，由于美国政府在 20 世纪 60 年代的过度宣传，激发了大众的逆反心理；另一方面，人们一度误以为将系统思想用于某些领域具有"反人道"

的性质（Krone，1980）。系统分析需要建模，需要运用数学工具，这超过了很多人的知识结构的承载能力，不可能不引起怨愤。系统分析也像其他方法一样，有自己的应用规则和界线，但其作用被不适当地推广之后，又被一些不称职的人员误用和滥用，自然导致负面效应和民众的反感。

然而，事实证明，"系统"一词的应用越来越广泛。人们找不到一个更为一般性的词汇，以便描述所要讨论的问题的性质和有关的丰富生动的现象。简而言之，"系统"也许不是一个最好的概念，但是，迄今为止，人们的确未能发现一个更好的概念；系统方法也许不是最好的方法，但是人们没有找到更好的方法取而代之。

2.1.2 系统分析的定义

系统分析是系统工程的核心内容之一，主要是关于相互作用的实体的研究，包括计算机系统分析。系统分析与运筹学（Operations Research）的关系非常密切。主要用于对复杂问题进行分析或设计，其过程包括整、分、合三个环节。借助系统分析，决策者能在不确定的情况下，通过对复杂问题的充分调研，找出系统的发展目标以及解决问题的各种可行性方案，然后根据知识和经验进行判断，对这些方案进行比较，从而进行相对更好的决策。

系统分析既是一种解释性的方法，又是一种规定性的方法。作为解释性的方法，系统分析相对客观；作为规定性的方法，系统分析因人而异。因此，系统分析没有统一的定义，大概是有多少个系统分析学者就有多少种关于系统分析的定义。网上开放百科全书《Wikipedia》引用的定义是：系统分析是"一种明确的正规调查，用以帮助一个人（即决策者）较之于在没有进行系统分析的情况下采取更好的行动，进行更好的决策"。Krone（1980）在《系统分析和政策科学》一书中指出："系统分析可被看做由定性、定量或两者兼顾的方法组成的一种集合，其方法论源于科学方法学、一般系统论以及为数众多的、关于选择现象的科学分支。"应用系统分析可以改进各种各样的人类组织系统。

第1章曾经指出，达到同一个系统目标的途径通常不是唯一的，解决一个问题的可行方案有多种。有些方案相对合理，另外一些方案则会耗费更多的人力、物力和决策者的精力。如何在多种方案中选择可行性方案，如何在多种可行性方案中选择最佳方案，是系统分析的主要目的。系统分析是系统工程的一个环节，也可以单独用于公共决策，西方学者在有关方面开展了大量的研究工作。系统分析有各种各样的定义，不一而足，有兴趣者可以参阅有关文献（Krone，1980；Miser and Quade，1988；Miser，1995；Quade and Carter，1989）。

2.1.3 系统分析的研究方法

系统分析包括三个相互联系的基本领域，即行为研究、价值研究和规范研究。行为研究对现象、事件、关系以及相互作用等进行观察、描述、计数和测量。该研究要回答的问题主要是"实际是什么"。价值研究探讨规律、原则和行为取向，揭示事物好坏的判断标准。该研究要回答的问题是"为什么"。规范研究主要是通过经验总结和理论分析，研究事物的理想状态，以及为了实现系统的目标，而应该采取的方法、步骤和措施。该研究通常是一种理论研究，或者非常倚重理论研究的成果，它主要回答的问题是"应当如何"（表2-1）。综合的判断是：如果系统实际的状态（行为+价值）不同于所希望的系统状态（价值+规范），那就表明存在某种问题，而由规范研究所提供的各种解决办法，必须达到经济上、技术上以及政治上可行的标准（Krone，1980）。

简而言之，行为研究就是研究系统过去的历史经历和现实状态，规范研究就是研究系统未来的理想状态以及为实现理想的基本途径，价值研究是研究系统是非与好坏的判断标准。行为研究关注系统的实然世界（实际状态），规范研究关注系统的应然世界（理想状态），价值研究是沟通两个世界的桥梁或纽带。系统的行为具有独特性，一个系统不同于另外一个系统；系统的规范具有相对的普遍性，任何系统达到理想状态，情形相差不远。套一句列夫·托尔斯泰的名言（"幸福的家庭都是相似的，不幸的家庭各有各的不幸。"）来说："理想的系统是相似的，不理想的系统各有各的问题。"什么是系统的问题呢？根据系统动力学的观点，所谓问题，就是系统的实际状态与预期状态的差距。系统分析就是帮助人们寻找措施，尽可能地缩小这个差距。

行为研究、价值研究和规范研究的比较

表2-1

研究类型	要回答的问题	基本论断	时间尺度
行为研究	实际是什么？包括：何人、何事、何物、何时、何地、何种程度、数量多少	假如反复观察到一种事件，则可判断某种结果会以明确的概率出现	从过去到现在
价值研究	因为什么？包括：目的、对象、预期、风险、优先考虑的问题等	系统的偏好是……经过分析的系统喜爱的种种因素是……	从过去到未来
规范研究	应该是什么	若想得到某种结果，则在特定条件下采取规定的行动，就会以确定的概率实现目标	从现在到未来

说明：根据Krone（1980）总结。

不妨以城市为例说明三类研究的区别和联系。当我们面临一个城市如北京，我们首先关心它的历史和现状，并且通过调查和研究，提取数据和资料，分析这个城市是如何发展过来的，现状是什么样子，包括人口、产值、建成区面积、城市化地区面积、空间结构、产业结构、人口结构、都市影响范围、与周边城市联系的状况、现代化程度、发展的优势、劣势，特别是，限制其发展的约束条件，如此等等，都是行为研究的范畴。另一方面，我们希望了解理想的北京应该是什么样子，多少人口、多大面积合适，最佳产值多少，最优服务半径几何，与哪些城市优先联系，国际化程度怎样，优化的空间结构、产业结构和人口结构如何设计，以及如何实现北京市的预期目标。所有这些，都属于规范研究的范畴。在开展上述研究的同时，我们希望了解如下问题：北京市过去的发展在哪些方面取得成功，哪些方面出现失误，现状和优势、劣势是什么，从经济、技术、社会、生态环境等角度看来，未来怎样才是最优化状态，如此等等，都涉及判断标准。这些都属于价值研究（表2-2）。

城市的行为研究、价值研究和规范研究举例　　　　表2-2

研究类型	需要回答的问题	研究方法	研究举例
行为研究	历史和现实的人口、面积、产值、空间结构、产业结构、人口结构、服务范围、联系城市、产业发展阶段、现代化程度、国际化水平、优势、劣势、约束条件等	实地考察、访谈、直观判断、问卷调查和分析、普查数据分析、统计数据分析等	城市的历史与现状分析、形态与结构分析、人口和产业分析、时间序列分析和结构分析等
价值研究	城市整体发展的成本/收益比值，包括经济、社会、生态、环境等方面	国内外城市的比较、成功城市与不成功城市的比较、理论与现实的比较分析等、成本—效益分析、最小风险分析	宜居性、可持续性、理想与现实的距离分析等
规范研究	理想的人口、面积、产值、空间结构、产业结构、人口结构、服务范围、联系城市、现代化程度、国际化水平，实现理想的方法、步骤、措施等	假设、建模、归纳、演绎、比较、类比、实证分析、模拟实验等	理论原理、定律、模型、参数、空间优化、线性和非线性规划等

　　三类研究不是彼此独立的，而是相互联系的（图2-1）。行为研究可以为规范研究提供案例，规范研究可以为价值研究提供判据，价值研究可以为行为判断提供指导。关于城市体系的中心地模型是典型的规范研究成果，但其实证基础是德国南部城市的行为模式及其空间图式分析。Christaller（1933）等人在建立正六边形网络模型的时候，用到一些理论上的价值判断，如区域弥合效果最好，从而地理空间利用最为合理；交通网络最为接近Steiner树，从而交通成本整体最低，如此等等。中心地理论与物理、化学的许多理论不同，它不仅是一种行为理论，更多的是一种规范理论，必须从理论的观点来考察它，而不能根据理论是否符合实际来评判其是非得失。

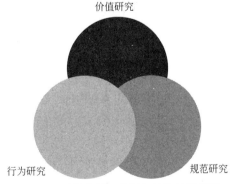

图2-1　系统分析三类研究的关系示意图

　　借助典型的城市系统理论模型，可以具体说明三类研究方法的联系和区别。不妨以城市人口密度分布的负指数模型、城市人口—城区面积的幂指数模型和城市规模分布法则为例。Clark(1951)曾经根据欧美国家 20 多个城市的人口数据拟合并归纳出城市人口密度分布的负指数规律，人们称之为"Clark 定律"，该定律可以表示为

$$\rho(r)=\rho_0 e^{-r/r_0} \qquad (2-1)$$

式中，r 为到城市中心(CBD)的距离，$\rho(r)$ 为半径为 r 的环状平均密度，ρ_0、r_0 为参数。其中，r_0 为代表城市人口分布特征尺度的平均半径，理论上表作

$$r_0=\sqrt{\frac{P_0}{2\pi\rho_0}} \qquad (2-2)$$

式中，P_0 为城市总人口，π 为圆周率。

Clark 的研究原本属于经验研究，在很大程度上属于城市的行为研究。但是，这个模型提出之后，有必要通过构造假设、建立方程的方法，从理论上将它推导出来，使之成为一个理论定律。研究发现，可以借助最大熵方法和数学变换导出 Clark 模型(Chen, 2008)。式(2-2)就是这个推导过程的参数关系之一。这个推导结果意味着什么呢？对于社会和经济系统而言，最大熵表明系统个体(要素、局部)的公平与整体的效率达到最佳平衡状态(Chen, 2011)。因此，标准的 Clark 模型是城市人口分布的个体公平与整体效率的最佳组合。城市人口密度的最大熵分析研究属于典型的规范研究。有了这个规范研究的结果，我们就可以对现实中的城市进行价值判断。考察某个城市的行为，需要进行两方面的分析：一是城市人口密度是否服从 Clark 定律？如果其人口分布符合 Clark 定律，则其人口分布的个体公平与整体效率处于平衡状态，偏离这个定律越远，城市人口的分布状况越差。二是，在服从 Clark 定律的前提下，参数关系是否满足式(2-2)。如果是，则城市空间结构和谐，否则存在问题，需要通过规划进行优化。以杭州市为例，根据四次人口普查数据计算发现，从 1964 年到 2000 年，城市人口密度分布渐近式逼近 Clark 定律规定的分布图式(冯健，2002)。这类分析过程属于价值研究的范畴。

城市人口和城区面积服从异速生长定律(the law of allometric growth)，即满足如下标度关系

$$A=aP^b \qquad (2-3)$$

式中，A 为城区面积，P 为城区面积内的人口规模，a 为比例系数，b 为标度指数(Lee, 1989; Batty and Longley, 1994)。当 $b>1$ 时，为正异速生长，城市面积扩展的相对速度大于人口增长的相对速度，这是一种用地浪费的增长模式；当 $b<1$ 时，为负异速生长，城市面积扩展的相对速度小于人口增长的相对速度，这是一种用地节约的增长模式；当 $b=1$ 时，为同速生长，城市面积扩展的相对速度等于人口增长的相对速度，这是城市发展成熟和稳定的增长模式。实际城市异速生长的标度指数大多介于 $2/3\sim1$ 之间，理想的数值大约等于 0.85。

现在我们考察一个城市或者城市体系，需要明确两个方面的问题：一是是否满足异速标度关系，否则城市人—地关系在定性上不和谐；如果满足异速定律，则进一步分析其标度指数是否合理，即介于 $2/3\sim1$ 之间，否则城市人—地关系定量上不合理。如果其标度指数 $b>1$，则用地浪费，城市结构应该优化，如

果 $b<1$，则用地节约，但若小于 2/3 则用地过于紧张，如果趋近于 0.85 则相当令人满意。考察中国城市发现，中国城市体系在大尺度上服从异速生长定律，并且参数值比较合理。但是，对于单个城市，很多城市的异速标度指数大于 1，甚至大于 1.5，城市用地过于铺张浪费。在这里，实际城市的异速标度关系判断和标度指数计算属于行为研究，异速生长定律的数学演绎和理想参数值推算属于规范研究，根据异速标度关系和理想参数值分析一个具体的城市或者城市集合的人—地关系是否合理，则属于价值研究。

城市规模分布在一定规模尺度和空间尺度范围内服从 Zipf 定律，即有

$$P(k) = P_1 k^{-q} \tag{2-4}$$

式中，k 为从大到小排列的城市位序，$P(k)$ 为位序为 k 的城市规模，P_1、q 为参数。Zipf 模型的等价模型为 Pareto 分布函数，即有

$$N(s) = N_1 s^{-\alpha} \tag{2-5}$$

式中，s 为城市规模尺度，$N(s)$ 为满足条件 $P(k)>s$ 的城市数目，N_1、α 为参数。理论上有

$$q = 1/\alpha \tag{2-6}$$

基于式（2-4）的多分维分析表明，参数 $q \leqslant 1$ 时城市规模分布合理；基于式（2-5）的多分维分析表明，参数 $\alpha \leqslant 1$ 从而 $q \geqslant 1$ 时城市规模分布合理。综合两种结论，城市规模分布的理想数值是 $q = \alpha = 1$。

中国究竟是应该发展大城市还是优先发展小城市？这个问题单凭行为研究无法得出结论，根据规范研究可以发现如下问题：其一，中国 660 多个城市总体上服从 Zipf 定律，但局部例外。在人口规模与位序之间的双对数坐标图上，最大规模的城市和最小规模的城市都偏离了位序—规模法则。因此，中国两个极端规模的城市问题较多，应该优化。其二，从标度指数 q 的数值看来，基于中国城市人口普查数据的 q 值小于 1。在无标度区范围内，城市规模分布的标度指数为 $q = 0.9$ 左右。由此可见，中国城市规模分布的问题在于：两个极端的城市（包括大约 10 个最大的城市和 120 个最小的城市）偏小，中间规模的城市则是较小城市发育过度，或者较大城市发育不足。这与许多学者的直观判断不尽一致。在这里，城市位序—规模分布的标度指数的合理数值范围属于规范研究，中国城市规模分布的模型拟合属于行为研究。判断中国城市规模分布是否合理则属于价值分析。

2.2 系统分析的特点、原则和类型

2.2.1 系统分析的特点和原则

为了说明系统分析方法，首先要澄清分析方法以及与之相反相成的综合方法。分析（analysis）和综合（synthesis）这两个词汇都来自希腊语，分别表示"拆开（to take apart）和装配（to put together）"。无论分析还是综合，在各种学科包括数学、逻辑学、经济学、心理学等中，含义相似，都是指一种调研程序或者研究步骤。分析过程就是将物质或者知识的整体分解为部分或者要素，综合则是

将分离的要素或者组成部分组合成条理分明的整体（Ritchey，1991）。所谓系统分析，就是研究人员运用一套定性—定量相结合的方法考察系统，从而形成一套完整的系统图像。系统分析名为"分析"，实际上包括"拆开"和"装配"、分解和重组两种过程。

相对于其他方法，系统分析具有自身的特点和原则。系统分析的特点可以概括为四个方面：①以整体优化为目标——忽略了整体性原则就无所谓系统思想。②以特定问题为对象——目标和现状的距离决定了所要解决的问题。③以定量分析为根据——系统的反直观性决定了定量分析的必要性。④以价值判断为基准——以人为本，因为没有人就没有价值标准，没有进行判断的坐标体系。系统分析的原则包括五个方面的"结合"：①时间上，近期利益与长远利益相结合；②空间上，内部条件与外部条件相结合；③尺度上，局部效益与整体效益相结合；④方法上，定性分析与定量分析相结合；⑤步骤上，分析过程与综合过程相结合。

2.2.2 系统分析的类型

系统分析类型通常分为系统目标分析、系统结构分析和系统环境分析三大类别。目标分析是前提，结构分析是核心，环境分析是保证。

（1）系统目标分析。系统的目标是分层次的，大目标下面有小目标。因此，系统目标分析着重注意两方面的问题：一是建立系统目标集，二是解决目标冲突问题。目标冲突通常就是利害冲突，协调目标才能选择合理的方案。

（2）系统结构分析。系统的结构分析很大程度上取决于系统特性，包括系统的要素集分析、系统的整体性分析、系统的相关性分析以及系统的层次性分析等。系统结构分析需要建模、统计分析、运筹分析以及各种相辅相成的定性分析。

（3）系统环境分析。系统的环境分析包括物理和技术环境分析、社会和经济环境分析以及文化和管理环境分析等多种类型。物理和技术环境分析属于"硬性"分析，社会、经济环境和文化、管理环境则属于"软性"分析。

2.3 系统分析的要素和步骤

2.3.1 系统分析的组成

一般认为，系统分析是一种过程的分部处理途径。完整的系统分析在具体操作中可以分为如下五个部分：范围界定（scope definition）、问题分析（problem analysis）、需求分析（requirements analysis）、逻辑设计（logical design）、选择分析（decision analysis）。

以计算机为基础的信息系统如管理信息系统和地理信息系统的发展都包含一个系统分析的发展阶段，这个阶段产生并加强了数据模型（data model）的应用，而数据模型的发展则开创了数据库建设的先河并且加强了数据库的发展。系统分析有许多不同的途径。当基于计算机的信息系统发展起来之后，人们根据瀑布模型(waterfall model)将系统分析过程归结为如下三个方面：

(1) 可行性研究(feasibility study)的逐步开展。确定一个方案或者计划在经济上、技术上、社会上和组织上是否可行。

(2) 实地调查(fact-finding)方法的具体引导。设计这种措施主要是满足系统终端用户(end-user)的需要。典型的方法包括访谈(interview)、问卷(question-naire)以及现有系统运行的直观考察(visual observation)。

(3) 应用效果的评价。根据计算机软、硬件应用的一般经验，评估终端用户如何操作一个系统，以及将系统用于何种目的。

如前所述，计划—规划—预算系统PPBS包括系统分析，或者说系统分析是计划—规划—预算系统的一个组成部分。下面简要介绍计划—规划—预算系统的一般方法，由此可以从一个侧面看到系统分析的思路。

第一，确定预算方案的目标。预算方案的目标通常都是改善的公共商品的效果。国防支出的目标是提高军队的战斗力。战斗力包括常规力量和核战略力量等。文化教育支出的目标则是教科文的发展，包括基础教育发展、职业教育发展以及科学技术发展。

第二，提供资源利用的信息。借助这类信息，可以开展成本—效益分析。目标下面可能有子目标，目标或者子目标之下可能是评估标准或者约束条件，最下面则是实现目标的具体方案或者措施。

第三，现行方案评估。估计现行方案在实现目标方面的利弊得失。

第四，优化措施的评估。如果现有方案在实现目标方面存在欠缺，就应该提出一系列的方案或者措施进行改进。方案拟订之后，则要进行效果评价，从中选出最佳方案。

第五，长期评估。如果一个措施仅仅对目前有利，则不是最优方案。对预算计划方案进行系统的、长期的、大尺度的综合评价，确保所选方案对实现目标最为有利。

2.3.2 系统分析的要素

虽然不同的学者对系统分析的理解不尽相同，但系统分析的基本要素大体上已经成为共识。系统分析包括如下几个方面的要素：

一是目标，即系统演化的期望状态或者整体性趋向。

二是可行性方案，即为了实现系统目标而提出的、切实可行的具体计划或者规划。

三是指标，即用于方案评价的测度，包括性能、时间、费用、效果，其中费用和效果两个方面是最基本的指标。

四是模型，这是系统分析的基本方法，是对问题恰到好处的简化或者抽象。

五是评价标准，主要是评价方案好坏的尺度。

系统分析的要素可能还有其他的，但目标、方案、指标、模型和标准是最为基本的、系统分析学家普遍认可的五大要素。

2.3.3 **系统分析的一般步骤**

不同学者给出的系统分析流程大同小异。根据国内外学者的系统分析论著，可以概括出如下八个步骤(图2-2)：

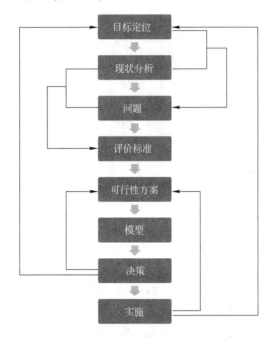

图2-2　系统分析的反馈—调整流程示意图

第一步，目标定位。基于对象和环境分析提出初步的目标或者目标体系。目标的表述要简单、明确。"阿波罗计划"的目标表述如下(Miles，1986)："在十年之内，把一个人送上月球，并使他安全地返回地面。"

第二步，现状分析。这一步是要明确系统发展的优势条件和约束条件。通过全面的现状分析阐明系统业已具备的优势，同时彻底揭示系统演化的约束条件，特别是"链条的薄弱环节"。任何系统的优化或者系统目标的实现都是在一定约束条件下进行的，离开约束条件讨论目标和方案都没有意义。

第三步，明确问题。问题就是系统现状(目前状态)与目标(期望状态)的差距，解决问题就是在约束条件的限定下，尽可能缩小乃至消除现状与目标的差距。

第四步，确定准则。根据系统目标、现状分析结果以及存在的问题确定方案的评价标准。在准则确定方面，成本—效益分析是最基本的分析方法。

第五步，提出方案。基于可行性分析(feasibility analysis)，针对问题提出解决问题的方案。所谓可行性，就是没有受到任何"木桶短板"的严格限制。

第六步，建立模型。考虑到系统的反直观性，要对可行性方案进行评价，就不能单纯依靠定性分析，而是定性—定量方法相结合。对复杂的方案进行评估，必须借助模型分析和基于模型的模拟实验分析。

第七步，决策，即方案选择。这是一个系统优化过程，即采用一定的分析指标，借助模型和评价标准进行判断，将一系列可行性方案排序，从中遴选出最佳方案。如果找不到令人满意的方案，需要返回到第五步，重新制订方案；必要时返回到第一步，调整目标定位。

第八步，实施。执行决策的结果，必要时根据实施情况对方案进行调整。当然，并非所有的问题都可以开展反馈—调整工作。因此，前面的每一步工作务必仔细，勿出差错。

2.4 系统分析的具体方法

2.4.1 黑箱方法

系统结构及其与环境的关系决定功能，了解系统的结构才能更好地预测和调控一个系统。结构描述和分析是一般系统论最重要的方法。可是，有些系统我们无法直接观测它的结构，解决的办法之一就是黑箱方法（black box method）。当我们对一个复杂物体的内部组成、结构和部件（part）缺乏知识和假设的情况下，黑箱方法是一种调研分析的有效策略。黑箱分析包括两种基本途径：一是通过系统与环境的关系揭示系统的功能，然后通过功能反推系统的结构；二是借助输入—输出关系了解结构，或者建设等价于系统结构的模型。对系统给定输入，就会有相应的输出；改变输入，输出也会跟着改变。利用输入—输出数据，建立函数关系，就可以得到反映系统结构的模型。这个模型可能反映系统结构的本质特征，是系统结构的一种投影；也可能并不反映系统的结构，但却具有与系统结构相似的功能。所谓黑箱方法，要么给出联系输入—输出的变换规则的正规描述，要么建设一种近似表现出系统行为特征的模型。

如果一个系统的结构已经揭示，但模型部件的内部组成依然未知，则一个系统就被视为灰箱（grey box）；如果一个系统的结构及其内部组成都已经明确，那黑箱就变成白箱（white box）了。简而言之，白箱意味着系统的完全透明（full disclosure），黑箱意味着隐藏不见（blind），灰箱介于二者之间，意味着部分显露（partial disclosure）。

基于黑箱思想建立系统的数学模型的方法很多，包括回归分析、自回归移动平均（Auto-Regression Moving Average，ARMA）、人工神经网络（Neural Network，NN），等等。回归分析包括线性回归和非线性回归。图2-3给出了一个三输入、一输出的回归分析模型示意图，此处假定有三个解释变量（输入量），一个响应变量（输出量）。如果系统是线性结构，就可以建立三元线性回归模型

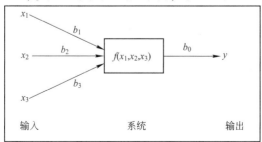

图2-3 系统的回归分析建模示意图

$$y = b_0 + b_1x_1 + b_2x_2 + b_3x_3 = b_0 + \sum_{j=1}^{3} b_jx_j \qquad (2-7)$$

式中，x_j 为输入变量，y 为输出变量，b_j 为参数（$j = 1, 2, 3$）。

对于更为复杂的黑箱，我们可以借助人工神经网络理论建立模型。图 2-4 给出了一个三输入、二输出、三层次（输入层，中间层，输出层）的神经网络模型示意图，可用一组方程描述。实际上，对于图 2-3 所示的结构，如果属于线性系统，则既可以建立回归分析模型，也可以建立线性神经网络模型，分别用两个方程式描述如下

$$z = w_1x_1 + w_2x_2 + w_3x_3 - \theta = \sum_{j=1}^{3} w_jx_j - \theta \qquad (2-8)$$

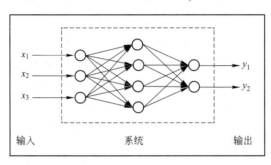

图 2-4　系统的神经网络建模示意图

$$y = cz + d \qquad (2-9)$$

式中，x_j 为输入变量，y 为输出变量，w_j 为权数，θ 为阈值，c、d 为参数（$j = 1, 2, 3$）。

2.4.2　评价方法

评价是系统分析的常用方法，评价的目的是为了判断和决策。我们可以对一个系统进行评价，也可以对系统的要素进行评价，还可以对解决问题的方案进行评价。常用的评价方法包括层次分析法（Analytic Hierarchy Process）、模糊综合评价法（Fuzzy Comprehensive Evaluation）、遗传算法（Genetic Algorithm）等。层次分析法是其中最常用也最典型的系统评价和决策方法。层次分析法包括目标、准则（评价标准）、可行性方案三种要素，并将三种要素布置于不同的层面展开定性—定量相结合的分析。

不同的评价方法具有不同的理论立足点和应用方向。层次分析法基于一个目标或者目标集合和若干标准对多个对象进行评价（图 2-5），模糊综合评价法则基于一个目标、若干标准对同一对象进行评价（图 2-6）。如果利用模糊综合评价法评价 m 个对象，则需要进行 m 次模糊综合评价法分析。举例说，如果出现四套城市规划的方案，层次分析法可以用于对不同方案的评价和排序，模糊综合评价法则用于对同一个方案的综合评判。假定 a、b、c、d、e 代表不同等级的数值，则层次分析法赋予每一种方案一个权数，而模糊综合评价法则对同一种方案赋予多个权数（表 2-3）。

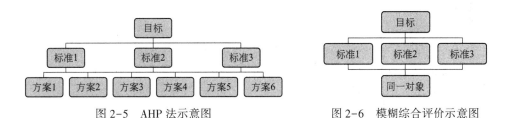

图 2-5 AHP 法示意图   图 2-6 模糊综合评价示意图

四种方案的两种综合评价比较示意表   表 2-3

方案	层次分析法	模糊综合评价法	备注
规划方案 1	a	$(a_1, b_1, c_1, d_1, e_1)$	在模糊综合评价法中，假定评语集包括非常欢迎、比较欢迎、一般、不太欢迎、很不欢迎
规划方案 2	b	$(a_2, b_2, c_2, d_2, e_2)$	
规划方案 3	c	$(a_3, b_3, c_3, d_3, e_3)$	
规划方案 4	d	$(a_4, b_4, c_4, d_4, e_4)$	

2.4.3 优化方法

优化方法包括线性规划、非线性规划、动态规划、网络分析、基于最大熵理论的空间相互作用分析等。不妨以线性规划（Linear Programming）方法为例，说明其中包含的系统分析思想。线性规划包括目标、约束条件、可行性方案三种基本要素，并且暗含成本—效益分析的标准。详细、深入的调研是开展线性规划分析的基本前提。有了基础数据，建立线性规划模型并求解，就可以在成本一定的情况下将系统收益最大化，或者在系统收益一定的情况下，将系统运行成本最小化。基于线性规划结果，可以开展系统的敏感性分析、机会成本分析、影子价格分析，等等。通过线性规划，不仅可以开展系统优化，而且可以更好地了解系统的结构和功能。

规划的原则就是最小投入或者最大产出。在经济上，在给定成本的情况下，要求效益最高；对偶的问题就是，在给定效益的情况下，要求成本最低。在社会上，在给定回报的情况下，要求风险最低；对偶的表述就是，在给定风险的情况下，要求回报最高。

2.4.4 预测方法

要规划一个系统，改善其内部结构并加强其功能，必须预测其行为、状态和演化趋势。系统预测方法包括回归分析建模（线性回归模型，非线性回归模型）、灰色系统的 GM(1, 1) 和 GM(1, N) 模型、ARMA 模型、Markov 链等。在具体操作中，可以以时间为自变量，以需要预测的现象如城市人口或者产值为因变量，建立回归分析模型，然后进行趋势外推；也可以建立不同测度的函数关系，借助一个现象的观察数据估计另外一个变量的预测数据。例如，如果建立了城市人口—城市用地的异速生长关系模型，就可以根据卫星遥感图像观测的城市用地面积判断一个城市的人口规模。

如果能够观察一个系统中各个子系统之间的概率转移数据，就可以借助Markov链预测系统的状态演化，并且计算系统达到平衡态的概率分布。例如，如果我们观测到一个城市体系中不同城市之间的人口迁移数据，就可以构建转移概率矩阵，预测人口转移达到动态平衡之后各个城市的人口比例，以及整个区域的城市规模分布的特征。

2.4.5 TOWS 分析方法

TOWS 分析也叫做 SWOT 分析，主要从系统内部环境（internal environment）和外部环境（external environment）两个方面综合分析系统的现状。外部环境包括危机（Threat，T）和机会（Opportunity，O）两个因素，内部环境包括劣势（Weakness，W）和优势（Strength，S）两个因素（图 2-7）。危机也就意味着转机，因此，困难的出现往往意味着机遇的创生。在危机中发现机会之后，为了抓住并有效利用机会，就必须明确系统的薄弱环节或者自身的劣势。了解了内在的不足，才能更好地发挥自己的优长。通过内部、外部条件的四因素分析，可以建立 TOWS矩阵，或者叫做 SWOT 矩阵（表 2-4）。解析这个矩阵，可以比较简明而全面地说明系统的行为特征、功能发挥状况和约束条件，以及内外因素的相互关系。

图 2-7 TOWS 分析框架

TOWS/SWOT 矩阵   表 2-4

一	优势（S）	劣势（W）
机会（O）	S-O 策略：捕捉机会，发挥优势	W-O 策略：克服劣势，捕捉机会
危机（T）	S-T 策略：利用优势，弱化危机	W-T 策略：制订计划，扬长避短，预防危机

TOWS 分析可以作为系统分析的一个小小环节，主要是用于系统的目标和现状分析，并为可行性方案的提出奠定基础。

2.5 系统方法和系统工程

2.5.1 系统方法

在系统工程学中，经常用到的一个名词就是系统方法。一般认为，系统方法是采用科学方法解决复杂问题的一门技术手段。借助这种方法可以分析或者设计与其局部或者要素性质截然不同的整体建构。系统方法坚持以整体论的观点全面地看待事物，在处理问题时联系问题的社会方面和技术方面，考虑所有的可能性和可变因素。系统方法经常与系统设计等量齐观，两个名词经常互换使用。所谓系统设计（systems design），就是为了满足特定需要，确定一个系统的构造、成分、组件、界面以及数据。系统设计是将系统理论应用于生产开发的过程，它是系统理论的技术化和范式化的一种结果。

系统设计经常与系统分析、系统构造和系统工程之类的概念相提并论。不过，多数情况下，系统设计是系统工程的一个组成部分。从概念的外延看来，系统分析是系统方法或者系统设计的一个子集，而系统设计则是系统工程的一个子集（图2-8）。顺便说明一下系统构造概念。所谓系统构造（systems architecture），实则一种界定系统结构或行为的概念模型（conceptual model）。构造描述是一个系统的正规描述，其组织方式支持关于该系统结构特性的合理推断。它定义系统的成分或者建筑模块并且提供一种规划或者计划，据此可以获得产品（硬产品或者软产品），以及开发的多个系统，这些系统协调工作，形成一个更高层面的整体系统。系统构造描述和表示的语言叫做"构造描述语言（Architecture Description Language）"。在系统工程学中，构造描述语言乃是一种专门用于描述系统构造的语言或者概念模型。在其他领域如软件工程学中，构造描述语言则专指计算机语言，那又另当别论。

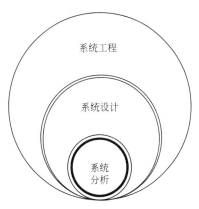

图2-8 系统分析、系统设计和系统工程的关系

2.5.2 系统设计的步骤

系统设计是系统工程学的核心内容之一，它的关键步骤则是系统分析。系统分析的具体方法是本书的重点内容。城市规划和城市设计都是复杂的系统工程，可以借助系统工程学的知识将城市规划和设计工作开展得更为出色。本节着重介绍系统设计的思路和步骤，以便读者掌握系统工程学的关键环节。

设想一个具体的系统设计问题，比方说，有人出巨资请你设计一个城市的建设蓝图。成功的城市设计不仅仅考虑各种建筑单元的空间布局，同时要考虑城市居民的身心感受。要设计一个具有魅力的城市，使得居民在此感到赏心悦目，游人来此乐而忘返，那绝对不是一件简单的事情，不是通常意义的城市规划可以替代的复杂系统工程。在这种情况下，城市设计者（当然也是系统设计者）就会面临一种两难困境：如果同时全面解决城市方方面面的设计，那就会无从措手；如果点点滴滴地从具体问题开始，又会陷入混乱无序的局面。一个可取的办法就是对问题进行适当的划分，分别处理各个部分，最后这些部分的成果又可以以相对简单的方式结合起来，形成一个总体的系统。

不同的系统设计，问题的划分方法也不尽相同。常用的划分方法包括如下类型：其一，根据系统设计的逻辑步骤进行划分（分步）；其二，根据系统设计的时间顺序进行划分（分段）；其三，根据系统的不同功能进行划分（分块）；其四，根据系统的组成部分进行划分(分部)。对于复杂的系统，几种划分方法可以并行使用。对于城市设计，可以同时考虑时间分段和功能分块，必要时可以考虑根据系统构成分出不同的子系统。

系统设计从目的定义或者问题表述开始。首先要明确我们设计的目的，或者陈述所要解决的问题。如果设计者的目的不明确，或者问题未查清，则无法继续开展工作。澄清问题之后，就要拟定系统设计的目标以及评价标准。例如，我们希望设计什么样的城市，怎样评价设计效果的好坏。设计城市，要确定一个城市发展的目标；评价城市设计的效果，就要有适当的评判标准。接下来，可以考虑系统综合。由于问题已经划分，各个部分需要连接，不同的方案需要比较。所谓系统综合(systems synthesis, system integration)就是围绕目标，将分支问题的方案及其评价进行联合。如果没有系统综合，各个部分的系统分析就会"各自为政"。基于系统综合的结果，逐步开展系统分析，给出方案的评价和排序。根据方案评价结果，在拟订的方案中选择最优方案，必要时预备替换方案。确定方案之后，就可以将各个部分组合成一个完整的系统了，这个阶段就是所谓的系统实现。参考 Miles(1986)等的思路，系统设计方法可以表示为如图 2-9 所示的过程。

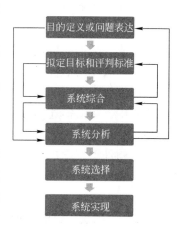

图 2-9　系统设计的步骤
(根据 Miles, 1986 绘制)

系统分析的过程不是一种简单的线性过程，不可能按照单线条的步骤一、二、三、四地进行下去。系统分析是一种复杂的、非线性的迭代过程。换言之，在各个步骤的输入、输出之间可能存在着反馈调节过程。在图 2-9 中，系统综合的输出可以作为系统分析的输入，系统分析的输出则是系统选择的输入。但是，在系统分析的过程中，可能发现第一次系统综合存在某种缺陷，需要根据系统分析的结果进行调整，于是返回到系统综合阶段，基于综合调整的结果再次开展系统分析。这就是反馈和迭代的过程。解决问题之前当然要搞清问题，问题不清就不能很好地表述，反过来，不能表述问题就意味着问题不够明确。问题不明就不能真正地解决问题。可是，在真正动手处理问题之前，一般很难真正懂得全部问题的关键。着手试探解决之后，可以更好地摸清问题。因此，表述问题和解决问题之间，也是一个不断反馈和反复迭代的过程。

系统设计至少要坚持两个原则：一是期望最大原则，二是信息集中原则。所谓最大期望，就是在经济的效率性方面投入最小、产出最高，在社会的安全性方面风险最低、回报最高，在技术的可行性方面耗时最少、性能最佳。由于复杂系统都是非线性系统，过犹不及，物极必反，当我们强调城市规模的时候，就会耗费更多的耕地等资源；当我们降低城市规模的时候，就会降低整个城市体系的经济效率，并且由于区域城市数目的增加可能反而浪费更多的土地。因此，城市规模的大小要根据城市自身状况和自然、人文的环境条件来综合分析。

集中原则涉及权力的集中、决策的集中，本质上是信息的集中，而不是物质材料的集中。集中的目的是为了保障效率和整体效果。总而言之，系统设计要尽可能地避免次优化现象，寻求真正意义上的最优解。

系统设计的注意事项：其一，全局在胸，局部在手。系统发展理论家的口号"全局地思考，局部地行动（think globally, act locally）"用于此处似乎比较合适。在设计过程中，每一个操作人员都要注意"大处着眼，细处着手（start small, think big）"。其二，自下而上的操作，自上而下的管理。复杂系统的形成是自下而上的演化过程，但要遵循自上而下的控制规则。系统设计如同系统的管理一样，要自上而下地制定规则并监控规则，自下而上地行动和创造。自上而下地约定规则是为了保证全局的秩序，自下而上地运行是为了充分发挥个体的创造力。

2.5.3 系统工程

系统工程学（system engineering）是关于工程学的交叉学科（interdisciplinary）领域，该学科主要探索如何设计、管理和实施复杂的工程项目或计划。在大型项目的实施和运营过程中，不同团队的合作问题、机器的自动控制问题以及后勤保障问题等都会变得非常困难。系统工程探索各种工作方法和工具，用于项目的具体操作过程，它的基础涉及各种技术学科和人文学科，包括控制工程、产业工程、组织研究以及项目管理，诸如此类。系统工程需要一定的工具。系统工程的工具是在项目实施过程或者生产的系统工程中采取的辅助策略、方式和技术。工具的形式和功能多种多样，从数据库管理、图形浏览、模拟、推理到文件生成，如此等等，不同领域运用系统工程工具的目的不尽相同。

系统工程的开发过程可以分为五个阶段。首先借助相关的技术、根据一定的要求明确系统的概念：用户需要什么样的系统。明确系统概念之后，就可以利用系统方法着手设计系统。系统设计经过综合和分析的反复测试之后，就进入系统实现阶段。系统设计成果就是尝试运转系统，评估其性能。如果系统运转的各项指标达到标准，系统工程项目就进入最后的完成阶段了（图2-10）。

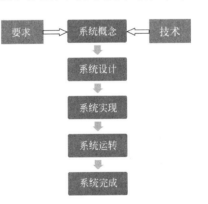

图2-10 系统工程发展阶段
（根据 Miles，1986 绘制）

由于系统工程涉及很多复杂的问题，为了操作和分析的方便，需要建设各种模型。模型建设是系统分析的核心，也是系统设计的关键，更是系统工程不可或缺的手段。模型在系统工程中具有重要的作用，发挥多种多样的功能。模型可以从如下几个方面定义：①现实的抽象，用以回答关于现实世界的特殊问题。②现实世界过程和结构的模仿（imitation）、类比（analogue）和描绘（representation）。③辅助决策的概念工具、数学工具或者物理工具。这些定义足够宽泛，囊括了物理工程模型(physical engineering model)、间架模型(schematic model)如功能流量模块图(Functional Flow Block Diagram)以及各种数学模型(mathematical models)即定量模型(quantitative models)。广义地讲，在处理问题时，如果我用一种相对简单的事物表示一种相对复杂的事物，以便以简代繁，说明、解释、类比、隐喻复杂现象或者结构，则那个相对简单的事物就是模型，而相对复杂的事物就是模型的原型(prototype)或者原形(original form)。Longley(1999)指出："按照最一般的理解，一个'模型'可以定义为恰到好处的'现实的简化(simplification of reality)'。"

模型的种类多种多样，不一而足。遗传算法的奠基人Holland(1998)曾经指出："广而言之，地图、游戏、绘画乃至隐喻都是模型。模型是人类认知行为的升华，常常带有某种神秘色彩。"对于地理学家和城市规划师而言，最常见的一类模型是地图，地理制图的过程就是一种典型的模型建设过程。但是，这里特别说明的是数学模型(mathematical model)——这类模型在系统分析中最为重要。所谓数学模型，就是运用数学语言和概念对一个系统的描述。数学模型的开发过程通常叫做数学建模(mathematical modeling)。数学模型在自然科学、社会科学和工程学科中都有广泛的应用(Aris, 1994; Bender, 2000; Gershenfeld, 1998)。在系统工程项目中，之所以要用到数学模型和图表，主要目的是提供系统效率、性能或者技术特性的估计，并基于已知量或者估计量进行系统的运行成本分析。在典型的情况下，需要搜集多个彼此无关的模型，从不同的角度和层次综合分析系统的方方面面。任何数学模型的核心都是一组具有特定含义的输入—输出定量关系的集合。这些关系可能足够简单，简单到可以通过局部数量的叠加获得整体的属性；这些关系也可能异常复杂，复杂到数学方程的求解和计算不能轻而易举——人们采用微分方程组描述引力场内太空船的轨道就是复杂数学模型的一例。模型描述的对象可能是相关关系(correlation)，也可能是因果关系(causality)。如果一个数学模型能够揭示出系统内部的某种因果关系而不仅仅是相关关系，则这个模型对我们深入理解复杂系统的结构就非常有用了。早在20世纪60年代，建模方法就与系统分析一起用于城市规划(Wilson, 1968)。由于复杂性理论的发展，系统分析和数学建模将会更为广泛且深入地应用于城市规划和设计过程中。

2.6 小结

一般认为，系统开发(system development)包括两大部分：一是系统分析，二是系统设计。但也有专家认为系统分析是系统设计的组成部分。系统分析强调理解一个系统的细节，以便确定这个系统是否满足各项指标的要求，以及是否需要改进。这个系统可能是现实存在的，如一条河流；也可能是人类提出的，如一套完整的城市规划方案。因此，系统分析就是调查系统、识别问题，然后借助系统分析的信息提出改良措施或者优化方案。另一方面，为了满足一个系统的功能需求，提出一套技术性的解决方案，这个过程就是系统设计的过程。

系统设计的目的就是解决系统的问题，优化系统的结构，使得系统变得更加强大。系统设计通常与系统方法是同义词。可以看出，系统分析和系统设计存在明显的相似性和密切的内在关系。狭义的系统分析是系统设计的一个子集，广义的系统分析与系统设计并驾齐驱。

系统工程学是一种基于交叉学科的方法和手段，教导我们如何成功地设计一种系统，或者解决复杂的系统问题。系统工程是系统设计、构造和操作的稳健途径，系统工程学的方法包括系统目标的识别和量化，系统结构的规划，最佳设计方案的选择和执行，子系统的集成和效果证实，以及系统对目标要求满足程度的事后评估。系统工程不仅是科学，同时也是艺术，是寻找、提供复杂问题和现实难题的最优求解方法的艺术和科学。系统科学工作者都是通才，但解决系统工程问题则需要一个团队。在这个团队中，既需要跨学科的通才，也需要擅长特定领域的专才。不同领域、不同知识结构的人才团队是开展系统工程项目的主体。因此，有人将系统工程学的方法叫做团队开发方法。

将系统工程学的理论、方法和技术应用于城市规划和设计，就有了城市规划系统工程学的知识。城市规划系统工程学是以城市为对象，城市规划和设计为目标，以系统科学理论和城市理论为基础，以运筹学的方法为支持，借助系统分析和系统设计方法，规划城市或者设计城市系统。城市和城市体系本身都是复杂的系统，城市规划和设计都是复杂的系统工程。将系统工程学的方法应用于城市规划适得其所。学习城市规划系统工程学，除了掌握城市理论和城市规划原理之外，还要具备如下知识：一是一般系统论和复杂性理论的基本思想，二是系统分析的主要方法，三是系统设计的常规步骤，四是系统工程的整体框架。

第 3 章

熵和城市信息熵分析

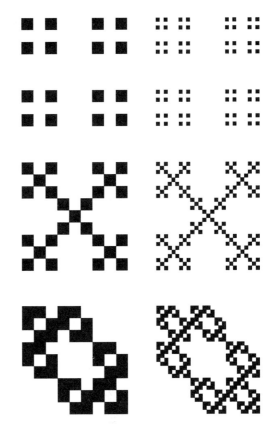

熵是当代科学的基本概念之一，城市结构的信息熵分析则是学者必须了解的系统分析方法。美国物理学家 Wheeler（1983）曾经指出："今天，如果一个人不知道什么是高斯分布（Gaussian distribution），或者不知道熵（entropy）概念的意义和范围，则其不能算是科学上的文化人。"熵这个概念如同正态分布即所谓高斯分布一样，在西方的基础教育中非常重要。不仅自然科学工作者要懂得熵，人文和社会科学的工作人员同样要了解熵的基本内涵。在物理学中，熵是系统无序程度的量度。地理学家则基于熵和信息熵提出了空间熵（spatial entropy）的概念（Batty，1974）。在人文和社会科学中，熵的含义非常复杂，因为这个概念与信息、信息熵、信息量等概念交织在一起。有一点可以明确，熵是空间均衡性的测度，有时可以作为空间复杂性的测度。本章将简介熵概念的起源和发展，然后以实例说明城市系统信息熵和空间熵的度量与分析方法。

3.1 从热力学熵到信息熵

3.1.1 熵和信息熵

信息这个概念对于地理学十分重要，地理学则是城市规划的基础理论来源之一。地理学本质上是一门关于空间差异的科学，从而可以被视为关于空间信息的科学（陈彦光，1994）。古今中外的地理思想家，几乎无一例外地将"空间差异"或者相关的区域差异、地方差异、空间变异等作为地理学的中心概念。信息是基于"差异"而定义的概念，空间差异意味着地理空间信息。于是涉及信息的定义。控制论的创始人 Wiener（1948）指出："信息就是信息，既不是物质也不是能量。"但是，信息却与物质和能量不可分离："信息是物质和能量在时间和空间中分布的不均匀性。"（Бер，1971）不均匀性就是差异性："信息是事物之间的差异。"（Longo，1975）仅仅有差异是不够的，当且仅当这些差异被认知主体再现的时候，才能成为信息。因此，"信息是被反映的差异。"（УЛсуЛ，1968）（关于信息的这几个定义均转引自钟义信（1988））当地理学家在揭示区域差异的时候，实际上也是在再现空间信息。

对于地理和规划工作者而言，要全面理解地理信息，必须理解熵概念。熵是由德国物理学家 Clausius 在 1865 年首先提出的概念，该名词来自希腊语，原意是"内部转换"——Clausius 解释说，他之所以采用"熵（entropy）"这个名词，是因为它的拼写与"能量（energy）"一词相像，而熵的最初定义乃是系统的能量变化与绝对温度的比值。奥地利（Austria）物理学家 Boltzmann 于 1877 年对熵给出了更为精确的描述：某种物质在保持宏观特性不变的情况下，组成该物质的粒子所具有的不同的微观状态数。Boltzmann 导出的熵公式为

$$S = k\ln W \tag{3-1}$$

式中，S 为 Boltzmann 定义的热力学熵，W 为系统宏观态包含的微观态数目，$k = 1.38 \times 10^{-23}$ J/K，为 Boltzmann 常数。这个式子表明，熵与状态数的对数成比例。Boltzmann 因为不堪学术论争的心理负担和科学思想变迁导致的精神困惑而采取自杀的方式结束了自己的生命，但他因发明了熵的度量公式而名垂青史——熵

公式成了 Boltzmann 的墓志铭。

在熵概念提出 100 年以后，信息论的创始人 Shannon（1948）提出了信息的概率度量，于是诞生了信息熵这个概念。信息熵和热熵，在数学上没有本质的区别，但在物理意义上有差异。Shannon 信息熵公式一般表作

$$H = -\sum_{i=1}^{W} p_i \ln p_i \qquad (3-2)$$

式中，p_i 定义为第 i 个事件或者状态出现的概率，且有 $i=1，2，\cdots，W$，这里 W 为状态数。当所有事件或者状态的概率相等时，便有 $p_i = 1/W$，于是

$$H = -\frac{1}{W}\sum_{i=1}^{W} \ln \frac{1}{W} = \ln W \qquad (3-3)$$

对比式（3-1）、式（3-3）可知，信息熵与热力学熵的数学定义是一致的，二者的比值为一个常数。

信息熵推广之后，得到广义熵，即 Renyi 信息熵。Renyi（1970）信息熵定义如下

$$H_q = \frac{1}{1-q}\ln \sum_{i=1}^{W} P_i^q \qquad (3-4)$$

式中，参数 $q = -\infty，\cdots，-2，-1，0，1，2，\cdots，\infty$ 为统计学中的矩次（moment order）。当 $q=0$ 时，式（3-4）变成式（3-3）；当 $q=1$ 时，根据高等数学的 l'Hospital 法则，式（3-4）返回式（3-2）。

从概念上讲，热力学熵与信息熵是数理等价的（Bekenstein，2003）：Boltzmann 熵所反映的系统要素的不同组成方式数目对应于为实现某种特定组成方式所必须获取的 Shannon 信息量。根据 Brillouin（1956）的定义，信息量与信息熵的关系可以表作

$$I = -\Delta H = -(H-H_0) = -H \qquad (3-5)$$

这就是所谓负熵概念的数理依据，式中取初始状态的熵 $H_0 = 0$，即假定系统初始状态是确定的。由此不难联想，如果城市系统仅仅是一个无序化的热力学熵增过程，就不会出现空间复杂性问题，复杂性问题理当与系统的有序化即热熵减少有关，与信息-能量的转化过程有关。因此，人们有时将信息定义为"系统的复杂性"，看来不无道理。

3.1.2 城市空间熵

下面以一个区域城市的空间分布为例，说明信息熵的空间度量。

假定在一个区域 **R** 中存在 N 个城市，为简明起见，我们不考虑城市的规模差异。假设这些城市均匀地分布在 **R** 中，我们可以以城市为中心将区域分为 N 个地理单元，每个单元的中心有一个城市。这样，区域城市空间分布的状态数为 N，信息熵 H 可以从宏观层面定义为

$$H = \log N \qquad (3-6)$$

可见，式（3-6）与式（3-1）数学符号不同，但公式结构一样，相差仅仅一个常数 k。

根据我们的空间划分，每一个地理单元出现城市的均衡概率为

$$P_i = \frac{1}{N} = P \quad (i = 1, 2, \cdots, N) \tag{3-7}$$

所以式(3-6)也可以表作

$$H = -\log(1/N) = -\log P \tag{3-8}$$

这表明，信息熵也可以从微观层面用各个地理单元中城市出现的概率来定义。

在现实中，城市是不会均匀分布的。如果我们将区域 **R** 划分成 N 个大小相同的网格，代表 N 个地理单元。由于不均匀分布，有的网格中城市数目较多，有的网格中城市数目较少，乃至为 0。城市总数目不妨仍然假定为 N。现在，令第 i 个网格中的城市数目为 n_i，则根据假定，应有

$$\sum_{i=1}^{N} n_i = N \tag{3-9}$$

从而每个网格中出现城市的"概率"测度可以定义为

$$P_i = \frac{n_i}{N} \quad (i = 1, 2, \cdots, N) \tag{3-10}$$

根据式(3-8)，城市空间分布信息熵可以表示为各个单元信息熵的加权平均

$$H = -\sum_{i=1}^{N} P_i \log P_i \tag{3-11}$$

显然，当城市均匀分布时，$P_i = 1/N$，我们有最大熵

$$H = -\sum_{i=1}^{N} P_i \log P_i = -\log\left(\frac{1}{N}\right) \sum_{i=1}^{N} \frac{1}{N} = \log N \tag{3-12}$$

这就返回到最初的定义。需要说明的是，当 $P_i = 0$ 时，根据 l'Hospital 法则，应有

$$P_i \log P_i = -\frac{1/P_i}{1/P_i^2} = -P_i = 0 \tag{3-13}$$

故不影响我们在实际工作中的信息熵计算。

信息熵的单位有三种：

(1) 当对数底为 2 时，单位为比特(bit)。

(2) 当对数底为 10 即取常用对数(common logarithms)时，单位为笛特(det)，或者为哈特(Hart)——Hartley 的缩写。

(3) 当对数底为 e 即取自然对数(natural logarithms)时，单位为奈特(nat)。

(4) 其他，例如以 3 为对数底数，则单位称铁特(tet)。

取以 2 为底的对数可以与计算机的二进制保持一致，从而为计算带来方便。因此，最常用的信息计量单位是比特。正因为如此，比特有时成了信息的代名词。Mitchell(1996)的《比特之城》(*Cities of Bits*)，也可以理解为"信息之城"。

3.1.3　城市空间信息熵的简单例子

不妨借助一个简单的例子说明怎样计算空间信息熵。考虑地理区域，采用一个尺度为 1 的矩形框将其包围，矩形区包括 N 个城市。现在对矩形区域进行空间

平均划分，则每一网格代表一个子区域，每一个子区域代表一种状态(图3-1)。如果我们将一分为4的格子视为1级格网(格子尺度为 $r_1 = 1/2$，数目为 $N_1 = 4^1 = 4$)，则一分为16的格子为二级格网(格子尺度为 $r_1 = 1/4$，数目为 $N_1 = 4^2 = 16$)。对于任意级别的 m，尺度为 $r_m = 1/2^m$，格子数目为 $N_m = 4^m (m = 0, 1, 2, \cdots)$。姑且以 $m = 1$ 的最简单的情况为例，说明信息熵的度量。当我们不考虑各个子区域的内部结构，而是采用一种粗视化的方法进行处理时，微观状态数就是被占据的网络数 $N(r) = 4$。显然有 $N(r) \leqslant N$。于是系统的熵为状态数目的对数，即有

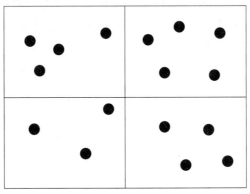

图3-1　城市体系的空间熵度量示意图($m = 1$)

$$H_0(r) = \ln N(r) \tag{3-14}$$

式中，H_0 表示城市分布的状态熵，实则为 $q = 0$ 时的 Renyi 信息熵。但是，由于城市的空间分布不均匀，采用这种方法度量信息熵比较粗糙，不能准确揭示城市体系的空间结构特征。

如果我们考虑微观状态的构成，信息熵定义就相对复杂了，需要计算每一个网格即子区域中城市的数目 $n_i(r)$，然后定义一个分布概率

$$P_i(r) = \frac{n_i(r)}{N} \tag{3-15}$$

这样，Shannon 信息熵可以表作

$$H(r) = -\sum_{i=1}^{N(r)} P_i(r) \ln P_i(r) \tag{3-16}$$

从图3-1中容易看出，各个子区域的城市分布概率值为

$$P_1 = P_4 = \frac{4}{16}, \quad P_2 = \frac{5}{16}, \quad P_3 = \frac{3}{16}$$

于是，对于 $r = 1/2$，信息熵为

$$H(1/2) = -2 \times \frac{4}{16} \ln\left(\frac{4}{16}\right) - \frac{5}{16} \ln\left(\frac{5}{16}\right) - \frac{3}{16} \ln\left(\frac{3}{16}\right) = 1.371$$

这就是说，图3-1中城市分布的信息熵为1.371奈特，或者1.977比特。当然这也是一种方法的示意性的说明，计算的结果不足为训。

3.2 信息熵的应用与推广

3.2.1 均衡度

信息熵可以表示城市地理现象分布的均衡程度，但没有明确的数值边界，不便于比较。特别是，信息熵的数值不仅依赖于对数底的取值，而且依赖于要素数目的大小，可比性较差。为了便于直观判断，并且增强纵向和横向的可比性，可以定义一个熵比或者熵率（entropy ratio）如下

$$J = \frac{H}{H_{\max}} = \frac{- \sum_{i=1}^{N} P_i \log P_i}{\log N} \qquad (3-17)$$

式中，J 表示熵比或者均衡度，$H_{\max} = \ln N$ 表示最大熵——它是完全均衡分布的信息熵。均衡度的数值介于 0~1 之间。基于均衡度，可以定义一个集中度

$$C = 1 - J = 1 - \frac{H}{H_{\max}} = 1 + \frac{\sum_{i=1}^{N} P_i \log P_i}{\log N} \qquad (3-18)$$

式中，C 表示空间分布的集中度，其数值也是介于 0~1 之间。对于图 3-1 中的例子，均衡度为

$$J = \frac{1.371}{\ln 4} = 0.989$$

相应地，集中度为

$$C = 1 - 0.989 = 0.011$$

均衡度和差异度都是无量纲测度，且数值变化于 0~1 之间，有明确的边界。J 值越大，城市空间分布越是均匀，或者规模分布越集中；C 值越大，城市空间分布越是集中，规模分布越分散。

下面举两个例子，说明如何计算城市系统的信息熵与均衡度。一个例子关于城市土地利用结构，另一个例子则关于城市规模分布特征。

1. 城市土地利用结构的信息熵与均衡度

信息熵和均衡度可以用于描述城市内部土地利用结构的均衡性。考虑一个城市的 N 类土地，每类土地的面积为 $A_i (i = 1, 2, \cdots, N)$。定义一类土地的面积比率为

$$p_i = \frac{A_i}{\sum_{i=1}^{N} A_i} \qquad (3-19)$$

则城市土地利用结构的信息熵可以用式（3-11）表示，均衡度用式（3-17）表示。

以天津市 2001~2003 年的 9 类用地为例（表 3-1），不难算出

天津城市土地利用结构的信息熵和均衡度计算过程(2001~2003)　　　表 3-1

用地类型	用地面积(km²)			比重			熵值(奈特)		
	2001 年	2002 年	2003 年	2001 年	2002 年	2003 年	2001 年	2002 年	2003 年
居住用地	108.89	116.86	119.81	0.257	0.257	0.246	0.349	0.349	0.345
公共设施用地	41.29	44.36	51.02	0.097	0.098	0.105	0.227	0.227	0.236
工业用地	95.86	106.48	116.87	0.226	0.235	0.240	0.336	0.340	0.342
仓储用地	40.37	39.89	34.67	0.095	0.088	0.071	0.224	0.214	0.188
对外交通用地	20.88	23.03	20.36	0.049	0.051	0.042	0.148	0.151	0.133
道路广场用地	40.45	42.21	44.16	0.095	0.093	0.091	0.224	0.221	0.218
市政公用设施	12.49	14.04	14.07	0.029	0.031	0.029	0.104	0.108	0.102
绿地	22.75	27.09	45.19	0.054	0.060	0.093	0.157	0.168	0.220
特殊用地	41.08	40.03	41.32	0.097	0.088	0.085	0.226	0.214	0.209
合计	424.06	453.99	487.47	1	1	1	1.995	1.992	1.994

原始数据来源:《天津统计年鉴(2004)》。

$$H_{2001} = -\sum_{i=1}^{9} p_i \ln p_i = 1.995 \text{ 奈特}$$

$$H_{2002} = -\sum_{i=1}^{9} p_i \ln p_i = 1.992 \text{ 奈特}$$

$$H_{2003} = -\sum_{i=1}^{9} p_i \ln p_i = 1.994 \text{ 奈特}$$

相应地,均衡度为

$J_{2001} = 1.995/\ln 9 = 0.908$, 　$J_{2002} = 1.992/\ln 9 = 0.907$, 　$J_{2003} = 1.994/\ln 9 = 0.907$

可以看出,天津市在 2001~2003 年期间比较稳定。由于年份较少,看不出明显的变化趋势。要想揭示城市土地利用的信息熵变化规律,必须提取较多年份的数据,或者时间跨度较大的年份的数据。

2. 城市规模分布特征的信息熵与均衡度

信息熵和均衡度也可以用描述城市等级体系的规模分布集中性。考虑一个区域的 N 个城市,每个城市的规模为 $S_i(i=1, 2, \cdots, N)$。定义一个城市的规模比率为

$$p_i = \frac{S_i}{\sum_{i=1}^{N} S_i} \tag{3-20}$$

则城市等级体系的信息熵可以用式(3-11)表示,均衡度用式(3-17)表示。

以山东省 17 个主要城市和河南省 17 个主要城市 2000 年的人口普查数据为例,说明如何计算信息熵和均衡度(表 3-2)。根据公式不难算出山东省 17 个城市的信息熵

山东和河南省城市规模分布的信息熵和均衡度计算过程(2000)　　表 3-2

山东城市				河南城市			
城市	人口(人)	p_i	$-p_i\ln p_i$	城市	人口(人)	p_i	$-p_i\ln p_i$
青岛市	2720972	0.165	0.298	郑州市	2490838	0.225	0.336
济南市	2585986	0.157	0.291	洛阳市	1206516	0.109	0.242
淄博市	1762448	0.107	0.239	平顶山市	871274	0.079	0.200
潍坊市	1248588	0.076	0.196	新乡市	775941	0.070	0.186
烟台市	1207894	0.073	0.192	安阳市	768992	0.069	0.185
临沂市	1097802	0.067	0.181	焦作市	634237	0.057	0.164
济宁市	874422	0.053	0.156	南阳市	591357	0.053	0.157
泰安市	853414	0.052	0.154	开封市	578635	0.052	0.154
枣庄市	757097	0.046	0.142	濮阳市	448290	0.040	0.130
日照市	499972	0.030	0.106	商丘市	410648	0.037	0.122
东营市	491347	0.030	0.105	鹤壁市	396753	0.036	0.119
聊城市	451616	0.027	0.099	信阳市	393821	0.036	0.119
菏泽市	448121	0.027	0.098	许昌市	373387	0.034	0.114
威海市	437164	0.027	0.096	周口市	323738	0.029	0.103
德州市	391381	0.024	0.089	漯河市	304105	0.027	0.099
滨州市	386683	0.024	0.088	驻马店市	274023	0.025	0.092
莱芜市	227175	0.014	0.059	三门峡市	227128	0.021	0.080
总数	16442082	1	2.588	总数	11069683	1	2.601

原始数据来源:周一星、于海波(2004)根据人口普查数据计算。

$$H = -\sum_{i=1}^{17} p_i \ln p_i = 2.588 \text{ 奈特}$$

如果采用二进制,则有

$$H = -\sum_{i=1}^{17} p_i \log_2 p_i = 3.734 \text{ 比特}$$

均衡度为

$$J = H/\ln 17 = 2.588/2.833 = 0.914$$

类似地,容易算出,河南省 17 市的信息熵为 2.601 奈特,均衡度为 0.918。由于山东、河南两省主要城市的数目相同,在信息熵单位相同的情况下,熵值是可比的。可以看出,无论信息熵还是均衡度,河南省的熵值都比山东省的熵值要高。这表明,河南省城市规模差异相对较小,山东省城市规模差异相对较大。或者说,河南省城市规模分布比较集中,山东省城市规模比较分散。实际上,山东省的最大城市与最小城市的规模之比约为 11.977,河南省的最大城市与最小城市的规模之比约为 10.966。需要明确的是,规模分布与空间分布不一样：规模分布越集中，表明大小越均匀，熵值越大；空间分布越集中，表明间距越不均匀，熵值越小。

信息熵可以用于多个年份的系统变化比较，均衡度则既可以用于不同年份的系统演化比较，也可以用于不同区域城市体系结构的比较。

3.2.2 空间差异度

将某种城市地理现象看成是地理过程的结果，则可以利用单元划分的方法进行空间测量。这类划分可以是主观的（如人为的网格单元），也可以是现实存在的（如城市的街道或者区县，省域中的地市等）。例如对于城市人口分布，我们可以考察各个街道的某种测度（例如人口密度，大学生比重，男女人数之比，诸如此类）。为了表述方便，不妨将空间单元编号，并用 k 表示——k 实际上是一个空间的序号。由于我们是在一个城市地理过程中考察城市地理现象，我们得到的数据总是某个时刻的数据，为了便于动态比较，在计量时考虑时间 t 的表示。假定第 k 个空间单元在时刻 t 的测度为 $X(k, t)$，则空间概率可以定义为

$$P(k, t) = \frac{X(k, t)}{\sum_{k=1}^{N} X(k, t)} \tag{3-21}$$

显然上式满足归一化条件。

$$\sum_{k=1}^{N} P(k, t) = 1 \tag{3-22}$$

式中，N 为空间单元数（例如街道数），编号 $k = 1, 2, \cdots, N$。为了反映空间分布差别程度的大小，可以定义一个空间差异指数（不妨用 V 表示），或者叫做空间差异度。空间均衡或者差异指数有很多种构造方法，下面基于 Prigogine 等的 H—量（H-quantity）构造差异度（Prigogine and Stengers，1984）。H—量是从空间的角度刻画系统状态及其演化，这与城市地理空间分析一致。

Prigogine 等（1984）根据给定时刻的概率与平衡状态的概率差异，基于 Ehrenfest 罐子模型，定义了一个反映空间分布特征的 H—量

$$H = \sum_{k=1}^{N} P(k, t) \log \frac{P(k, t)}{P_{eqm}(k)} \tag{3-23}$$

式中，$P(k, t)$ 为第 k 个区域在给定时刻 t 时的概率，$P_{eqm}(k)$ 为均衡概率，即对于 N 个区域，我们有 $P_{eqm}(k) = 1/N$。如前所述，Shannon 的信息熵公式为

$$S(t) = -\sum_{k=1}^{N} P(k, t) \log P(k, t) \tag{3-24}$$

比较可知，上式与熵有关。我们知道，城市地理要素分布越是均匀，空间信息熵也就越大，绝对均匀时熵最大，即有最大熵

$$S_{max} = \log N = -\log P_{eqm}(k) \tag{3-25}$$

根据上述思想，我们从空间熵的角度定义一个城市空间差异度

$$V = \frac{H}{S_{max}} = \frac{1}{\ln N} \sum_{k=1}^{N} P(k, t) \ln \frac{P(k, t)}{P_{eqm}(k)}$$

$$= \frac{1}{\ln N} \sum_{k=1}^{N} \left\{ \left[\frac{X(k, t)}{\sum\limits_{k=1}^{N} X(k, t)} \right] \ln \left[\frac{X(k, t)}{\frac{1}{N} \sum\limits_{k=1}^{N} X(k, t)} \right] \right\} \quad (3-26)$$

容易证明，V 值变化于 0~1 之间。数值大小表明空间差异的大小，或者分布集中性的强弱。

实际上，H—量公式可以化为

$$H = \sum_k P(k, t) \log \frac{P(k, t)}{P_{eqm}(k)} = \sum_k P(k, t) [\log P(k, t) - \log P_{eqm}(k)]$$

$$= -S(t) - \sum_k P(k, t) \log P_{eqm}(k) = \log N \sum_k P(k, t) - S(t)$$

$$= \log N - S(t) = S_{max} - S(t) \quad (3-27)$$

可见，H—量的数理含义是实际熵与最大熵之差，数值越大，空间差异也就越大，反之越小。将式(3-27)代入式(3-26)得到

$$V = \frac{H}{S_{max}} = 1 - \frac{S(t)}{S_{max}} \quad (3-28)$$

也就是说，差异度是 1 减去信息熵与最大熵的比率。式(3-28)与式(3-18)具有数学同构性，从而差异度与集中度本质相同。需要注意的是，Prigogine 的 H—量采用一般对数——常用对数或者自然对数，对数底也可取 2；为了应用方便，本书采用自然对数。在推导的过程中，假定对数底是统一的，均为自然对数。由于 $S(t) \leq S_{max}$，$S(t)/S_{max} \leq 1$，从而必有 $0 \leq V \leq 1$。

对于天津市的城市土地利用结构而言，2001 年、2002 年和 2003 年的 H—量分别为 0.202、0.205、0.204 奈特。天津城市土地利用结构的差异性波动变化。对于 2000 年的山东省 17 市和河南省 17 市而言，H—量分别为 0.245、0.232。河南省的城市规模差异小于山东省的城市规模差异。

差异度和集中度与通信理论中的冗余度(redundancy)概念具有对应性。Batty (1976)曾经建议将冗余度引入地理学，作为空间熵的一个特征量。本书从 Prigogine 等 H—量出发定义差异度的原因在于两个方面：一是与空间概念建立联系，二是与信息量的概念建立联系。在 Prigogine 的著作中，H—量越大越有序，反之越无序。H—量值从大到小，反映了一个系统从有序走向无序的过程。但是，在人文地理学中，这个概念的含义发生了逆转：H—量越小，表明系统越是有序和复杂。

可见，差异度的城市系统含义为：地理系统要素分布越是均衡，信息熵值越大，某一时刻的熵值与最大熵的比率越大，从而 V 值越小；反之，城市系统要素分布越是集中，信息熵值越小，某一时刻的熵值与最大熵的比率越小，从而 V 值越大。可见 V 是反映空间差异的一个参量。城市演化的过程是一个 V 值从大变小的过程，也是一种系统从有序程度较低到有序程度较高的过程，从相对简单到相对复杂的过程(人文系统中信息熵的含义与热力学熵的含义不尽一致)。最大熵方法在城市地理学的理论研究中具有举足轻重的作用(Batty, 2008；Curry, 1964；Wilson, 1970；Wilson, 2000)。

3.2.3 Theil 熵

Theil 熵(Theil entropy)又叫 Theil 指数(Theil index),它是一个宏观统计量,实则为广义熵指数。其实,Theil 熵来自物理学中的交叉熵。在统计学中,交叉熵用于表示 Kullback 偏差。Theil(1967)率先将交叉熵用于社会经济现象研究,用以表征经济不均等性,故有 Theil 指数的概念。计算公式为

$$T = \sum_{i=1}^{N} Y_i \log \frac{Y_i}{P_i} \tag{3-29}$$

式中,N 为地域单元数(地区数),Y_i 为第 i 个地域单元的某个测度(如人口)占区域总测度(如总人口)的比重,P_i 为 i 地域单元的另一种测度(如产值)占相应的全区总测度(如总产值)的份额。当 Y 和 P 两种测度的分布完全一致时,T 值为 0;Y 相对于 P 分布越是不均衡,T 值就会越大。

Theil 指数越大,表明各地域单元之间的某种现象(如人口)的分布相应于另外一种现象(如产值)的分布的差异越大,反之则越小。Theil 指数可以分解为两部分

$$\begin{aligned} T &= \sum_{i=1}^{N} Y_i \log \frac{Y_i}{P_i} = \sum_{i=1}^{N} (Y_i \log Y_i - Y_i \log P_i) \\ &= \sum_{i=1}^{N} Y_i \log Y_i - \sum_{i=1}^{N} Y_i \log P_i \\ &= H_{PY} - H_Y \end{aligned} \tag{3-30}$$

式中

$$H_Y = -\sum_{i=1}^{N} Y_i \log Y_i \tag{3-31}$$

为测度 Y 分布的 Shannon 信息熵,它是一个宏观意义的组内特征量——反映测度 Y 内的分布特征。式中的另一项

$$H_{PY} = -\sum_{i=1}^{N} Y_i \log P_i \tag{3-32}$$

则是宏观意义的组间特征量——反映测度 Y 与测度 P 的关系。Y_i 值越高,H_{PY} 值越大;P_i 值越小,$\log P_i$ 的绝对值越大。

在 Theil 指数中,$Y_i/P_i = 1$ 即 $Y_i = P_i$ 为一个临界值。当 $Y_i = P_i$ 时,有

$$Y_i \log \left(\frac{Y_i}{P_i} \right) = 0 \tag{3-33}$$

当 $Y_i > P_i$ 时,有

$$Y_i \log \left(\frac{Y_i}{P_i} \right) > 0 \tag{3-34}$$

这表明地域 i 中 Y 相对于 P 的分布相对集中。当 $Y_i < P_i$ 时,有

$$Y_i \log \left(\frac{Y_i}{P_i} \right) < 0 \tag{3-35}$$

这表明地域 i 中 Y 相对于 P 的分布相对分散。

可以看出,Theil 熵与 Ehrenfest 熵函数即式(3-23)具有相同的构型。

Ehrenfest 只考虑组内关系，不考虑组间关系，它是一种测度相对于自身的均匀分布而言的，给出不均匀与均匀分布之间对比的结果；Theil 熵则是一种概率测度相对于另外一种概率测度而言的，给出的是一种测度相对于另外一种测度是否均匀。

下面以 2003 年上海市各区人口和面积为例，算出两种 Theil 熵（表 3-3）。一是人口相对于面积的 Theil 熵，计算公式为

$$T_{人口} = \sum_{i=1}^{N} 人口比重_i \log \frac{人口比重_i}{面积比重_i}$$

二是面积相对于人口的 Theil 熵，计算公式为

$$T_{面积} = \sum_{i=1}^{N} 面积比重_i \log \frac{面积比重_i}{人口比重_i}$$

容易算出，面积相对于人口的 Theil 熵为 0.600，人口相对于面积的 Theil 熵为 0.870。可见，总体而言，两种测度分布不对称，人口相对于面积分布较之于面积相对于人口分布更为集中。

如果进行局部考察，可以发现，上海市主城区的 9 个区以及浦东新区的人口熵为正，面积熵为负；外围 8 个区的情况相反：面积熵为正，人口熵为负。这表明，上海人口高度集中于主城区和浦东新区，其中以杨浦区和虹口区最为集中，浦东新区相对稀少（注意，分布集中与人口密度大不是一回事）。在外围各区中，青浦区和奉贤区的面积相对于人口最为突出，其次是松江、南汇、金山，它们都位于上海的边缘地带。

上海市各区人口和面积的 Theil 熵（2003）　　　　　　表 3-3

地区	土地面积（km²）	年末户籍人口（万人）	面积比重	人口比重	面积熵	人口熵
浦东新区	522.75	176.69	0.099	0.138	−0.033	0.047
黄浦区	12.41	61.87	0.002	0.048	−0.007	0.147
卢湾区	8.05	32.84	0.002	0.026	−0.004	0.073
徐汇区	54.76	88.61	0.010	0.069	−0.020	0.132
长宁区	38.30	61.71	0.007	0.048	−0.014	0.092
静安区	7.62	32.07	0.001	0.025	−0.004	0.072
普陀区	54.83	84.53	0.010	0.066	−0.019	0.123
闸北区	29.26	70.79	0.006	0.055	−0.013	0.128
虹口区	23.48	79.22	0.004	0.062	−0.012	0.164
杨浦区	60.73	108.17	0.011	0.085	−0.023	0.169
宝山区	415.27	85.43	0.078	0.067	0.012	−0.011
闵行区	371.68	75.12	0.070	0.059	0.012	−0.010
嘉定区	458.80	51.18	0.087	0.040	0.067	−0.031
金山区	586.05	52.71	0.111	0.041	0.109	−0.041

续表

地区	土地面积（km²）	年末户籍人口（万人）	面积比重	人口比重	面积熵	人口熵
松江区	604.71	50.68	0.114	0.040	0.121	-0.042
青浦区	675.54	45.83	0.127	0.036	0.162	-0.045
南汇区	687.66	69.91	0.130	0.055	0.112	-0.047
奉贤区	687.39	50.87	0.130	0.040	0.153	-0.047
总和	5299.29	1278.23	1	1	0.600	0.870

资料来源：《上海统计年鉴（2004）》。

3.3　一个案例——城市产业结构演化的信息熵分析

3.3.1　产业结构信息熵

一个区域或者城市三次产业产值和就业关系长期推移规律的系统总结之一乃是所谓配第—克拉克法则（Petty-Clark's law）。该法则说的是随着人均收入的提高，产业的增加值和就业人员在第一、二、三产业间的转移：先是第一次产业（primary sector）的比重最高，然后是第二次产业（secondary sector）的比重最高，最后是第三次产业（tertiary sector）的比重最高。一般认为，从第一产业向第二产业的转移，主要取决于需求方面的恩格尔定律（Engel's law）——随着人均收入的增长，食品支出占总支出的比例趋于下降。至于由第二产业向第三产业的转移，则由类似的广义恩格尔效应（Engel effects）所决定——当大部分工业品变成必需品之后，其支出比例亦将随人均收入的不断增加而逐渐下降。实际上，从第二产业向第三产业转移，还有所谓 Maslow（1943）的需要层次（Hierarchy of Human Needs）效应的影响：随着社会经济的发展，人们越来越追求高层次的文化生活、社会价值和精神目标。在某种意义上，今天人们对网络生活的追求，很大程度上是一种精神生活的追求。西方学者根据劳动力比重变化的情况，将上述产业结构转变直观地表示为所谓经济三角形（economic triangle）（Haggett，1975）。根据这个三角形，产业发展的过程，就是从第一产业象限向第二产业象限再向第三产业象限弧形转移的过程（图 3-2）。

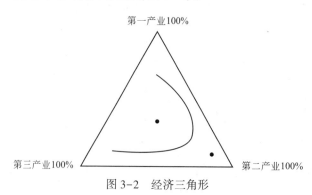

图 3-2　经济三角形

　　上述产业结构的演变过程可以采用信息熵定量刻画。不仅如此，基于信息熵的变化曲线，我们可以对区域或者城市进行产业发展阶段的划分。产业结构信息熵的计量方法非常简单。在式（3-11）中，如果 P_i 表示第 i 次产业的比重（$i=1$，2，3），则 $N=3$ 表示产业数目。只要知道一个城市或者区域历年的三次产业结构，就可以计算各个年份的信息熵值。下面以山东省（区域的代表）和淄博市（城市的代表）为例具体说明。

3.3.2　信息熵与产业结构的阶段划分

　　任何产业的发展，都要有自己的空间载体——产业的空间实现方式。可以认为，经济发展是由收入增长、产业结构演化和产业空间载体变换这三个方面统一组成的。因此，在配第—克拉克法则背后还有一个隐含的前提，即在产业结构变化的过程中，必然伴有相应的城市化进展。如果我们采用三次产业的均衡度即信息熵率考察一个城市演化过程的特征，可以发现如下七段式规律：①低（第一次产业比重高）→②高（一、二产业均衡）→③低（第二次产业比重高）→④高（第一、三次产业均衡）→⑤低（第二次产业再次突出）→⑥高（第二、三次产业均衡）→⑦低（第三次产业比重高）。

　　就整个山东区域经济的发展过程而言，基本符合这种模式。以 GDP 为测度计算，可以看出，从 1952 年到 2004 年，山东产业构成经历了均衡度的低→高→低→高→低五个阶段，近期山东已经进入第二次产业再突出的特殊时期，这也是典型的区域工业化的标志之一（图 3-3）。预计这个阶段将持续到 2013 年前后。

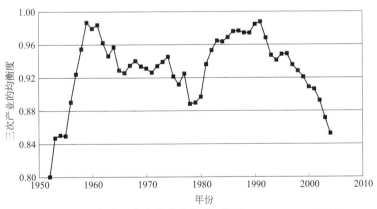

图 3-3　山东省三次产业的均衡度（基于 GDP：1952~2004）

（资料来源：根据《山东统计年鉴（2001~2003）》和 2003~2004 年
"山东省国民经济和社会发展统计公报"等）

　　一个城市，不管是以工业为主体还是以商贸为主体，第三次产业都有必要发展起来。世界上所有功能强大的城市，无一例外地都有发达的第三次产业。以 GDP 为测度考察，可以发现，从 1949 年到 2004 年，淄博的产业结构均衡度经历了"②高—③低—④高"三个阶段，近期正处于第五个阶段的开始（图 3-4）。这个阶段预计要持续到 2015 年前后，淄博市至少需要 10 年以上的过渡期才能达到二、三产业的均衡阶段。从三次结构演替的角度看，淄博市在整个山东省要缓慢半个"节拍"——山东省进入第五个阶段的中期，而淄博市却刚刚开始。实际上，中华人民共和国成立初期山东省处于第一阶段的时候，淄博市已经处于第二个阶段的中期（表3-4）。因此，从工业增长速度和规模的角度看来，淄博市在山东发展快速；但从产业结构的演进和发展的角度，淄博市的发展却相对滞后。这种特征的根源与淄博的成长历史和城市性质有关，对发挥淄博市的对外功能有一定的负面影响。

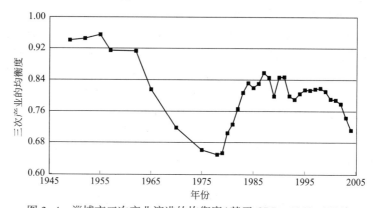

图3-4　淄博市三次产业演进的均衡度（基于GDP：1949~2004）

（资料来源：根据《淄博统计年鉴（2004）》和"2004年淄博市国民经济和社会发展统计公报"等资料的数据计算）

城市产业结构演进规律和山东、淄博的产业阶段划分（基于GDP）　　表3-4

阶段	第一阶段	第二阶段	第三阶段	第四阶段	第五阶段	第六阶段	第七阶段
特征	第一产业比重高	一、二产业均衡	第二产业比重高	一、三产业均衡	第二产业再突出	二、三产业均衡	第三产比重高
山东	1949~1957年	1958~1974年	1975~1981年	1982~1996年	1997年至今	—	—
淄博	民国时期	1949~1965处	1966~1982年	1983~2002年	2003年至今	—	—

　　信息熵在刻画社会经济系统结构演变特征方面是一种既简单又行之有效的度量方式。2005年作者主持山东淄博城市总体规划的产业发展专题研究❶，2007年又负责河南鹤壁城市总体规划的产业发展专题研究❷。在这两次产业发展研究中，都曾采用信息熵刻画三次产业结构的演变，并据此对城市产业发展进行阶段划分。信息熵分析从一个角度反映了产业发展的过程特征，并揭示了研究区所处的产业发展阶段。这种研究结果对城市总体规划具有一定的启示作用。当然，有关理论和方法目前还不是十分成熟，有些问题有待于今后的进一步研究才能更好地解决。

❶　陈彦光. 淄博市产业发展专题研究［Z］. 北京大学环境学院，2005.

❷　陈彦光. 鹤壁市产业发展专题研究［Z］. 北京大学城市与环境学院，2007.

3.4　分形维数

3.4.1　信息维

在本章的开头，我们引用了美国物理学家 Wheeler（1983）的名言，强调高斯分布和熵概念在科学教育中的重要性。同时，Wheeler（1983）预测了分形在未来的科学教育中的重要性："可以相信，明天，如果有人不熟悉分形（fractal），则其同样不能算是科学上的文化人。"在 Wheeler 看来，分形在将来的科学教育中将如同今天的高斯分布和熵概念一样重要。与此相应，英国著名城市学家、地理理论家 Batty（1992）指出："我们的自然和人文地理学中的很多理论都在被运用分形思想重新解释，明天，它们在我们的教育和实践中将如同今天的地图和统计学一样重要。"在未来的城市研究中，分形方法的重要性将会日渐突出。Batty（2008）再指出："一种关于城市演化原理的集成理论正在缓慢地发展起来，该理论将城市经济和交通行为与网络科学、异速生长以及分形几何联系起来。"因此，有必要简单介绍一下分形和分维概念，以及分维与信息熵的关系。

所谓分形，就是那些由与整体相似的部分构成的形体（Feder，1988）。分形具有三个方面的特征：一是自相似性（self-similarity），即部分与整体相似；二是级联结构（cascade structure），即整体可以分解为若干个相似的部分，部分又可以分解为更小尺度、更低等级但结构相似的部分；三是标度不变性（scaling invariance），也就是，分形体没有特征尺度，相同的信息在不同等级的分形单元上都有体现。分形不能采用常规的测度如长度、面积、体积、密度、熵等度量，描述分形的基本测度是分形维数，简称分维（fractal dimension）。由于分维数值可以是分数，故分形体又叫分数维（fractional dimension）现象。分维与信息熵具有密切的联系，广义维数就是基于 Renyi 熵定义的，Shannon 信息熵则是 Renyi 熵的特例。基于 Shannon 熵，可以定义常规意义的信息维——多分维谱中的一个参数。下面借助尺度概念说明分维的定义和测算方法。

城市在经验上显示分形特征，故在城市研究中，空间分布的信息熵存在一个缺陷，那就是，改变网格的尺度，信息熵的计算结果不一样。考虑度量一个尺度为 1 的区域，其中分布着 N 个城市。利用矩形框包围该区域，然后对矩形框架进行空间循环划分，并用 N_m 表示第 m 次划分的网格数（$m = 0，1，2，3，\cdots$）。第一级矩形框的大小根据研究的目的来决定。一个矩形区域（$N_0 = 1$）均分为 4 个一级子区（$N_1 = 4$），每个一级矩形区再次均分为 4 个二级矩形区，得到 16 个二级区域（$N_2 = 16$）……于是形成一个矩形网格体系，每一个格子代表一个子区域，各级网格尺度为 $r_m = 1/N_m^{1/2} = 1，1/2，1/4，\cdots$图 3-5 是图 3-1 继续划分的结果，图 3-1 分到第一级（$r_1 = 1/2，N_1 = 4$），图 3-5 分到第二级（$r_2 = 1/4，N_2 = 16$）。如果分到第三级，则有 64 个区域（$r_3 = 1/8，N_3 = 64$）。特别说明，圆圈的归属以圆心所在的格子为准。下面考虑图 3-5 所示的第二级的结果。显然，非空格子的概率值为 2/16、1/16、2/16、1/16、1/16、1/16、1/16、1/16、1/16、1/16、1/16、1/16、2/16。据此算出，当 $r = 1/4$ 时，$H(r) = 2.513$ 奈特，或者

3.625 比特。显然，数值不同于前面给出的 $r=1/2$ 时的结果（为了简洁，省略了 r_m 的下标 m）。当区域中城市很多时，改变网格的尺度 r，信息熵 $H(r)$ 就会跟着改变。很难找到一个尺度代表城市系统的特征尺度。可见，空间熵的分布是一种无特征尺度的测度。

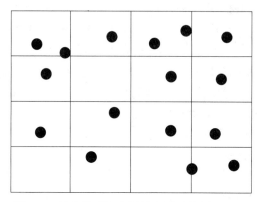

图 3-5　城市体系的空间熵度量示意图（$m=2$）

城市空间分布的信息熵与网格尺度之间常常满足一种隐标度关系，即有

$$H(r) = H_1 - D_1 \ln r \tag{3-36}$$

式中，D_1 和 H_1 为参数。H_1 代表 $r=1$ 时的信息熵，此时概率为 $P=1$，从而 $H_1 = 0$。因此有

$$D_1 = -\frac{H(r)}{\ln r} = -\frac{\sum_{i=1}^{N(r)} P_i(r) \ln P_i(r)}{\ln(1/r)} \tag{3-37}$$

如果式（3-36）成立，或者在一定尺度范围内成立，则系统具有无尺度性，亦即分形性质。如果系统具有分形性，则信息熵的描述失效，可以采用信息维代替信息熵。

其实，信息维是多重分维谱中的一个特别数值。一般地，基于 Renyi 熵，即式（3-4），可以定义一个广义信息维

$$D_q = -\frac{H_q(r)}{\ln r} = -\lim_{r \to 0} \frac{1}{q-1} \frac{\ln \sum_i^{N(r)} P_i(r)^q}{\ln(1/r)} \tag{3-38}$$

当 $q=0$ 时，得到容量维，即有

$$D_0 = -\frac{H_0(r)}{\ln r} = -\frac{\ln N(r)}{\ln r} \tag{3-39}$$

式中，$N(r)$ 为尺度为 r 的非空格子数。当 $q=1$ 时，得到信息维，用式（3-37）表示；当 $q=2$ 时，得到关联维。理论上，q 可以取任意数值。当 $q=0$ 时，采用图 3-5 所示的网格循环划分的方法得到的维数，可以视为盒子维数（box dimension）。

以河南省城镇体系为例，说明如何借助盒子计算法（box-counting method）计算容量维和信息维。研究区的范围限于河南境内。从理论上讲，由于分形体的自相似性，研究区的范围没有严格的规定。另一方面，由于城市规模分布的标度性，即无尺度性，城市等级体系的下限可以根据研究目标确定。考虑到地图信息资料的分辨率（比例尺），本书将取县级城镇为规模（等级）分界的下限。这样，研究区范围内共有 128 个城镇，即取 $N=128$（包括郑州市的某些远离中心市的"区"在内，参见图 3-6）。

图 3-6　河南县城及其以上级别的城镇分布简图

首先借助地图信息资料提取河南省城市分布的空间数据。选择一个合适的矩形覆盖研究区内的城市，矩形的范围分别以河南省域的东、西、南、北的极点为限。将矩形区的各边分成 r 等份，则其化为 r^2 个矩形子区，每个子区的边长可以表作 $\varepsilon=1/r$。首先统计包含城镇的网格数，记为 $N(r)$；然后统计每个子区出现的城镇数目，记为 $n_{ij}(r)$，这里 i、j 表示子区所在的行、列编号（i、$j=1$，2，$\cdots$，r）。按二倍数改变 r 值，即取等比数列 $r=2^m$，这里 $m=0$，1，2，$\cdots$（m 的上限以 $n_{ij}(r)\equiv1$ 为判据），可以得到不同的 $N(r)$。借助（r，$N(r)$）点列计算维数。实验表明，对于本例而言，当 $m=7$ 时，$n_{ij}(r)=1$，这意味着 m 的上限为7。空间数据的提取结果列于表 3-5。根据表 3-5 中的数据，首先计算容量维 D_0 和信息维 D_1，以确定系统是否具有多分形性态。将点列（r，$N(r)$）标绘于 log-log 坐标图中（为图形直观起见，取以 2 为底的对数），发现点列分布具有局部对数线性性质，即有标度区（scaling range）的出现。标度区又叫无尺度区（scale-free range），本例的标度区范围为 $r=2^1\sim2^4$，其直线段的斜率便是容量维（图 3-7）。在操作上，可以采用最小二乘技术计算维数。利用上式对标度区内的点列进行回归分析，得到

$$N(r)=1.552r^{1.510}$$

测定系数 $R^2=0.993$，容量维估算值为 $D_0=1.510$。

对研究区网格化所得的城市体系统计数据　　　　　　表 3-5

m	$1/r$	$N(r)$	$P_{ij}=n_{ij}/N$ （$N=128$）	$H(r)$
0	1	1	128/128	0
1	2	4	45/128，33/128，32/128，18/128	1.932
2	4	14	23/128，19/128，2×17/128，12/128，2×8/128，7/128，4/128，3×3/128，2×2/128	3.401
3	8	39	9/128，7/128，3×6/128，5×5/128，7×4/128，6×3/128，7×2/128，9×1/128	5.037
4	16	93	9×3/128，17×2/128，67×1/128	6.400
5	32	121	8×2/128，112×1/128	6.875
6	64	127	2/128，126×1/128	6.984
7	128	128	128×1/128	7

统计资料来源：根据从 1988 年到 2001 年河南省的有关地图资料综合得到河南城市分布地图，原图包括河南省测绘局制的"河南省地图"（内部资料）。借助图像，利用 ArcInfo 或 AutoCAD 都容易提取表中数据。

采用相似的方法，可以计算信息维数。根据本节的数据处理方式再令 $P_{ij}(r)=n_{ij}(r)/N$（注意 $N=128$ 为城市样品总数），可将信息量表作

$$H(r)=-\sum_{i}^{r}\sum_{j}^{r}P_{ij}(r)\log P_{ij}(r) \tag{3-40}$$

于是借助式(3-36)，对于标度区内的点列进行线性回归，可得如下结果

$$H(r)=0.433+1.504\ln(1/r)$$

测定系数 $R^2=0.999$，信息维数估计值为 $D_1=1.504$，式中信息量单位取比特。

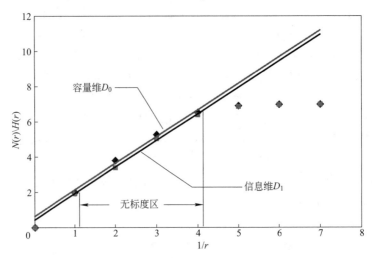

图 3-7　河南省城市空间体系的容量维与信息维图式

计算结果显示，河南省城市体系虽然发育了明确的分形结构，但容量维与信息维的数值没有显著差异，即 $D_0 \approx D_1$，因此，在图3-7所示的标度区范围内，河南省城市体系的空间结构尚未发育多重分形，只具备简单分形特征。然而，根据城市等级体系的研究经验，地理分形是演化的分形，多分形是在简单分形的基础上进化而来的。由此判断，多分形发育的标度区可能较之与简单分形更为狭窄。为了验证这一猜想，作者缩小标度区的范围至 $r = 2^1 \sim 2^3$，这时计算的容量维为 $D_0 = 1.643$，测定系数 $R^2 = 0.997$；信息维为 $D_1 = 1.552$，测定系数 $R^2 = 0.999$。显然 D_0 与 D_1 具有明显差异。进一步地，可以计算多分维谱，这种广义的维数谱可以给出更多的城市地理空间信息。

分维测算结果表明，在较大的标度范围内，河南省城镇体系是一种简单的分形系统；但是，在较小的标度范围内，河南省城市体系具有奇异性质，已经在一定程度上发育了复杂分形结构。简单分形的标度范围较多重分形宽阔这一事实暗示：城市体系空间结构的单分形演化先于多分形的发育，而多重分形是在简单分形的基础上发育出来的，这个发现与关于城市体系等级结构的分形研究结论完全一致。

3.4.2 信息熵与分维的等价性

城市空间结构的分维可以采用盒子法度量。盒子可以是正方形，也可以是矩形，形状的选择取决于研究目标的需要和研究对象的特征。不失一般性，可以采用矩形盒子法计算空间分布的分维。如图3-1和图3-5所示，利用一个矩形框，包围城市形态或者城市体系。这个矩形框相当于一个大盒子。然后将"盒子"一分4，四分为16，十六分为64，如此递进，不断均分。于是各级盒子的尺度为 $r_m = 1$，$1/2$，$1/4$，$\cdots$，$1/2^m$，盒子数目为 $N_m = 1$，$1/4$，$1/16$，$\cdots$，$1/4^m (m = 0, 1, 2, 3, \cdots)$。但是，并非每一个格子中都有城市或者城市要素，因而并非每一个盒子都被占据。我们关心的非空盒子数 $N(r)$。假定非空盒子数 $N(r)$ 与盒子尺度 r 之间满足负幂律关系

$$N(r) = N_1 r^{-D} \tag{3-41}$$

则城市或者城市体系具有分形特征，式中 N_1 为比例系数，D 为分维，即前述容量维数，又叫盒子维数。对于现实世界的随机分形，盒子维数就是容量维数。

为了便于理解，不妨以一个规则分形(regular fractal)为例，说明分形的生成过程和分维的计算方法。图3-8给出了九种典型的生长分形，其中图3-8(a)为点（0维），图3-8(c)为线（1维），图3-8(i)为面（2维），这三个为欧氏几何形状，为分形的特例，其余六个代表严格意义的分形（前四步）。一个分形也就是一个等级体系，可以采用如下几何级数的公比描述

$$a = \frac{r_m}{r_{m+1}} \tag{3-42}$$

$$b = \frac{N_{m+1}}{N_m} \tag{3-43}$$

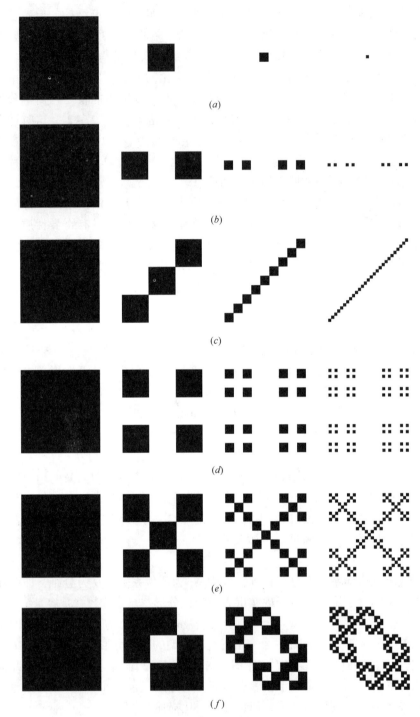

图 3-8　九种典型的生长分形的生成过程示意图（前四步）（一）

（a）$N=1$，$D=\ln(1)/\ln(3)$；（b）$N=2$，$D=\ln(2)/\ln(3)$；（c）$N=3$，$D=\ln(3)/\ln(3)$；

（d）$N=4$，$D=\ln(4)/\ln(3)$；（e）$N=5$，$D=\ln(5)/\ln(3)$；（f）$N=6$，$D=\ln(6)/\ln(3)$

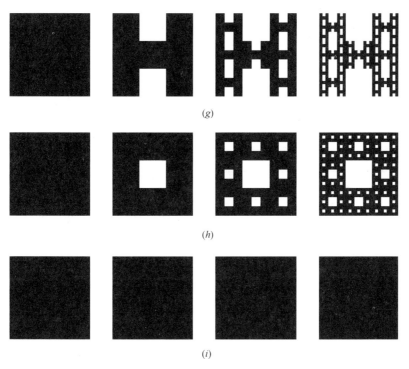

图 3-8　九种典型的生长分形的生成过程示意图（前四步）（二）

（*g*）$N=7$，$D=\ln(7)/\ln(3)$；（*h*）$N=8$，$D=\ln(8)/\ln(3)$；（*i*）$N=9$，$D=\ln(9)/\ln(3)$

式中，a 为不同等级的分形元的尺度比，b 为不同等级的分形元的数目比。如果采用标准盒子法测量维数，则 a 为不同等级的盒子的尺度比，b 为不同等级的非空盒子的数目比。于是相似维数（similarity dimension）为

$$D_{\text{s}}=\frac{\ln b}{\ln a}=-\frac{\ln N_{m+1}/N_m}{\ln r_{m+1}/r_m} \tag{3-44}$$

盒子维数为

$$D_{\text{b}}=-\frac{\ln N(r)}{\ln r} \tag{3-45}$$

式中，r 为盒子或者分形元的线性尺度，$N(r)$ 为相应的分形元数目，或者非空盒子数。对于标准的规则分形，相似维数与盒子维数数值相等，并且它们都等于容量维数 D_0，即 $D_{\text{s}}=D_{\text{b}}=D_0$。利用式（3-44），容易算出图 3-8 中给出的九种分形的分维数值（表 3-6）。

九种生长分形的分维及其相关说明　　　　　　　　表 3-6

图形编号	数目比（N_{m+1}/N_m）	尺度比（r_m/r_{m+1}）	分维（D）	备　　注
a	1	3	0.000	点（Point）
b	2	3	0.631	Cantor 集（Canter set）
c	3	3	1.000	线（Line）
d	4	3	1.262	Fractal 尘埃（Fractal dust）

图形编号	数目比(N_{m+1}/N_m)	尺度比(r_m/r_{m+1})	分维(D)	备　注
e	5	3	1.465	生长分形(Growing fractal)
f	6	3	1.631	——
g	7	3	1.771	——
h	8	3	1.893	Sierpinski 地毯(Sierpinski carpet)
i	9	3	2.000	正方形(Square)

接下来计算九种分形的空间信息熵(图 3-9)。不妨以图 3-8(a)、图 3-8(e)和图 3-8(i)三种典型的图形为例。为了可比性和简单性,我们以自然对数为底,并用九个不大不小的盒子覆盖第四步生成的分形图形。图 3-8(a)代表一种绝对的集中化过程,最后只有一个分形元素即一个点。于是信息熵为

$$H_a = -1 * \ln(1) - 8 * 0 * \ln(0)$$

根据数学分析中的 l'Hospital 法则可知

$$H_a = \ln(1) = 0 \text{ 奈特}$$

图 3-8(e)代表一种标准的各向同性的分形生长过程,每一级的分形拷贝包括五个下级单元。于是空间熵可以表作

$$H_e = -5 * \frac{1}{5} * \ln\left(\frac{1}{5}\right) - 4 * 0 * \ln(0) = \ln(5) = 1.609 \text{ 奈特}$$

图 3-8(i)代表一种完全的空间填充和绝对的均匀分布过程,每一级的分形拷贝包括九个下级单元。因此,空间熵乃是

$$H_i = -9 * \frac{1}{9} * \ln\left(\frac{1}{9}\right) = \ln(9) = 2.197 \text{ 奈特}$$

一般地,给定分形单元数目 $N(r)$,基于盒子的信息熵可以表示为 $H(r) = \ln N(r)$。这正是式(3-6)的结构。相应地,分维可以表示为 $D = -\ln N(r)/\ln r = H(r)/\ln(1/r)$。这是式(3-39)的形式。实际上,只要盒子的线性尺度 r 给定,则分维等价于信息熵,因为分维数与信息熵具有固定的比率(表 3-7)。对于规则的标准分形,Hausdorff 维数与相似维数、盒子维数等相等;对于现实中的随机分形,Hausdorff 维数没法计算,通常采用盒子分维近似表示。图 3-8 给出的都是标准的规则分形及其特例,故盒子维数等价于 Hausdorff 维数。Ryabko (1986)曾经证明,Shannon 信息熵与 Hausdorff 维数在数学上等价,并且它们与 Kolomogorov 复杂度等价。由此可见,信息熵和分维不仅可以作为空间均衡性的测度,同时也都可以作为空间复杂程度的测度之一。

生长分形的分维和信息熵值的比较　　　　　　　　　表 3-7

图形编号	数目比 (N_{m+1}/N_m)	尺度比 (r_m/r_{m+1})	分维 (D)	信息熵 (H)(奈特)	分维与信息 熵之比(D/H)
a	1	3	0.000	0.000	——

续表

图形编号	数目比 (N_{m+1}/N_m)	尺度比 (r_m/r_{m+1})	分维 (D)	信息熵 (H)(奈特)	分维与信息 熵之比(D/H)
b	2	3	0.631	0.693	0.91
c	3	3	1.000	1.099	0.91
d	4	3	1.262	1.386	0.91
e	5	3	1.465	1.609	0.91
f	6	3	1.631	1.792	0.91
g	7	3	1.771	1.946	0.91
h	8	3	1.893	2.079	0.91
i	9	3	2.000	2.197	0.91

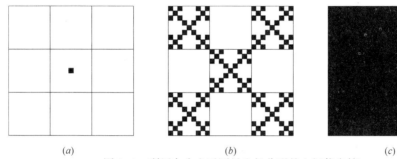

(a) $\qquad\qquad$ (b) $\qquad\qquad$ (c)

图 3-9　利用九个盒子测量生长分形的空间信息熵

(a)绝对集中；(b)标准的生长分形；(c)绝对均匀

3.5　小结

　　熵是系统状态的一种测度，在物理学中用于刻画系统的无序化程度。但是，在包括城市在内的人文和社会科学研究中，熵值则是均衡性和复杂性的量度。城市系统的熵最大化过程也是系统趋于优化的过程。因此，很多理论地理学家和城市研究专家采用最大熵原理推导有关城市的理论模型，包括城市人口密度分布的负指数模型、城市规模分布的 Zipf 定律、城市空间相互作用的引力模型，如此等等。对于社会经济系统而言，如何在保证个体公平的前提下追求整体效率，或者在保证整体效率的前提下追求个体公平，一直是悬而未决的难题之一。从理论上，熵最大化意味着整体的效率与个体的公平达到最佳契合状态。

　　由于熵、信息熵与一般系统论以及系统工程学关系非常密切，本章介绍了热力学熵的基本概念，重点讲述了信息熵的含义及其度量方法。常规的信息熵反映系统分布的绝对均衡程度，交叉熵如 Theil 指数则可以反映一种测度相对于另外一种测度的分布均衡程度。当我们期望度量城市人口在地理空间中分布均衡程度的时候，采用 Shannon 信息熵即可；当我们期望表示城市人口相对于产值的空间分布均衡程度时，则可以采用 Theil 交叉熵。由于熵值依赖于要素数目和对数底值，可比性较差且没有明确的数值边界，人们在信息熵的基础上，定义均衡度、集中度、差异度等测度。均衡度基于信息熵与最大熵的比率，差异度如 *H*—量等则是借助信息熵与最大熵的差值来表示均匀性程度。借助统计学的矩次，可以将 Shannon 信息熵推广为 Renyi 广义熵；借助 Markov 链分析，还可以将信息熵推广为描述城市演化概率结构的平均熵。

理论上，信息熵与分维具有内在联系，Shannon 信息熵与 Hausdorff 维数以及 Kolomogorov 复杂度等价。于是可以得到两个方面的启示：其一，对于无标度的城市现象，可以采用信息维代替信息熵，从而给出更为客观的城市空间特征量；其二，信息熵、分维数都是空间复杂程度的量度，可以借助熵和分维描述城市演化的空间复杂性。分形是大自然的优化结构，分形体能够最有效地占据空间。借助分形思想规划城市、城市体系，优化区域地理空间，可以使得人类最为科学、合理地利用地球表面有限的土地资源，保证人地关系和谐以及人类社会的可持续发展。

第 4 章

城市增长的回归
预测方法

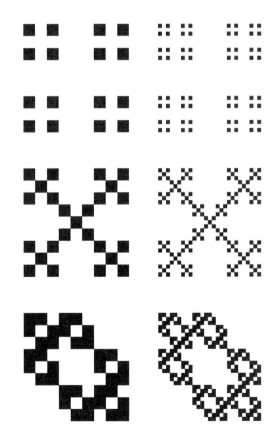

回归分析是黑箱分析技术之一，该方法在城市演化的解释和预测方面都有应用。在城市规划过程中，人口是必要的预测内容。如果我们连一个区域和城市的未来人口规模都不能估计，就无法对一个城市进行有效规划。本章将以区域人口增长预测为例，说明几种典型的非线性回归模型的应用方法。人口增长的预测模型通常采用三种函数，即指数函数、Logistic 函数和双曲函数。前面两种函数为我国学者熟知，但人们对第三种模型则未必十分了解。尤其重要的是，在什么情况下采用何种模型进行数据拟合和增长预测时常导致一些认识上的混乱以至应用上的错误。问题的关键在于，许多应用工作者对这三个基本模型的建设思路及其内在的数理关系缺乏认识。本章将借助简明的实例简介上述模型的应用方法，然后论证各个模型的逻辑联系及其适用场合。

4.1　指数预测模型及其应用实例

4.1.1　数学模型的来源和表达形式

在最简单的情况下，人口预测采用指数增长函数。建模思路如下：假定第 $t_0 = 0$ 年的人口为 $P(0)$，人口增长率为 r，则第 1、2、…、t 年的人口为

$$P(1) = P(0) + rP(0) = (1+r)P(0)$$
$$P(2) = P(1) + rP(1) = (1+r)P(1) = P(0)(1+r)^2$$
$$\cdots\cdots \tag{4-1}$$
$$P(t) = P(0)(1+r)^t$$

这是所谓的复利模型。由于 $1+r = e^{\ln(1+r)}$，上面递推公式的通用项可以化为

$$P(t) = P_0 e^{t\ln(1+r)} \tag{4-2}$$

式中，$P(0) = P_0$ 表示初始人口规模。又因 $r \ll 1$，利用 Taylor 级数展开式可知 $\ln(1+r) \approx r$，于是上式化为指数形式

$$P(t) = P_0 e^{rt} \tag{4-3}$$

这便是著名的 Malthus(1798)人口增长模型。假定变量连续，求导得到齐次方程

$$\frac{\mathrm{d}P(t)}{\mathrm{d}t} = rP(t) \tag{4-4}$$

显然，式(4-3)是微分方程式(4-4)的特解。

4.1.2　应用方法和实例

指数模型的应用方法非常简单，将模型线性化，然后采用普通最小二乘(OLS)方法进行线性回归运算即可实现数据的模型拟合和预测分析。为了避免符号上的混淆，不妨用 u 替代 P 表示城市人口，而 P 用于表示区域总人口。这样，将 $u = P$ 代入式(4-3)，然后在两边取对数，化为线性形式

$$\ln u(t) = \ln u_0 + rt \tag{4-5}$$

利用上式容易得到回归结果，下面以世界城市人口的增长为例进行具体说明。

原始数据资料来自联合国(UN)。数据的时间间隔即取样时间步长为 5～25 年不等，这不影响模型对观测值的拟合。一共有 15 个观测值，时间跨度是 200

年。采用前面 13 个数据点(1800~1990)建模,后面两个数据点用作预测对比。为了处理方便,将公元纪年式的年份 n 转化为时序 t,这不影响模型的回归系数(表 4-1)。借助 Excel、SPSS 或者 Matlab 等数学或者统计分析软件容易对表 4-1 中的有关数据进行回归分析。利用原始数据点作出散点图,点列具有指数上升趋势(图 4-1a);然后以时序为横坐标、以 $\ln u(t)$ 为纵坐标作直角坐标图,点列具有线性分布特征。经过多种模型的匹配效果比较,发现对数增长模型效果良好。基于回归计算的结果可得如下模型

$$u(t) = 32.676e^{0.022t} = 32.676e^{0.022(n-1800)}$$

世界城市人口的指数增长(100 万)　　　　　　　表 4-1

年份	时序(t)	总人口(P)	城市人口(u)	计算值P	计算值($\hat{u}$)
1800	0	978	50	972.961	32.676
1825	25	1100	60	1088.981	55.985
1850	50	1262	80	1236.415	95.922
1875	75	1420	125	1430.022	164.347
1900	100	1650	220	1695.519	281.583
1925	125	1950	400	2082.075	482.448
1950	150	2501	724	2696.944	826.598
1960	160	2986	1012	3058.197	1025.255
1970	170	3693	1371	3531.198	1271.656
1975	175	4076	1564	3827.165	1416.245
1980	180	4450	1764	4177.284	1577.275
1985	185	4837	1983	4597.913	1756.613
1990	190	5246	2234	5112.736	1956.343
1995	195	5660	2570	5757.384	2178.849
2000	200	6060	2860	6588.049	2426.590

原始资料来源:1.1800~1990:United Nations 等,转引自:周一星. 城市地理学 [M],1999:78. 1995~
2000:United Nations Population Division,World Urbanization Prospects:The 2001 Revision.

式中,n 表示公元纪年,t 表示时序。模型的拟合优度即测定系数为 $R^2 = 0.981$,线性化模型的标准误差为 $s = 0.206$。基于习惯的显著性水平(0.05),拟合优度和标准误差检验不成问题。

由于 1995 和 2000 年两个年份的数据点没有参与回归,比较观测值和计算值可以发现模型的预测差强人意。尽管局部效果不太理想,但宏观趋势依然可取。也就是说,较长期的预测应该比较可靠。实际上,世界城市人口的增长模式介于指数模型和正态模型之间,要比指数增长快速得多,即有如下加幂指数模型

$$P(t) = P_0 \exp(rt^v) \tag{4-6}$$

式中,参数 $v = 1.5$(图 4-1b)。基于 1800~1990 年的数据拟合结果为

$$P(t) = 49.300\exp(0.001t^{1.5}) = 49.300\exp\left[0.001(n-1800)^{3/2}\right]$$

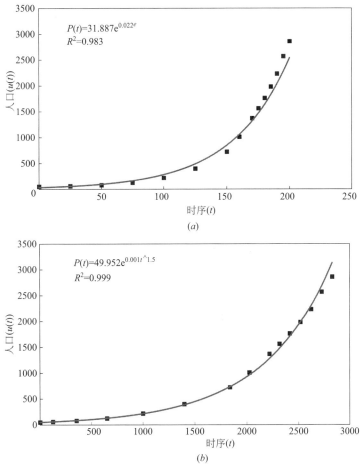

图 4-1　世界城市人口增长及其指数拟合曲线

（*a*）拟合指数模型；（*b*）拟合加幂指数模型

（说明：图中的模型拟合利用了全部数据，故参数估计值与正文中给出的结果稍有出入）

拟合优度为 $R^2 = 0.999$。可见指数模型仅仅是一种近似表达，或者加幂指数模型的特例，但应用起来更为方便。

4.2　Logistic 预测模型及其应用实例

4.2.1　数学模型的来源和表达形式

指数模型是一种正反馈式增长，虽然该模型在一定时段适用，但长远看肯定是不符合实际的——正如恩格斯所说，大自然决不会让一棵树长得刺破了天。人口的增长必将受到环境的约束，为此需要在式（4-4）中加上一个表征环境约束因子的二次项 $qP(t)^2$，从而得到二阶 Bernoulli 式齐次方程

$$\frac{\mathrm{d}P(t)}{\mathrm{d}t} = rP(t) - qP(t)^2 \tag{4-7}$$

这里 q 为约束参数，上式可以化作

$$\frac{dP(t)}{dt} = rP(t)\left[1 - \frac{q}{r}P(t)\right] = rP(t)\left[1 - \frac{P(t)}{P_m}\right] \qquad (4\text{-}8)$$

这便是著名的 Verhulst 方程形式，数学生物学家 Verhulst 于 1838 年最早将上述方程引入虫口-人口预测（Banks，1994）。该模型有三个参数，但利用 Excel 或者 SPSS 等还是容易拟合的，只不过麻烦一些。式中 $P_m = r/q$，表示区域饱和人口即最大人口容量，方程式(4-7)的初始条件和饱和条件分别为 $P(t_0) = P_0$，$P(t) \leqslant P_m$。解之得到著名的 Logistic 预测模型

$$P(t) = \frac{P_m}{1 + \left(\dfrac{P_m}{P_0} - 1\right)e^{-rt}} \qquad (4\text{-}9)$$

可见控制人口增长的参数有三个：起点值（初始值）P_0、终点值（容量值）P_m 和内生增长率（初始增长率）r。

4.2.2　应用方法和实例

为了方便起见，首先令 $\lambda = (P_m/P_0 - 1)$，从而式(4-9)可以简单地表示为

$$P(t) = \frac{P_m}{1 + \lambda e^{-rt}} \qquad (4\text{-}10)$$

将上式变形为

$$\frac{P_m}{P(t)} - 1 = \lambda e^{-rt} \qquad (4\text{-}11)$$

在式两边取对数化作线性形式

$$\ln\left[\frac{P_m}{P(t)} - 1\right] = \ln\lambda - rt \qquad (4\text{-}12)$$

即可进行回归分析。问题在于，这个模型有三个参数，普通的回归无法实现模型的拟合，这就要求我们灵活地应用普通最小二乘方法了。一个有效的办法是估计一个试探性的人口容量值 P_m，代入式(4-11)的对数转换形式进行回归分析，然后反复调整 P_m 值，直到模型的拟合优度接近最大值。下面以美国的人口增长为例进行应用说明(表4-2)。

美国人口的 Logistic 增长（人）　　　　　　　　　　表 4-2

年份	t	$P(t)$	计算值	年份	t	$P(t)$	计算值
1790	0	3929214	4454692	1850	60	23191876	21704750
1800	10	5308483	5830049	1860	70	31443321	27922408
1810	20	7239881	7619518	1870	80	38558371	35702155
1820	30	9638453	9940412	1880	90	50189209	45303815
1830	40	12860702	12938196	1890	100	62979766	56955425
1840	50	17063353	16789787	1900	110	76212168	70808078

续表

年份	t	$P(t)$	计算值	年份	t	$P(t)$	计算值
1910	120	92228496	86882216	1960	170	179323175	187963888
1920	130	106021537	105016549	1970	180	203302031	207727996
1930	140	123202624	124836971	1980	190	226542199	225787313
1940	150	132164569	145763821	1990	200	248709873	241776221
1950	160	151325798	167067330	2000	210	281421906	255541322

原始数据来源：美国人口普查资料网站 http：//www. census. gov/population。

关于美国人口的预测方法，西方学者大多采用指数方程：Banks（1994）利用 1790~1980 年的数据给出了指数预测分析，美国"数学及其应用协会（Consortium for Mathematics and Its Applications）"基于 1780~1990 年的数据将指数式人口预测写进了教科书（数学及其应用协会，1997）。但是，美国人口其实是 Logistic 增长，下面给出较上述两个实例更好的拟合结果。美国从 1790 年至今，每隔 10 年有一次人口普查结果，积累到 2000 年已有 22 个样本点了（1790~2000）。为了考察预测效果，采用前面 21 个样本点（1790~1990）建模，2000 年的数据用于预测结果对比。将这些数据点标绘到散点图上，发现点列具有 Logistic 曲线特征（图 4-2）。经过多个模型的匹配与比较，发现果然以 Logistic 函数的拟合效果最好——拟合优度远胜于指数方程。用时序代替年份，得到 Logistic 模型如下

$$P(t) = \frac{312000000}{1 + 74.328 e^{-0.027t}} = \frac{312000000}{1 + 74.328 e^{-0.027(n-1790)}}$$

式中，t 为时序，n 为公元纪年。测定系数 $R^2 = 0.996$，线性化模型的标准误差 $s = 0.106$。基于显著性水平 0.05，拟合优度和标准误差检验都能通过。表 4-2 显示，模型的计算值与观测值也大致吻合。从图 4-2（a）可以看出点列与计算值形成的趋势线总体匹配效果良好，但用它预测 2000 年的人口却有较大的出入。尽管如此，较之西方学者采用的指数预测的效果要准确很多。

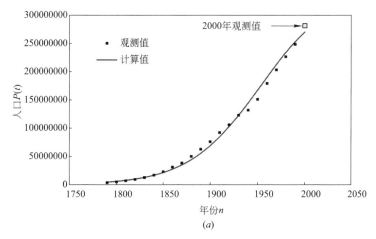

图 4-2　美国人口增长及其 Logistic 拟合曲线（一）

（a）基于 1790~1990 年的数据

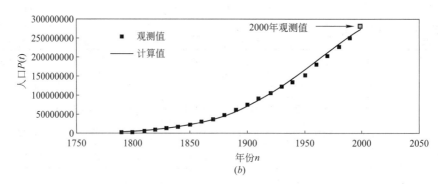

图 4-2 美国人口增长及其 Logistic 拟合曲线(二)

(b)基于 1790~2000 年的数据

如果采用 1790~2000 年的全部数据进行拟合，得到的模型如下：

$$P(t) = \frac{348420000}{1+74.3219e^{-0.026t}} = \frac{348320000}{1+74.3219e^{-0.026(n-1790)}}$$

测定系数 $R^2 = 0.995$，线性化模型的标准误差 $s = 0.123$(图 4-2b)。

4.3 双曲预测模型及其应用实例

4.3.1 数学模型的来源和表达形式

Logistic 方程虽然在理论上更加符合区域或者城市人口的增长实际，但在许多情况下其模型拟合精度不能满足要求，或者说标准误差检验不能通过。在这种情况下，反双曲函数可以作为一个有效的替代方程。双曲增长(hyperbolic growth)模型最早由 Keyfitz (1968)提出，其实它是 Logistic 方程的近似表达形式。将式(4-9)两边同时颠倒分子分母，得到

$$\frac{1}{P(t)} = \frac{1}{P_m} + \left(\frac{1}{P_0} - \frac{1}{P_m}\right)e^{-rt} \tag{4-13}$$

由于 P_m 足够大时，$1/P_m \to 0$，因此上式可以近似化作

$$\frac{1}{P(t)} = \frac{1}{P_0}e^{-rt} \tag{4-14}$$

又由于 r 一般较小，根据 Taylor 级数展开式，当 t 较小时，我们有 $e^{-rt} \approx 1-rt$，从而得到双曲线形式

$$\frac{1}{P(t)} = \frac{1}{P_0} - \frac{r}{P_0}t \tag{4-15}$$

双曲线模型有多种形式，式中参数 $r = (P_1 - P_0)/P_1$。在第 1 章曾经给出负反馈式双曲线函数，即式(1-6)；这里给出的式(4-15)则是正反馈式双曲增长模型，即式(1-8)。

4.3.2 应用方法和实例

在上式中令 $P'(t) = 1/P(t)$，即可将模型化为线性形式。借助普通最小二乘方法不难得到拟合结果。下面以世界人口的增长数据（1650~2000）为例进行具体说明（表4-3）。将人口数据取倒数，以时序 t 为横坐标，以 $1/P(t)$ 为纵坐标，作坐标图，发现点列成线性分布趋势，表明数据序列具有双曲关系的特征。然后经过多种模型的对比分析，发现以双曲函数的拟合效果最佳（图4-3）。基于1650~1990 年的数据得到模型如下

$$\frac{1}{P(t)} = 1.905 - 0.005t = \frac{1}{0.525} - \frac{0.003}{0.525}t$$

测定系数 $R^2 = 0.998$，线性化模型的标准误差 $s = 0.027$。拟合优度和标准误差的检验不成问题，模型的计算值与实际观测值也比较接近（参见表4-3的计算值1）。与式（4-15）比较可见参数 P_0 和 r 的计算值分别为 0.525 和 0.003；而实际上的 $P_0 = 0.51$，$r = 0.004$。从1995 和 2000 年两个年份的预测结果看来，计算值和实际值有较大的出入。

世界总人口的双曲线增长（10亿）　　　　　　　　表4-3

年份	t	人口 $P(t)$	计算值1	计算值2	年份	t	人口 $P(t)$	计算值1	计算值2
1650	0	0.510	0.525	0.517	1965	315	3.354	3.349	3.328
1700	50	0.625	0.606	0.605	1970	320	3.696	3.661	3.613
1750	100	0.710	0.717	0.723	1975	325	4.066	4.038	3.951
1800	150	0.910	0.877	0.893	1980	330	4.432	4.501	4.358
1850	200	1.130	1.130	1.158	1985	335	4.822	5.085	4.857
1900	250	1.600	1.587	1.627	1990	340	5.318	5.842	5.482
1950	300	2.525	2.666	2.688	1995	345	5.660	6.864	6.292
1960	310	3.307	3.085	3.084	2000	350	6.060	8.320	7.377

原始资料来源：1. 1650~1990：Banks（1994）；2. 1995~2000：United Nations Population Division，World Urbanization Prospects：The 2001 Revision.

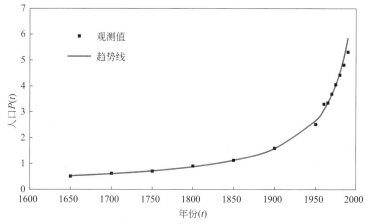

图4-3　世界人口的增长及其双曲拟合曲线

在表 4-2 中也给出了有关年份的世界人口，由于统计来源不同，数据稍有出入。利用表 4-2 中的数据同样可以拟合出反双曲函数

$$\frac{1}{P(t)} = \frac{1}{972.961} - \frac{0.004}{972.961}t$$

拟合优度为 $R^2 = 0.997$，相应的计算值参见表 4-2。从 1995 和 2000 年两个年份的预测情况看来，较之于表 4-3 的结果要好一些。

4.4 模型的内在联系及其适用范围

4.4.1 模型的内在关系和修正形式

可以看出，在具体问题的解决过程中，模型的选用要灵活机动、因事制宜。同样是进行人口增长预测，在不同情况下拟合的数学模型却大不相同。另一方面，我们隐隐约约已经看到，上述模型之间似乎存在某种内在的数理关系。考察它们之间的逻辑联系有助于我们在实践中根据具体情况正确地选择预测模型。实际上，从二阶 Bernoulli 齐次方程即式(4-7)出发可以将上述三种模型都引导出来。

第一种情况，在 Logistic 微分方程中，假定 $t_0 = 0$，则当 $q = 0$、$r>0$ 时，其解为指数方程

$$\frac{P(t)}{P_0} = e^{rt} \tag{4-16}$$

即式(4-3)的形式。第二种情况，当 $r=0$、$-q>0$ 时，其解为双曲线

$$\frac{P(t)}{P_0} = \frac{1}{1+P_0 qt} \tag{4-17}$$

令 $r=-P_0 q$ 得到式(4-15)的形式。第三种情况，当 $r>0$、$q>0$ 时，其解为 Logistic 模型即式(4-9)的形式。

作者发现第二种情况依然是一种特例，即参数 q 为恒常。然而，现实的人口演化动力学要复杂得多。为此将参数 q 视为一种参变量，定义为 $q=V(t)$，于是式(4-7)化为

$$\frac{dP(t)}{dt} = V(t)P(t)^2 \tag{4-18}$$

取 $V(t)=b/t$，解得

$$\frac{1}{P(t)} = \frac{1}{P_1} - b\ln t \tag{4-19}$$

式中，b 为参数。这是反 S 形曲线形式，式中参数 P_1 在理论上为 $t=1$ 时的人口值。为了避免取对数的困难，直接采用公元纪年为自变量，表 4-3 中的世界人口为因变量，经过非线性回归可得如下模型

$$\frac{1}{P(n)} = 71.139 - 9.341\ln n$$

式中，n 为公元纪年，测定系数 $R^2 = 0.999$，标准误差 $s = 0.023$。拟合优度很高

而标准误差很小,模型的计算值与实际观测值也更为接近(参见表 4-3 的计算值 2)。点列与趋势线匹配的坐标图与图 4-3 相似,但效果更好。当取 $n=1$ 时,得到 $P(1) = 1/71.1387$,由此推得公元 1 年的世界人口约为 1.4 亿。可是,表 4-4 给出的有关调查结果却为 2 亿。这意味着,对于更长时间的人口序列,上述模型都有误差。实际上,用指数模型、Logistic 模型、反双曲模型、反 S 增长模型都无法有效拟合表 4-4 中的数据。于是我们需要新的模型。

在式(4-18)中,如果取 $V(t) = 2bt$,解得二次双曲函数

$$\frac{1}{P(t)} = \frac{1}{P_1} - bt^2 \tag{4-20}$$

式中,参数 P_1 在理论上为 $t=1$ 时的人口值。拟合表 4-4 中的数据,经过最小二乘计算可得如下模型

$$\frac{1}{P(n)} = \frac{1}{202.322} - 0.0000000012n^2 \tag{4-21}$$

拟合优度为 $R^2 = 0.999$,标准误差 $s = 0.00005$。基于显著性水平 0.05,拟合优度和标准误差的检验均可通过,模型的计算值与实际观测值也更为接近(表 4-4)。点列与趋势线匹配效果甚佳(图 4-4)。

长尺度的世界总人口增长数据(百万)   表 4-4

年份	1	1000	1500	1750	1850	1900	1950	1955	1960	1965	1970	1975	1980	1985	1990	1995	2000
人口	200	275	450	700	1200	1600	2550	2800	3000	3300	3700	4000	4500	4850	5300	5700	6100
计算	202	267	446	789	1197	1638	2634	2808	3006	3235	3502	3819	4199	4665	5249	6003	7012

来源:http://geography.about.com/od/obtainpopulationdata/a/worldpopulation.htm。

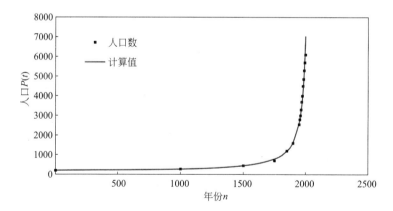

图 4-4   世界人口的长时间序列的拟合曲线

4.4.2   模型的适用范围

现在看来,指数模型和双曲模型其实都可视为 Logistic 模型在极端情况下的特例,但它们的用处又不是 Logistic 模型可以替代的。不仅不同的模型的适用范围不同,预测时间尺度也不相同:Logistic 方程主要用于远期预测,对于近期预测的效果未必胜过指数模型、双曲模型和反 S 模型。模型的适用范围和预测时

城市规划系统工程学

限都可以从 Logistic 方程的参数的含义得到理解：在式（4-7）中，r 代表系统自身的或者内在的增长因子的力量，而 q 则代表环境的约束或者外在的支持力量。当一个区域的人口增长短期内没有明显的约束时，采用指数预测方式；当人口增长以资源掠夺式增长时，采用双曲函数形式；当环境的约束随着时间而衰减时，采用反 S 曲线模型；当系统的内力先起作用、外在的约束力量由小到大逐渐发生作用时，采用 Logistic 方程。

经验表明，一个国家的城市人口、国家现代化过程中的突发城市（shock city）的人口等通常具有指数增长特征（表 4-5）；世界总人口在一定时期内明显满足双曲增长曲线，一个城市的非农业人口等也可用双曲增长函数拟合，而这两种情况都可以借助反 S 形曲线给出更精确的预测结果；一个国家的总人口通常满足 Logisitc 方程——特别是，一个国家的城市人口比重常常满足 Logistic 曲线。

五种人口预测模型的比较   表 4-5

模型种类	提出者	特征	应用范围	应用实例
指数增长模型	Malthus（1798）	内因参数起作用大	内因增长而环境约束较小的情况	世界城市人口，突发城市人口
Logistic 模型	Verhulst（1838）	两种参数先后发生作用	环境约束开始较小、逐渐变大的情况	一些国家的人口增长（中国，美国），城市人口比重
双曲增长模型	Keyfitz（1968）	外因参数起较大作用	外因增长或者资源型增长	世界人口，一些城市的非农业人口
反 S 曲线模型	作者修正	外因和时间参量起作用	外因或者环境破坏能力随时间衰减	世界人口，一些城市的非农业人口（更为精确）
二次双曲模型	作者修正	外因和时间参量起作用	外因增长或者环境破坏性随时间增长	世界人口，一些城市的非农业人口（更为精确）

人口预测的数学模型是一个人们研究较多而至今没有定论的问题。采用什么模型合适，那要看研究对象的性质及其发展的条件。预测方法说来简单，但实际应用却又常常出现失误。具体说来，常见的问题主要表现在如下几个方面：其一是简单的趋势外推。假定人口按照一定的绝对增长率变化，这相当于线性函数增长。人口变化曲线从来都不是线性延伸，尽管线性模型可以拟合短期时间序列。有时候假定人口按照一定的相对增长率变化，这相当于指数增长。如前所述，指数模型只有在特定情况下才会有效。其二是模型的选择没有依据。采用一个常见的模型给出预测结果，但没有考虑该模型是否符合区域人口的变化规律。其三是多种结果的算术平均，这是最常见的一种错误处理方式。将多种预测模型不分青红皂白地全都套搬而上，给出一系列的预测结果，然后取各项预测的平均水平。这种处理方式是非常荒谬的。在城市规划研究的实际应用过程中，上述各类问题要力求避免。

4.5 小结

人口的长期预测是一件复杂而又困难的事情，但中短期的预报却是现实可能的，本章讲述的各种方法都可以在中国的区域和城市人口预测分析中找到相应的应用场合。关键在于正确地遴选模型和甄别方法。作者发现，中国的总人口在局部时段(如 20 世纪 50 年代)是指数增长的，但长期趋势却是 Logistic 过程，而相当多的城市(如郑州)非农业人口则是双曲增长或者具有反 S 曲线特征。人口增长都不是线性关系，其中涉及较多的技术性处理。但是，无论怎样处理数据和选择确定性数学模型，都无法回避人口时间序列的自相关性。由于人口序列的自相关性较强，回归结果的 Durbin-Watson 检验和残差分析一般都不能通过。统计学家和应用数学家对线性回归分析的 Durbin-Watson 检验和残差分析要求很严，但对非线性模型的有关检测却相对放松。然而，非线性模型的拟合方法多数基于普通最小二乘技术，其实质是借助某种数学变换将模型线性化了以后展开的回归分析，因此 Durbin-Watson 检验和残差分析的统计参量自然暗示着预测结果的有效程度。一个无可幸免的结论乃是：基于确定性数学模型的人口预测能力是有限度的，对预测结果不可以无条件地过分外推。国内的一些规划和战略研究中动辄数十年乃至上百年的人口预测是没有意义的。为了加强人口预测的可靠性，除了准确选用数学模型以外，还需要开展更为有效的时间序列分析。最后强调，虽然本章的讲述是以人口为例，但具体模型却可以推广到其他方面的预测，如 GDP、城市建设用地和建成区面积。

第 5 章

城市Logistic回归分析

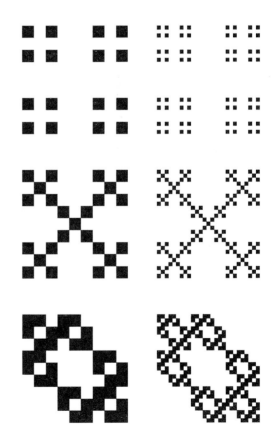

在研究一个系统的时候，如果它的结构不清楚，可以借助黑箱思想开展研究工作。常用方法之一就是通过输入、输出关系建立数学模型，探索系统的结构—功能关系，或者研究系统的行为及其后果。如前所述，回归分析是处理黑箱问题的一种统计分析技术。常规的回归分析比较简单，利用最小二乘法可以方便地估计模型参数，进而对系统演化进行解释和预测。但是，如果系统的输出信息不是连续的数值，而是用 0 和 1 这类离散数值表示的属性或者某种选择的结果，则通常的回归分析方法就不再可行，需要借助于 Logistic 回归了。Logistic 回归分析和建模在人文和社会科学中应用广泛，它是离散选择模型的形式之一，也是城市系统工程问题的实用方法。Logistic 回归包括二值 Logistic 回归和多值 Logistic 回归。前者研究的是两类选择问题，后者研究的是多种选择的问题。多值 Logistic 回归以二值 Logistic 回归为基础。只要明白了二值 Logistic 回归，多值 Logistic 回归问题就可以通过两两比较的二值 Logistic 回归过程逐一建模来具体实现。因此，本章重点讲解二值 Logistic 回归分析的原理和案例。

5.1 Logistic 函数

5.1.1 Logit 变换

对于现实中的相当一类城市系统的演化，一般并不需要预测其准确的数值，而只需预报其某种属性或者发生的概率。例如，对于一个地区的城市化水平，有时只需判断其是否达到 50% 以上，即是否达到城市优势（urban majority）状态；对于某个城市的人口密度，我们只需要判断其是否达到某个临界数值；对于一个区域的居民生活水平，我们只需要判断是否达到小康标准……无论达标与否，都涉及对其现状特征的解释。于是可能需要用到 Logistic 回归。在讨论 Logistic 回归之前，有必要介绍 Logit 变换（logit transform）思想。在一般的英汉科技词典或国内的数学词典中，logit 被译为"分对数"，相应的数学模型被称为"对数单位模型（logit model）"。其实，logit 的英文含义是 logistic 概率单位（logistic probability unit）。取 logistic 字头（log）和 unit 的字尾（it），合成了 logit 一词。

在实际工作中，往往需要研究某一事件发生的概率以及概率值 y 的大小与影响因素 x 的关系。对于概率值，人们并不关心连续的分布，而只关心某个事件发生与否。如果发生，那就是 $y = 1$（是），否则就是 $y = 0$（否）。可以借助一系列的变量比方说 m 个 x_j 代表解释因素（$j = 1, 2, \cdots, m$），用以解释事件发生或者不发生（$y = 1$ 或 0）。在系统分析中，x_j 就是输入量，y 为相应的输出量。解释变量即系统输入变量是任意取值的，而被解释的变量即输出变量只能在 0 和 1 两数之中取值。可是，对于数学运算而言，最后输出的结果却不可能是 0 和 1 两个离散的数值，而是在 0 和 1 之间连续分布的数值，这个数值可以表示为 p。人们只能通过四舍五入或者借助某种门槛值将连续的 p 值转换为离散的 y 值，这个转换过程可以表示为一种函数关系——通常采用单位阶梯函数。由于下限 0 和上限 1 的"挤压"作用，y 的预报结果 p 不可能是 0 到 1 之间的连续直线，而只能是曲线。这个曲线在经验上表现为 S 形：两端变化慢，中间变化快。因此，S 形函数属于挤压函数(squashing function)之一。

在这种情况下，常规的多元线性回归和非线性回归一般无效，需要寻找另外一种回归分析方式。对于 0~1 之间的连续分布，p 依赖于 x 的变化在 $p=0$ 或 $p=1$ 附近不太敏感。比方说，城市化水平的上升通常就是 S 形曲线，对于非常落后的农业地区，在城市人口比重只有 $p=0.01$ 的时候，无论地方政府怎样努力发展经济、推动城市化进程，在短期内也很难取得成效，城市化水平难以提高多少。另一方面，对于一个城市人口比重接近饱和值 1 的地区，在 $p=0.99$ 的时候，无论怎样改善区域发展条件，推动城市化进程，城市化水平始终很难继续上升太多，至多在小数点右 3 位乃至 4 位之后增加一些数值。注意，城市人口比重可以视为城市人口发生的概率。相应地，乡村人口比重则可以视为城市人口不发生的概率。但是，如果我们以 x_j 为自变量(输入变量)、以 p 为因变量(输出变量)建立一个数学模型，就会遇到两个问题：一是模型取什么形式？S 形函数(sigmoid function)有多种，包括 Logistic 函数、Gompertz 函数、双曲正切函数等。采用哪种模型合适？二是利用何种算法估计模型参数？对于输出变量为 S 形曲线的情况，最小二乘法不再适用，需要找到一种行之有效的算法。

为了确定输入变量 x_j 与输出变量 y 之间的关系，不妨假定一个中间变量 z。在最简单的情况下，这个 z 是 x_j 的线性函数。关键是，z 与 p 是什么关系。只要确定了 z、p 之间的数学结构，数学建模的理论过程就完成了，因为 y 与 p 的关系比较容易确定。如前所述，由于有明确的上限 1 和下限 0，p 值变化表现为 S 形曲线。人们关心的恰恰是 S 形曲线的两个极端。如果能够找到一个 p 的函数 $z(p)$，使得它在 $p=0$ 或 $p=1$ 附近变化幅度较大，在 0、1 中间变化幅度小，则 p 与 $z(p)$ 的关系就得以表达。通过这个函数，可以将不敏感的概率变化转换为敏感的变化值。根据微分学中导数的几何意义，采用 $dz(p)/dp$ 来反映 $z(p)$ 在 p 附近的变化比较合适，因此可以构造如下形式

$$\frac{dz(p)}{dp}=\frac{1}{p(1-p)}=\frac{1}{p}+\frac{1}{1-p} \tag{5-1}$$

可以看出，在 $p=0$ 或 $p=1$ 附近，$dz(p)/dp$ 的数值趋近于无穷大，这正是模型需要的特性。上述微分方程的一个特解就是

$$z(p)=\ln\frac{p}{1-p} \tag{5-2}$$

这个式子就是所谓 Logit 变换的关键环节。可以看到，当 p 值趋近于 0 或者 1 的时候，$z(p)$ 变化速度迅速增加(图 5-1)。对式(5-2)求导数，立即返回式(5-1)。两边取指数，可将上式化为 Logistic 函数形式

$$p=\frac{e^z}{1+e^z}=\frac{1}{1+e^{-z}} \tag{5-3}$$

只要 z 是某些自变量 x_1、x_2、$\cdots$、x_m 的线性函数，即有

$$z=a+\sum_{j=1}^{m}b_jx_j=a+b_1x_1+b_2x_2+\cdots+b_mx_m \tag{5-4}$$

就可以方便地建立自变量 x_j 与概率 p 的非线性关系，这种关系就是 Logistic 关系，

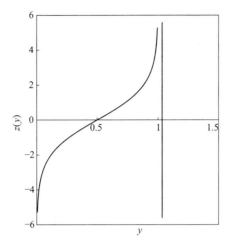

图 5-1 Logit 变换的曲线图式

基于这种关系开展的回归分析就是 Logistic 回归。我们将式(5-2)式(5-3)的联合表达式称为 Logit 变换。

5.1.2 Logistic 回归

现实问题的定量分析通常需要用到二分类(dichotomous)的名义变量,比方说城市和乡村、沿海和内地、东部和西部、南方和北方、国外和国内、农业和非农业等,都可以用 0 和 1 代表两种不同的状态。同一类企业,地理区位往往不同,但不外乎两种情况:要么在城市,要么在农村。如果将企业的城、乡区位差异(分类变量)作为自变量解释企业的生产效率,这个效率借助投入—产出比值(数值变量)表示,则可以建立常规的线性回归或者非线性回归模型。但是,如果想要借助一系列变量,如企业规模(数值变量)、企业人均产值(数值变量)、企业对资源的依赖程度(顺序变量)、企业领导者的学历(顺序变量)等因素解释企业城、乡区位的不同选择(分类变量),则要用到 Logistic 回归分析了。

为了说明 Logistic 回归的基本思想,首先看看普通多元线性回归函数

$$\hat{y} = E(y/x) = a + \sum_{j=1}^{m} b_j x_j \qquad (5-5)$$

式中,$E(y/x)$ 表示因变量之于自变量的条件平均数(conditional mean)。这个式子的含义是说,对于 m 元线性回归方程,因变量的计算值实际上是因变量 y 相对于自变量 x 的条件平均值。如果因变量不是连续的数值变量,而是用 0 和 1 表示的分类变量,其条件平均值必然落于 0~1 之间,即有 $0 \leqslant E(y/x) \leqslant 1$。如果我们基于样本在变量 x 处的测量值分别计算 $E(y/x)$,并画出平面坐标系中的图像,可以看到,概率分布曲线不是直线,而是一条 S 形的曲线(图 5-2)。如果采用 Logistic 函数描述,就是式(5-3)形式,即有

$$f(z) = \frac{1}{1+e^{-z}} \qquad (5-6)$$

容易看出,当 z 趋向于负无穷大时,$f(z)$ 趋近于 0;当 z 趋向于正无穷大时,

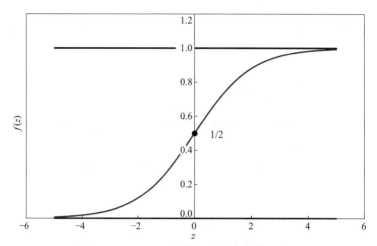

图 5-2　Logistic 函数的概率分布曲线示意图

$f(z)$ 趋近于 1。式中 z 为自变量 x_j 的线性函数，可以采用式（5-4）表示（$j=1$，2，$\cdots$，m）。

　　这种二分类名义变量的条件平均数，属于广义的 Logistic 函数。将式（5-4）代入式（5-6）得到

$$f(x) = \frac{1}{1 + e^{-\left(a + \sum\limits_{j=1}^{m} b_j x_j\right)}} \tag{5-7}$$

显然，当 $m=1$ 时，我们有

$$f(x) = \frac{1}{1 + e^{-(a+bx)}} = \frac{1}{1 + Ce^{-bx}} \tag{5-8}$$

式中，常数 $C=e^{-a}$。这正是我们在第 1 章和第 4 章讲到的一变量 Logistic 函数。

　　由于 $f(z)$ 的数值介于 0~1 之间，至少在形式上等同于概率累计分布，可以将 $f(z)$ 视为因变量的条件概率分布。我们的目标是建立 x 与概率 p 之间的函数关系。令 $p=E(y/x)$，可用符号 $p(x)$ 代替 $f(z)$，于是得到

$$p(x) = \frac{1}{1 + e^{-\left(a + \sum\limits_{j=1}^{m} b_j x_j\right)}} \tag{5-9}$$

可以看出，如果用 $p(x)$ 表示成功的条件概率，则 $1-p(x)$ 为不成功的概率，即失败的概率，于是

$$1 - p(x) = \frac{e^{-\left(a + \sum\limits_{j=1}^{m} b_j x_j\right)}}{1 + e^{-\left(a + \sum\limits_{j=1}^{m} b_j x_j\right)}} \tag{5-10}$$

这样，成功的概率与失败的概率之比即胜负比（odd）为

$$O = \frac{p(x)}{1 - p(x)} = \frac{1}{1 + e^{-\left(a + \sum\limits_{j=1}^{m} b_j x_j\right)}} \bigg/ \frac{e^{-\left(a + \sum\limits_{j=1}^{m} b_j x_j\right)}}{1 + e^{-\left(a + \sum\limits_{j=1}^{m} b_j x_j\right)}} = e^{a + \sum\limits_{j=1}^{m} b_j x_j} \tag{5-11}$$

可见胜负比 O 表示一件事情出现的概率相应于不出现的概率的倍数。在式（5-11）两边取自然对数，立即得到多元线性方程式

$$\ln O = \ln \frac{p(x)}{1 - p(x)} = a + \sum_{j=1}^{m} b_j x_j \qquad (5-12)$$

也有人将式(5-12)称为 Logit 变换。所谓 Logit 变换，其实就是借助取对数，将胜负比转换为线性方程。对于 $m = 1$ 的一个自变量的情形，我们有

$$\ln O = \ln \frac{p(x)}{1 - p(x)} = a + bx \qquad (5-13)$$

这是常见的指数函数形式。

5.1.3　Logistic 回归的基本思路

现在可以整理一下 Logistic 回归的主要思路。目标是用若干个变量 $x_j (j = 1, 2, \cdots, m)$ 解释某个事件发生与否，事件的发生采用 0、1 极端概率 y 表示。这类 0、1 判断可以看做一种选择问题。为了确定 x_j 与 y 之间的数学结构，不妨借助两个过渡变量进行思考：一个过渡变量是 p，它是将 y 推广为 0 和 1 之间的连续数值；另一个过渡变量是 z，通常假定它是 x_j 的线性表示。然后，采用三个函数将它们联系起来：一是线性函数 f_1，它给出 x_j 与 z 之间的直线或者平面关系；二是 Logistic 函数 f_2，它给出 z 与 p 之间的曲线关系；三是属性函数(characteristic function)或者叫做指示函数(indicator function) f_3，它给出 y 与 p 的单位阶跃关系。于是这三个函数形成一个完整的系统输入—输出过程

$$\begin{cases} z = f_1(x_1, x_2, \cdots, x_m) = a + \sum_{j=1}^{m} b_j x_j \\ p = f_2(z) = \dfrac{1}{1 + e^{-z}} \\ y = f_3(y) = \begin{cases} 1, & p \geqslant p_0 \\ 0, & p < p_0 \end{cases} \end{cases}$$

上面这个过程可以采用图 5-3 直观地表示。

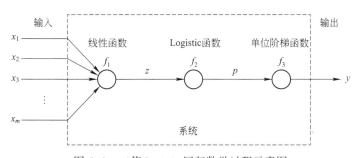

图 5-3　二值 Logistic 回归数学过程示意图

图 5-3 表示的是二值 Logistic 回归过程。至于多值 Logistic 回归分析，可以采用若干个二值 Logistic 回归模型表示。对于三种事件的选择，可以在第一、第二两个事件之间建立一个二值 Logistic 回归模型，在第二、第三两个事件之间建立一个 Logistic 回归模型。于是，根据逻辑传递关系，第一、第三两个事件之间的选择问题也就清楚了。因此，对于三种选择，虽然可以建立 3 个模型，实际上需要两个二值 Logistic 回归模型也就够了。对于四种选择，可以建立 6 个二值

Logistic 模型，实际上需要 3 个模型就可以表达全部关系。一般地，对于 N 种选择，可以建立 $N(N-1)/2$ 个模型，实际需要的是 $N-1$ 个模型。

有时候，回归方程 f_1 也不一定是线性的。如果已知非线性函数 $g(x_1, x_2, \cdots, x_m)$ 满足如下关系

$$z = \ln \frac{p}{1-p} = g(x_1, x_2, \cdots, x_m) \tag{5-14}$$

式中存在若干待定系数，则需要用到 Logistic 非线性回归方法，那又另当别论。

5.2 Logistic 回归过程

5.2.1 Logistic 回归方程的普通最小二乘解法

我们仍然借助最简单的例子来说明 Logistic 回归的求解方法。设因变量 y 为二值分类变量，用 0 和 1 分别表示两种不同的状态，我们研究的对象为 $y=1$ 的概率为 $p = P(y=1)$。如果有多种因素影响 y 的取值，自变量就会有多个，表示为 x_1、x_2、$\cdots$、x_m。自变量中既有定性变量（名义变量，顺序变量），也有定量变量（数值变量）。假定如下条件成立

$$\ln \frac{p}{1-p} = a + b_1 x_1 + b_2 x_2 + \cdots + b_m x_m \tag{5-15}$$

这是开展 Logistic 线性回归的前提。Logistic 线性回归模型是广义的线性回归模型，可以采用最小二乘技术估计参数，因此应用起来就比较方便。

假定某一个事件 O 发生的概率 p 依赖于一组自变量 x_1、x_2、$\cdots$、x_m。对于

$$x = \begin{bmatrix} x_1 & x_2 & \cdots & x_m \end{bmatrix}$$

进行 n 次观测，或者采集 n 个样品，在第 q 组中，共实验 n_q 次，事件 O 发生了 r_q 次，于是 O 发生的概率可以用式子

$$p_q = \frac{r_q}{n_q}$$

来估计，式中 $q = 1, 2, \cdots, n$。只要 p_q 满足关系式（5-15），就可以开展 Logistic 线性回归，从而可以建立如下关系

$$\ln \frac{\hat{p}}{1-\hat{p}} = \alpha + \beta_1 x_{q1} + \beta_2 x_{q2} + \cdots + \beta_m x_{qm} \tag{5-16}$$

式中，$\hat{p}$ 表示 p 的预测值。对于 p 的观测值 p_q，我们有

$$\ln \frac{p_q}{1-p_q} = \alpha + \beta_1 x_{q1} + \beta_2 x_{q2} + \cdots + \beta_m x_{qm} + \varepsilon_q \tag{5-17}$$

式中，ε_q 为随机误差项。记

$$X_{n\times(m+1)} = \begin{bmatrix} 1 & x_{11} & \cdots & x_{1m} \\ 1 & x_{21} & \cdots & x_{2m} \\ \vdots & \vdots & \vdots & \vdots \\ 1 & x_{n1} & \cdots & x_{nm} \end{bmatrix}, \quad f_q = \ln \frac{p_q}{1-p_q}, \quad f = \begin{bmatrix} f_1 \\ f_2 \\ \vdots \\ f_n \end{bmatrix}, \quad \beta = \begin{bmatrix} \alpha \\ \beta_1 \\ \vdots \\ \beta_m \end{bmatrix}$$

假定残差 ε_1、ε_2、$\cdots$、ε_n 为相互独立，且满足

$$E(\varepsilon_q)=0, \quad V(\varepsilon_q)=v_q$$

这里 v_q 为常数，则应有

$$E(f/x)=f=X\beta, \quad V(x)=V=\begin{bmatrix} v_1 & & 0 \\ & \ddots & \\ 0 & & v_m \end{bmatrix}$$

这是线性模型，可以采用最小二乘估计方法。由于 V 不是单位矩阵，需要加权处理，即在 $f=X\beta$ 两边同时左乘 V 的逆矩阵化为

$$V^{-1}f=V^{-1}X\hat{\beta} \tag{5-18}$$

两边再左乘 X 的转置矩阵得到

$$X^{\mathrm{T}}V^{-1}f=X^{\mathrm{T}}V^{-1}X\hat{\beta} \tag{5-19}$$

于是参数 β 的估计公式便是

$$\hat{\beta}=(X^{\mathrm{T}}V^{-1}X)^{-1}X^{\mathrm{T}}V^{-1}f \tag{5-20}$$

要想判断某个自变量 x_j 是否对事件 O 发生的概率有影响，主要是判断回归系数 β_j 是否与 0 有显著差异，于是线性回归分析的有关知识可以应用过来(陈彦光，2011)。不过，此时必须知道 y 是否服从正态分布，还要知道 V 的估计结果。理论上，可以证明

$$\ln\frac{p_q}{1-p_q}$$

的渐近分布为正态分布，即有

$$N\left(\ln\frac{p_q}{1-p_q}, \frac{1}{n_q p_q(1-p_q)}\right)$$

这里 N 表示白噪声。V 中的 v_q 的估计值为

$$\hat{v}_q=\frac{1}{n_q p_q(1-p_q)}$$

Logistic 回归中最常用的方法为经验 Logistic 回归。实际上，假如在 n 组试验中，出现 $r_q=0$ 或者 $r_q=n_q$ 的情况，就会有

$$Z_q=\ln\frac{p_q}{1-p_q}=\ln\frac{r_q}{n_q-r_q} \tag{5-21}$$

趋向于正、负无穷大的值，从而 f_q 不是一个有限的值，上述参数估计方法失效。因此，需要对估计公式进行适当修正，目的是保证式(5-21)为有限值。可以证明，合理的修正式为

$$Z_q=\ln\frac{r_q+1/2}{n_q-r_q+1/2}, \quad \hat{v}_q=\frac{(n_q+1)(n_q-2)}{n_q(r_q+1)(n_q-r_q+1)}$$

上面的 Z_q 称为经验的 Logistic 变换，相应的线性模型也叫做经验的 Logistic 回归模型

$$\begin{cases} EZ = \begin{bmatrix} EZ_1 \\ \vdots \\ EZ_n \end{bmatrix} = X\beta \\ \\ V(Z) = \begin{bmatrix} \hat{v}_1 & & 0 \\ & \ddots & \\ 0 & & \hat{v}_m \end{bmatrix} \end{cases} \quad (5-22)$$

式中，Z_q 和 $\hat{v}_q$ 为修正后的表达式，β 值采用加权最小二乘估计

$$\hat{\beta} = (X^{\mathrm{T}} V^{-1/2} V^{-1/2} X)^{-1} X^{\mathrm{T}} V^{-1/2} V^{-1/2} f \quad (5-23)$$

其中，第 q 组的权系数为 $\hat{v}_q^{1/2}$。

对于经验的 Logistic 变换结果来说，Logistic 回归与普通的多元线性回归没有太大的分别，参数估计采用最小二乘方法，普通回归分析中的一些检验，包括回归系数的显著性检验、多重共线性分析，如此等等，都可以应用到这里，处理的方法大体类似。

5.2.2 Logistic 回归方程参数的最大似然估计

Logistic 回归模型的参数还可以采用最大似然法估计数值。如前所述，对于二值名义变量，我们用 p 表示成功的概率，于是 $1-p$ 就表示失败的概率。对于二值名义变量的因变量 y 来说，第 i 个观测值为 $y_i(y_i = 0$ 或 $1)$ 的条件概率为

$$P(y = y_i) = p^{y_i}(1-p)^{1-y_i} \quad (5-24)$$

最大似然法估计 Logistic 回归模型参数的方法如下。首先计算 n 个独立观测值的似然比函数 L，计算公式为

$$L = \prod_{i=1}^{n} p_i^{y_i}(1 - p_i)^{1-y_i} = \prod_{i=1}^{n} \left(\frac{1}{1 + e^{-\left(a + \sum_j b_j x_j\right)}} \right)^{y_i} \left(\frac{e^{-\left(a + \sum_j b_j x_j\right)}}{1 + e^{-\left(a + \sum_j b_j x_j\right)}} \right)^{1-y_i}$$
$$(5-25)$$

在上式两边取自然对数，化为

$$\ln L = \sum_{i=1}^{n} y_i \ln \frac{p_i}{1 - p_i} + \sum_{i=1}^{n} \ln(1 - p_i)$$
$$= \sum_{i=1}^{n} y_i \ln \left(\frac{1}{e^{-\left(a + \sum_j b_j x_j\right)}} \right) + \sum_{i=1}^{n} \ln \left(\frac{1}{1 + e^{\left(a + \sum_j b_j x_j\right)}} \right) \quad (5-26)$$

所谓最大似然，就是最大可能性。根据微积分理论中的条件极值原理，对 $\ln L$ 分别求待定参数 a 和 b_j 的微分，并且令微分方程等于 0，就可以得到最大似然法的参数估计公式。

不论采用最小二乘法，还是采用最大似然法估计模型参数，Logistic 回归都可以分为多种拟合类型。根据自变量的投入方式，通常将 Logistic 回归分为如下三类。

其一是直接（direct）回归，或称强迫进入回归。将所有自变量一次性全部投入回归分析过程，采用这种方法要求事先对事件发生概率的影响因素有一个通

透的认识。

其二是顺序(sequential)回归，类似于普通多元回归分析中的所有可能回归。将自变量逐个引入，比较拟合效果，首先选择拟合效果最好的自变量；然后陆续引入第二个自变量，依然根据整体拟合效果选择第二个应该引入的自变量。其余依此类推。当进一步引入新的变量，模型检验出现问题的时候，比方说预测效果降低，就可以考虑中止新的变量引入过程。

其三是逐步(stepwise)回归，类似于多元回归分析中的逐步回归。首先引入解释效果最好的变量，然后根据一定的判断标准逐步增加解释变量。当进一步增加自变量不能增加解释能力的时候，自变量引入过程中止(陈彦光，2011)。

5.3　Logistic 回归模型检验

5.3.1　拟合优度检验——模型的整体性效果检验

Logistic 回归模型的显著性检验如同普通回归分析模型一样，可以分为整体模型的拟合效果检验和个别参数的检验。首先说明模型的整体性效果检验方法——拟合优度检验。

拟合优度检验的基本思路是比较事件发生概率的预测值与观测值的综合差异，一般利用参数估计时的似然比函数的自然对数值。一种可取的处理方式是，将似然比函数的自然对数值转换为卡方(χ^2)值，然后借助卡方分布进行显著性检验。似然比的自然对数值与卡方值之间的转换公式为

$$\chi^2 = 2[\ln L(B) - \ln L(0)] \tag{5-27}$$

式中，$\ln L(0)$是没有投入任何自变量时的似然比函数的自然对数值，$\ln L(B)$为投入自变量后的似然比函数的自然对数值。这样，卡方值正好是一个以自变量个数 m 为自由度的卡方分布。当卡方统计量足够大、达到显著性水平时，就表明投入的自变量中，至少有一个自变量能够有效预测因变量反映的事件发生的概率值。

卡方检验比较简单，其缺点是对样本大小非常敏感，改变样品数目，检验效果差别往往很大。另一个评估模型整体拟合效果的方法是 Hosmer-Lemeshow 法。Hosmer-Lemeshow 统计量是一种拟合缺陷(lack of fit)测度，反映 Logistic 回归过程的不足之处是否可以容忍。Hosmer-Lemeshow 检验值达不到显著性水平(比方说大于 $\alpha = 0.05$)，暗示缺陷较小，表明模型的拟合优度比较理想。有人建议，对 Logistic 模型进行拟合优度检验，最好同时使用两种检验方法，以便对模型拟合效果进行综合判断和分析。当模型的整体拟合效果检验通过时，表明所投入的自变量能够有效解释因变量指示事件的发生概率。接下来，有必要对模型的参数进行更精细的显著性检验，据此决定解释变量与响应变量的亲疏关系。

5.3.2　个别参数检验——模型的局部性效果检验

Logistic 回归模型局部性效果检验也就是回归参数检验。模型参数检验的常见方法包括 Wald 法和 Score 法，具体说明如下。

城市规划系统工程学

1. Wald 检验

对于单变量 Logistic 回归分析而言，Wald 检验类似于普通多元线性回归分析中的 t 检验，可以根据参数估计值与其标准误差来决定显著性。对于多变量 Logistic 回归模型来说，Wald 统计量的计算比较麻烦，需要利用矩阵知识。实际上，在一些统计分析软件如 SPSS 中，给出了参数 β_j 及其标准误差 SE_j，这时 Wald 统计量的计算公式就是

$$W_j = \left(\frac{\hat{\beta}_j}{SE_j} \right)^2 \tag{5-28}$$

从上式可以看出，回归系数的估计值越大越好，标准误差越小越好。因此，如同普通回归分析的 t 统计量一样，Wald 统计量也是越大越好。当 Wald 统计量达到显著性水平时，就表明对应的自变量在预测因变量的概率值方面效果显著。

Wald 检验需要查表，一个简便的方法是考察 P 值即 sig. 值。Wald 统计量与 P 值之间可以作等价变换。如果显著性水平取 $\alpha = 0.05$，则要求 sig. 值小于 0.05（置信度大于 95%）；如果显著性水平取 $\alpha = 0.01$，则要求 sig. 值小于 0.01（置信度大于 99%）。

2. Score 检验

Wald 检验有一个缺点，即有时会高估标准误差，从而计算的 Wald 统计量偏低，导致对一些参数的重要性评估失当。为了弥补 Wald 检验的不足之处，我们需要 Score 检验。Score 检验的计算公式为

$$S_j = \frac{\sum_{i=1}^{n} x_i (y_i - \bar{y})}{\sqrt{\bar{y}(1 - \bar{y}) \sum_{i=1}^{n} (x_i - \bar{x})^2}} \tag{5-29}$$

式中，x_j 为第 j 个自变量的观测值，y_j 为相应的用 0、1 表示的因变量值。在一些统计分析软件如 SPSS 中，给出的 Score 检验统计量其实是 S_j 的平方值 S_j^2，即有

$$\text{Score}_j = \frac{\left[\sum_{i=1}^{n} x_i (y_i - \bar{y}) \right]^2}{\bar{y}(1 - \bar{y}) \sum_{i=1}^{n} (x_i - \bar{x})^2} \tag{5-30}$$

当 Score 统计量达到显著性水平，就表明该自变量与因变量有显著性的关系。一个简便的方法是考察 sig. 值即 P 值。如果显著性水平取 $\alpha = 0.05$，则要求 sig. 值小于 0.05；如果显著性水平取 $\alpha = 0.01$，则要求 sig. 值小于 0.01。

比较计算公式可以看出，Score 检验与 Wald 检验有一个明显的不同。Score 检验是一种初始性的检验（事前检验），在模型建设之前就可以根据自变量与因变量的关系计算 Score 统计量；Wald 检验是一种终止性检验（事后检验），在估计出模型参数之后，才可以根据模型参数及其标准误差的比值计算 Wald 统计量。

5.4 Logistic 回归结果解释

5.4.1 预测正确率(percentage correct)

如果 Logistic 回归分析模型的整体性拟合优度检验,包括卡方检验和 Hosmer-Lemeshow 检验,未能达到显著性要求,则应该考虑放弃模型,寻求新的解释变量和模型。如果基本检验没有问题,就可以结合检验结果,对建模成果进行两个方面的评估。一是模型的预测正确率,直接反映模型的性能;二是联系强度,相当于多元线性回归分析的测定系数。

对于二值名义变量构成的因变量,其属性仅有两类,达到某个标准记录为 1,未达到标准表示为 0,即有 $y_i = 0$ 或 1。建立 Logistic 回归模型之后,我们可以将自变量数值代入模型,计算出因变量的预测值,这些预测值介于 0~1 之间,即有

$$0 \leqslant \hat{y}_i \leqslant 1$$

然后我们采取某个临界值,将预测值分为两类:大于等于临界值的统统表示为 1,小于临界值的统统表示为 0。一般而言,这个临界值取 $y_c = 0.5$,然后按照四舍五入的法则对预测值进行近似,预测结果自动分为两类:0 或者 1。然后比较近似处理后的预测值与观测值之间的关系。预测值与观测值之间的关系可以分为四种情形(表 5-1):

Logistic 回归分析模型的预测分类表   表 5-1

观测值 \ 预测值		预测值		
		$\hat{y}_i \geqslant y_c$ ($y_c = 0.5$)	$\hat{y}_i < y_c$ ($y_c = 0.5$)	预测正确率(%)
观测值	1	A	B	$A/(A+B) * 100\%$
	0	C	D	$D/(C+D) * 100\%$
总百分比(%)		—	—	$(A+D)/(A+B+C+D) * 100\%$

观测值为 1,预测值近似为 1,属于 A 类;
观测值为 1,预测值近似为 0,属于 B 类;
观测值为 0,预测值近似为 1,属于 C 类;
观测值为 0,预测值近似为 0,属于 D 类。

显然 A、D 应该归属于预测正确类,B、C 应该归属于预测错误类。表示整体预测效果的预测正确率(overall percentage correct)计算公式为

$$CR = \frac{A+D}{A+B+C+D} * 100\% \qquad (5-31)$$

预测正确率越高,表明 Logistic 回归分析模型的效果越好,反之越差。

5.4.2 联系强度(strength of association)

对于普通的线性回归分析,模型拟合优度与测定系数是统一的,它们在数

值上都等于相关系数平方(陈彦光，2011)。拟合优度反映散点与趋势线的匹配效果，测定系数则表明自变量对因变量的解释程度。在 Logistic 回归中，拟合优度与测定系数就分开了。拟合优度用卡方表示(参见 5.3.1 节)，测定系数用联系强度替代。联系强度的统计学性质类似于多元线性回归分析模型的测定系数，即复相关系数平方，但又有所不同。对于普通线性回归分析而言，测定系数表示自变量对因变量发生变化的解释能力；对于 Logistic 回归来说，联系强度表示因变量与自变量关系的紧密程度。联系强度的测量公式有两种：Cox-Snell 联系强度和 Nagelkerke 联系强度——后者是前者的修正结果。

首先说明 Cox-Snell 联系强度。Cox-Snell 联系强度又叫 Cox-Snell R^2，计算公式为

$$R_{CS}^2 = 1 - e^{-\frac{2}{n}[\ln L(B) - \ln L(0)]} = 1 - e^{-\frac{1}{n}x^2} \tag{5-32}$$

式中，$\ln L(0)$ 是没有投入任何自变量时的似然比函数的自然对数值，或者说是方程式中仅仅包括常数项时的似然比自然对数值，$\ln L(B)$ 为投入自变量后的似然比函数自然对数值，χ^2 为式(5-27)定义的卡方值，n 为样品数目或者样本大小。

Cox-Snell 联系强度的数值越大，表明自变量与因变量的联系越是密切。但是，该统计量的最大值不能为 1，这不便于统计量值的直观判断，于是 Nagelkerke 提出了一个修正公式

$$R_N^2 = \frac{R_{CS}^2}{R_{max}^2} = \frac{R_{CS}^2}{1 - e^{\frac{2}{n}\ln L(0)}} \tag{5-33}$$

式中

$$R_{max}^2 = 1 - e^{\frac{2}{n}\ln L(0)} \tag{5-34}$$

表示没有投入任何自变量(仅有常数项)时的最大 Cox-Snell 联系强度。Nagelkerke 公式相当于对 Cox-Snell 公式进行一种正规化处理。在统计学意义上，两种联系强度没有本质区别。

5.5　城市实例分析

5.5.1　最简单的 Logistic 回归模型——城市化水平计量方程

Logistic 回归模型可以分为两类：一是分组数据的 Logistic 回归模型，二是未分组数据的 Logistic 回归模型。对于第一类模型，概率和胜负比可以直接通过观测数据计算出来。因此，可以采用最小二乘法估计参数。对于第二类模型，概率和胜负比不能直接计算，需要采用最大似然法估计模型参数。下面我们利用最简单、也是大家最为熟知的例子——城市化过程——来说明什么是第一类 Logistic 回归。

一个区域的人口可以分为两类：城市人口和乡村人口。如果我们将城市人口视为一种状态，则乡村人口为另外一种状态。城市化的过程，简而言之，就是乡村人口逐步演变为城市人口的过程。从这个意义上讲，城市化是一种区域

系统的相变(phase transition)过程,即乡村状态转换为城市状态的过程。因此,如果按照人口类型对区域状态进行分类,那就只有两类:城市区域(不妨表示为1)和乡村区域(表示为0)。

现在,我们考虑一个区域的城市化进程,比方说一个国家、一个州或者一个省的城乡人口分布。如果我们用二分类变量——城市状态和乡村状态——作为因变量,研究这种状态随着时间而变化的曲线,我们怎样描述它呢?为了说明这个问题,先看看美国的城市化数据。从1790年开始至今,美国每十年开展一次人口普查。从1790年到1960年,美国的城市概念没有本质的变化。我们就考虑这一段时间美国城乡状态的转变,数据资料见表5-2。那么,怎样定义一个区域的城市和乡村状态呢?在城市地理学中,当一个区域的城市人口比重即城市化水平达到50%以上时,人们称之为城市优势状态。因此,当城市化水平达不到50%时,我们将其视为乡村状态,用0表示其类型;当城市化水平达到50%以上时,我们将其视为城市状态,用1表示其类型(表5-2末列)。美国城乡状态变化的曲线如图5-4所示。

美国历年城乡人口数据及其转换结果(1790~1960)　　　　　表5-2

年份 n	时序 t	城市人口 $u(t)$	乡村人口 $r(t)$	城乡人口比 $O(t)$	城市化水平 $L(t)$	状态 y
1790	0	201655	3727559	0.054	0.051	0
1800	10	322371	4986112	0.065	0.061	0
1810	20	525459	6714422	0.078	0.073	0
1820	30	693255	8945198	0.078	0.072	0
1830	40	1127247	11733455	0.096	0.088	0
1840	50	1845055	15218298	0.121	0.108	0
1850	60	3574496	19617380	0.182	0.154	0
1860	70	6216518	25226803	0.246	0.198	0
1870	80	9902361	28656010	0.346	0.257	0
1880	90	14129735	36059474	0.392	0.282	0
1890	100	22106265	40873501	0.541	0.351	0
1900	110	30214832	45997336	0.657	0.396	0
1910	120	42064001	50164495	0.839	0.456	0
1920	130	54253282	51768255	1.048	0.512	1
1930	140	69160599	54042025	1.280	0.561	1
1940	150	74705338	57459231	1.300	0.565	1
1950	160	90128194	61197604	1.473	0.596	1
1960	170	113063593	66259582	1.706	0.631	1

原始数据来源:美国人口普查资料网站 http://www.census.gov/population。从1970年起,美国的城乡人口重新定义了,口径不再统一,故不用。

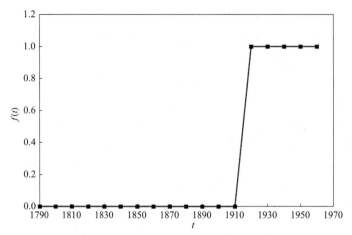

图 5-4　美国城市过程中的城乡状态转变(1790~1960)

不难看出，对于城乡状态变化曲线，最好采用 Logistic 函数描述，可以表示为

$$L(z) = \frac{1}{1+e^{-z}} \tag{5-35}$$

在上式里，L 表示城市化水平(level of urbanization)，即城市人口占总人口的比重。式中，z 为时间 t 的线性函数，即有

$$z = a+bt \tag{5-36}$$

式中，a、b 为常数。将式(5-36)代入式(5-35)得到

$$L(z) = \frac{1}{1+e^{-(a+bt)}} = \frac{1}{1+Ce^{-bt}} \tag{5-37}$$

这里参数 $C=e^{-a}$。这正是假定城市化水平容量值为 100% 的 Logistic 模型。城乡人口分布状态随时间变化的连续过程可以用到最简单的 Logistic 回归过程。

上述思路是否符合实际，我们暂且不能肯定。为了进一步考察城乡人口状态的 Logistic 回归模型，不妨换一个思维视角。一般情况下，一个区域的某类人口可以近似看做指数增长，即有

$$\begin{cases} \dfrac{\mathrm{d}r(t)}{\mathrm{d}t} = \phi r(t) \\[2mm] \dfrac{\mathrm{d}u(t)}{\mathrm{d}t} = \varphi u(t) \end{cases} \tag{5-38}$$

式中，$r(t)$ 为 t 时刻乡村人口的数量，$u(t)$ 为 t 时刻城市人口的数量。求解上述方程组得到两个指数方程

$$r(t) = r_0 e^{\phi t}, \quad u(t) = u_0 e^{\varphi t} \tag{5-39}$$

式中，r_0 和 u_0 分别为乡村人口的初始值和城市人口的初始值，即 $t=t_0$ 时的数值。于是城市化水平可以定义为

$$L(t) = \frac{u(t)}{u(t)+r(t)} \tag{5-40}$$

相应地，乡村人口比重可以表示为

$$1 - L(t) = \frac{r(t)}{u(t) + r(t)} \tag{5-41}$$

由式(5-40)和式(5-41)可得一个城乡人口比(urban-rural ratio)如下

$$O(t) = \frac{u(t)}{r(t)} = \frac{L(t)}{1 - L(t)} = \frac{u_0}{r_0} e^{(\varphi - \phi)t} = \frac{u_0}{r_0} e^{bt} \tag{5-42}$$

城市人口比重可以看做城市人口发生的概率，乡村人口比重可以视为乡村人口发生的概率。因此，城乡人口比相当于 Logistic 回归中的胜负比。对式(5-42)进行简单的变换，化为

$$L(t) = \frac{O(t)}{1 + O(t)} = \frac{1}{1 + 1/O(t)} \tag{5-43}$$

将式(5-42)代入式(5-43)可得 Logistic 模型

$$L(t) = \frac{1}{1 + (r_0/u_0) e^{-bt}} = \frac{1}{1 + (1/L_0 - 1) e^{-bt}} \tag{5-44}$$

这意味着，前面的参数 $C = 1/O_0 = 1/L_0 - 1$。

接下来利用表 5-2 所示的连续多年(1790~1960)的美国人口普查数据对上述推导结果进行回归检验。这个例子类似于一个分组数据的 Logistic 回归模型。时间虚拟变量有两种处理方法，一是直接以年份为自变量，表作 n；二是以时序为自变量，表作 $t = n - n_0$，这里 n_0 为初始年份。上面的推导都是假定以时序为自变量的，但为了应用的方便，也可以以年份为自变量。利用表 5-2 中的数据分别拟合城乡人口比的指数模型和城市化水平的 Logistic 模型，其结果与开展简单的 Logistic 回归效果类似(参阅第 4 章)。

首先，拟合城乡人口比的指数模型。经最小二乘计算可得

$$O(t) = 0.049 e^{0.022t}$$

测定系数为 $R^2 = 0.984$。由于美国的城乡人口时间序列是从 1790 年起算的，令 $n_0 = 1790$，转换成标准的单对数线性形式

$$\ln O(t) = \ln O_0 + b(t - t_0) \tag{5-45}$$

或者表作

$$\ln O(n) = \ln(0.049) + 0.022(n - 1790)$$

这里 $O_0 = 0.049$，而实际观测的 $O_0 = 0.054$，可见这个模型对描述美国的城乡人口转化过程比较准确(图 5-5)。

其次，拟合城市化水平的 Logistic 模型。假定城市人口比重的饱和值为 100%，将美国的城乡人口比 $O(t)$ 转化为城市化水平 $L(t)$，经过双对数线性回归可得如下模型

$$L(t) = \frac{1}{1 + 20.416 e^{-0.022t}}$$

测定系数为 $R^2 = 0.984$(图 5-6)。为了处理方便，这里取 $t = n - 1790$，从而 $t_0 = 0$。将 $C = 20.416$ 转化为 L_0 可得 $L(0) = 0.047$，实际值则是 0.051，二者大致接近。

上面开展的模型拟合过程，其实是基于可线性化模型的非线性回归分析，

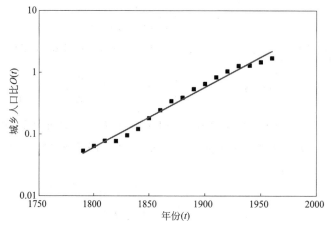

图 5-5　美国城乡人口比随时间变化的单对数坐标图

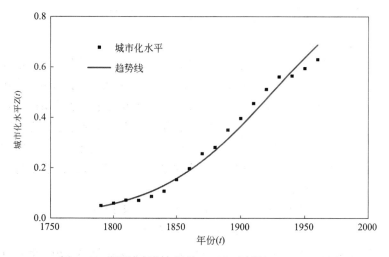

图 5-6　美国城市化水平的 Logistic 过程(1790~1960)

不是我们要讲述的 Logistic 回归。那么，如果我们对城市化过程进行 Logistic 回归又当如何呢? 方法很简单，首先借助城乡人口比数据拟合指数模型，方法和结果同上，然后将此模型代入式(5-43)，立即得到

$$L(t) = \frac{1}{1+1/(0.049\mathrm{e}^{0.022t})} = \frac{1}{1+20.408\mathrm{e}^{-0.022t}}$$

这个结果与前面的双对数线性回归结果非常接近，考虑到计算过程中四舍五入导致的误差，可以认为基于非线性回归的 Logistic 模型和基于 Logistic 回归的非线性模型完全一样。

　　城市化水平的 Logistic 回归模型通常以时间为自变量，但不尽然。研究发现，一个区域的人均产值与城市化水平之间有时也表现为 S 形曲线关系，可以建立单变量 Logistic 回归模型。也就是说，可以通过 Logistic 函数，采用人均产值解释区域城市人口比重的高低。以中国为例，运用 2008 年 31 个地区(省、自治区、直辖市)的城乡比和人均 GDP 数据拟合式(5-13)，得到

$$O = 0.319e^{0.424x}$$

式中，O 为城乡比的估计值，x 表示人均 GDP，拟合优度 $R^2 = 0.878$（图 5-7）。上式可以等价地表作

$$L(x) = \frac{1}{1+1/O} = \frac{1}{1+3.135e^{-0.424x}}$$

式中，$L(x)$ 为城市化水平。进一步地，可以计算出 2000 年以及 2005~2007 年的模型参数。结果表明，模型比例系数 C 的估计值逐年下降，而反映变化率的参数 b 的估计值逐年上升。作为对比，采用同样的数据试验单对数模型和双对数模型，拟合优度相对较低。总体看来，中国各省份的截面数据最适合采用 Logistic 函数描述。

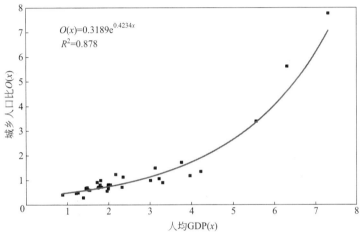

图 5-7　中国各地区城乡人口比与人均 GDP 的指数函数关系（2008）

（说明：原始数据来源于国家统计局的《中国统计年鉴（2009）》）

5.5.2　通勤方式选择的二值 Logistic 回归分析

接下来，采用一个相对简明的例子，说明如何开展二项选择的 Logistic 回归分析。这个例子的原始数据来自何晓群、刘文卿（2001）的《应用回归分析》一书（表 5-3）。不过，实例分析过程由本书作者给出。在一次关于公共交通的社会调研中，探讨的题目是"乘坐公共汽车上下班，还是骑自行车上下班"，调查对象为工薪族群体。响应变量（输出变量）是通勤方式——乘公交车，或者骑自行车。解释变量（输入变量）选取了三个方面：通勤者的年龄（x_1）、月收入（x_2）和性别（x_3）。显然，乘坐公交车抑或骑自行车，是一个离散选择问题：如果用 $y=1$ 表示乘公交车，则 $y=0$ 代表骑自行车；如果用 $y=1$ 表示骑自行车，则 $y=0$ 代表乘公交车。由于因变量采用了 0、1 离散变量，这个问题可以考虑采用 Logistic 回归分析。顺便提示，在解释变量中，也包含一个分类变量，那就是性别。如果用 $x_3=1$ 代表男性，则用 $x_3=0$ 表示女性；如果用 $x_3=1$ 代表女性，则 $x_3=0$ 表示男性。如果采用 SPSS 之类的统计分析软件建模，则有关软件会自动为通勤方式和性别赋值。

通勤方式的问卷调查数据

表5-3

序号	年龄(x_1)	月收入元(x_2)	性别(x_3)	通勤方式(y)	概率计算值(p)	预报结果(y^*)
1	18	850	女	自行车	0.292	自行车
2	21	1200	女	自行车	0.473	自行车
3	23	850	女	公交车	0.383	自行车
4	23	950	女	公交车	0.420	自行车
5	28	1200	女	公交车	0.614	公交车
6	31	850	女	自行车	0.545	公交车
7	36	1500	女	公交车	0.829	公交车
8	42	1000	女	公交车	0.788	公交车
9	46	950	女	公交车	0.827	公交车
10	48	1200	女	自行车	0.892	公交车
11	55	1800	女	公交车	0.973	公交车
12	56	2100	女	公交车	0.984	公交车
13	58	1800	女	公交车	0.979	公交车
14	18	850	男	自行车	0.033	自行车
15	20	1000	男	自行车	0.048	自行车
16	25	1200	男	自行车	0.093	自行车
17	27	1300	男	自行车	0.123	自行车
18	28	1500	男	自行车	0.171	自行车
19	30	950	男	公交车	0.095	自行车
20	32	1000	男	自行车	0.118	自行车
21	33	1800	男	自行车	0.329	自行车
22	33	1000	男	自行车	0.127	自行车
23	38	1200	男	自行车	0.229	自行车
24	41	1500	男	自行车	0.375	自行车
25	45	1800	男	公交车	0.567	公交车
26	48	1000	男	自行车	0.333	自行车
27	52	1500	男	公交车	0.597	公交车
28	56	1800	男	公交车	0.764	公交车

原始数据来源：何晓群，刘文卿，2001：229.

将表5-3中的第2~5列数据导入SPSS的工作表，利用该统计分析软件可以方便地开展Logistic回归分析。SPSS自动地对分类变量进行赋值，它令$y=0$表示自行车，$y=1$表示公交车。同时，令$x_3=1$表示女性，$x_3=0$表示男性。记住这些赋值结果，否则我们无法正确理解和运用后面的数学模型。采用直接回归方法，得到回归系数如下（表5-4）。回归结果中给出两种回归系数：一是常规回归系数（B），用于建立预测模型；二是标准化回归系数（SE），用于建立解释模型或者比较各个解释变量的作用大小——标准化回归系数数值越大，表明一个输入变量对输出变量的影响越强。利用常规回归系数建立 x_j 与 z 的关系如下：

Logistic 模型的回归系数及其有关统计量　　　　表 5-4

变量	回归系数（B）	标准回归系数（SE）	Wald	自由度（df）	P 值（$sig.$）
年龄（x_1）	0.082	0.052	2.486	1	0.115
月收入（x_2）	0.002	0.002	0.661	1	0.416
性别（x_3）	2.502	1.158	4.669	1	0.031
常数（$x_0=1$）	-6.157	2.687	5.251	1	0.022

将这个线性关系式代入式（5-3）得到 Logistic 模型

$$p(x)=\frac{1}{1+e^{-(0.082x_1+0.002x_2+2.502x_3-6.157)}}=\frac{1}{1+471.944e^{-0.082x_1-0.002x_2-2.502x_3}}$$

于是通勤方式的预测值可以表示为如下阶梯函数

$$\hat{y}=\begin{cases}1, & p(x)\geqslant 0.5\\0, & p(x)<0.5\end{cases}$$

$$z=0.082x_1+0.002x_2+2.502x_3-6.157$$

有了这几个数学表达式，就可以开展交通工具选择的预测分析。将表5-3中的男和女表示为 0 和 1，公交车和自行车分别表示为 1 和 0。将输入变量的数值逐一代入刚才建立的数学模型，得到 $p(x)$ 值；利用阶梯函数进行数值转换——相当于四舍五入，得到 y 的预测值。全部计算结果列入表5-3的最后两列。

接下来对这个模型进行检验和评估。首先是全局检验。先看拟合优度。从模型系数综合检验（omnibus test）表中可以发现，卡方值约为 $\chi^2=12.703$。对于三个自变量的情况，自由度为 $df=3$。取显著性水平 0.05（置信度 95%），利用函数 chiinv 在 Excel 中查临界值。在 Excel 的任意单元格输入"=chiinv(0.05，3)"，回车即可得到卡方临界值 7.815。显然，卡方值 12.703 大于临界值 7.815。因此，我们有 95% 以上的把握相信，Logistic 回归模型具有较好的拟合效果。更直观地，可以通过 P 值进行检测。卡方值对应的概率值约为 $sig.=0.005$，由此判断，模型拟合效果良好的置信度达到 99% 以上。再看拟合劣度。在 Hosmer-Lemeshow 检验表中可以看到，卡方值约为 $\chi^2=11.513$，对应的自由度为 $df=7$。取显著性水平 0.05，在 Excel 中查到临界值为 14.067。由于卡方值小于临界值，检验通过。也可以通过 $sig.$ 值直观判断。由于 $sig.=0.118$，故拟合效果不好的可能性低于 88%。

然后看局部检验。先看终止性检验。表5-4给出了 Wald 统计量及其对应的概率值（$sig.$）。Wald 统计量不够直观，从 $sig.$ 值看来，年龄和月收入两个变量的弃真概率偏高,从而置信度偏低。特别是月收入,概率值高达 0.416,这意味着,采用月收入解释通勤方式的置信度可能低于 60%。由于 Wald 检验可能高估标准误差,不妨考察初始性检验——Score 检验(表 5-5)。从 Score 统计量对应的概率值看来,只有一个变量的置信度偏低,那就是月收入。概率值为 0.086,相应的置信度约为 91.4%。这个数值低于习惯性的标准 95%,但也达到 90% 以上。

Score 统计量及其对应的概率值 表 5-5

变量	Score	自由度(df)	P 值($sig.$)
年龄(x_1)	6.038	1	0.014
月收入(x_2)	2.946	1	0.086
性别(x_3)	5.073	1	0.024
总体统计量	10.414	3	0.015

模型的评估分为两个方面:一是预测正确率,二是联系强度。自行车的样品数有 15 个,其中 13 个预测正确,2 个预测错误,预测正确率约为 86.667%;公交车的样品数为 13 个,其中 10 个预测正确,3 个预测错误,预测正确率约为 76.923%。总体预测正确率约为 82.143%(表 5-6)。从联系强度上看,Cox-Snell 的 R^2 约为 0.365,Nagelkerke 的 R^2 约为 0.487。修正后的联系强度显著低于联系强调的上限 1,可见联系强度不是太高。

预测分类表和预测正确百分比 表 5-6

项目	预测		
	通勤方式		预测正确率(%)
	自行车	公交车	
自行车	13	2	86.667
公交车	3	10	76.923
总计	16	12	82.143

如果我们采用顺序回归或者逐步回归,则第二输入变量——月收入将会被剔除,因为这个变量的局部性检验效果最差。由此得到的 Logistic 回归模型具有两个解释变量——年龄和性别。在这种情况下,模型的全局检验和局部检验效果更好,但模型的综合评估效果却下降。一方面,模型预测正确率降低至 75%;另一方面,Nagelkerke 的 R^2 下降到 0.466。从表 5-5 可见,虽然月收入的 Score 统计量稍微低一些,但总计 Score 统计量却不高(0.015)。因此,从总体上看,Score 检验的置信度达到 98.5% 左右。所以,这个模型最好采用全部已经调查的三个变量作为输入变量。

最后说明,在处理现实问题的时候,Logistic 回归模型可能要比二值分类变量的情况复杂得多。比方说,在城市用地模拟分析的时候,用地类型不止两类,而是涉及诸如工业用地、商业用地、交通用地、教育用地、生活用地、绿地等多类别的土地。至于影响用地的因素也是多种多样，如地理位置 x_1、地貌条件 x_2、交通条件 x_3、人居环境 x_4，如此等等。这时因变量依然是定性的，而自变量可以是定性的，也可以是定量的。这种情况涉及多值 Logistic 回归问题。在城市地理分析中，这类问题通常采用离散选择模型(discrete choice model)(Batty and Longley，1986)。有兴趣者可以进一步阅读有关教科书。

5.6 小结

Logistic 回归主要用于二值判断和预测问题。如果某种系统事件的发生有两种可能，并且有多种因素影响这个事件的发生，就可能用到 Logistic 回归分析。更多的城市系统通常属于如下情形：正常描述采用连续的测度，但有时只需要判断它是否符合某种标准或者达到某个临界状态。在这种情况下，响应变量即被解释的变量就可以用0、1二值分类表示。以0、1数值表示的变量为输出变量开展多元线性回归，不论输入自变量是数值变量还是分类变量，都只能采用 Logistic 回归技术。

Logistic 回归用到的关键性理论是 Logit 变换。如果一个事件发生的概率与不发生的概率之比取对数之后，可以构成多个变量的线性函数，这个函数就是所谓的 Logit 变换。Logit 变换的实质就是通过取对数，将胜负比——发生概率与不发生概率之比——转换为线性方程。借助这个线性方程，可以建立多个自变量与事件发生概率的 Logistic 关系，利用该关系式预报事件的发生概率，这就是 Logistic 回归的基本思路所在。理论上，Logistic 回归可以采用普通最小二乘技术处理，实际工作中通常利用最大似然法进行参数估计。不论运用哪种方法计算模型参数，Logistic 回归都可以采用多种方法建模。根据输入变量的投入方式，通常将 Logistic 回归分为如下三类：直接回归、顺序回归和逐步回归。

Logistic 回归检验包括模型的整体性效果检验和个别参数检验。整体性检验又叫拟合优度检验，一般利用参数估计时的似然比函数的自然对数值比较事件发生概率的预测值与观测值的综合差异。似然比函数的自然对数值可以转换为卡方值，然后利用卡方分布进行检验。这种方法的缺点是对样本大小非常敏感，作为补充，人们引入了 Hosmer-Lemeshow 检验法。个别参数检验属于模型的局部性效果检验。Logistic 回归模型参数检验的常见方法包括 Wald 法和 Score 法。Score 检验是一种初始性的检验，在模型建设之前就可以根据自变量与因变量的关系计算 Score 统计量；Wald 检验是一种终止性检验，在估计出模型参数之后，才能够根据模型参数及其标准误差的比值计算 Wald 统计量。假如 Logistic 回归分析模型的整体性拟合优度检验(卡方检验和 Hosmer-Lemeshow 检验)未能达到显著性要求，就应该考虑放弃模型，寻求新的解释变量和模型；如果基本检验没有问题，就可以对回归分析的建模结果进行至少两个方面的基本评估：一是模型的预测正确率，直接关系到模型的性能；二是联系强度，相当于多元线性回归分析的测定系数。联系强度的测量公式有两种：Cox-Snell 联系强度和 Nagelkerke 联系强度，后者为前者的修正结果，其数值更为直观。

第6章

城市演化的
Markov链分析

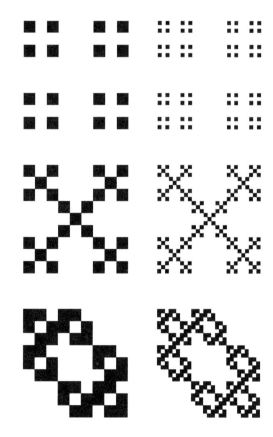

如果一个系统包括若干个子系统，子系统间的某种事件反复发生，并且事件发生的概率由其前一步的状态决定，则可以借助 Markov 链预测其演化过程和最终状态。Markov 链是一种离散时间的随机过程，最早由俄国数学家 A. A. Markov(1856~1922)创立，主要是研究事物的状态转移。1906 年 Markov 初步定义这类过程，1936 年俄国数学家 A. N. Kolmogorov 将其一般化——推广到无限状态空间。实际上早期论述 Markov 过程的还有法国数学家 H. Poincare（1854~1912）。如今这种方法已经广泛地应用于自然科学、社会科学和工程技术的各个领域，目的是预测、鉴定和概率估计——概率估计的目的依然在于预测。城市系统的演化可以分为两类：一是随机过程，又叫 Gauss-Markov 过程；二是长程相关过程。当我们使用 Markov 分析的时候，都是假定系统的演化过程具有随机行走性质。这种假设只是一种近似，现实中是否真的存在服从 Markov 过程的城市现象，今天看来非常令人怀疑。日本学者曾经采用 Markov 链预测城市规模分布的演化，效果还好(高阪宏行，1978；周一星，1995)。本章讲述 Markov 链的基础知识，顺便介绍平均熵的概念，引导大家开展系统演化的时空过程分析。

6.1 基本概念和原理

6.1.1 转移概率和转移概率矩阵

对于某一个系统的演化，如果每次观测或者实验的结果均因某种机遇(chance)而定，则此过程属于随机过程。随机过程可以用一个时间序列表示发展历程，也可以用一个矩阵表示演化状态。假定矩阵 P 是由概率构成的矩阵，矩阵中的元素 p_{ij}非负($p_{ij} \geqslant 0$)，并且矩阵的每一行之和等于 1，这样的矩阵就是随机矩阵。Markov 分析就是围绕随机矩阵展开的分析，Markov 过程就是一种随机过程。

为了说明什么是 Markov 分析，不妨举一个简单的例子。设想某个城市有由 A、B、C 三个风景区形成的游憩地，居民周末或者节日到这些游憩地休闲、度假。这些风景区之间存在着竞争，它们竞相采取措施吸引游客。游客选择某个风景区与当地的自然条件、人文环境以及到自己家庭的距离等因素有关。现在假定当地人每次休假都要选择一个风景区，观测多个年份发现，游人去 A、B、C 三地游憩的机会未必均等，概括起来有如下规律：

$$P = \begin{matrix} & A & B & C \\ A & \begin{bmatrix} 1/2 & 1/4 & 1/4 \\ B & 1/3 & 1/3 & 1/3 \\ C & 1/2 & 1/4 & 1/4 \end{bmatrix} \end{matrix} \qquad (6-1)$$

这个式子的含义是：上一年到 A 区的游客下一年还有一半去 A 区；另外一半则分为两部分：一半的一半即四分之一去 B 区，其余的四分之一去了 C 区。上一年去 B 区的游客下一年三等分：三分之一仍然去 B 区，三分之一去 A 区，还有三分之一去 C 区；上一年去 C 区的游客下一年还有四分之一去 C 区，四分之一到 B 区，其余的一半去了 A 区。那么，如果一直按照这种趋势演变下去，我们能否预知：若干年后去三个风景区游览的游人比例(百分比)各是多少？需要多少次转移游人比例的分配才能达到稳定状态？

形如式(6-1)的矩阵在我们的问题中叫做转移概率矩阵。Markov 在 20 世纪初经过多次试验发现如下规律：在一个系统的某些因素的概率转移过程中，第 t 次的结果常常取决于第 t-1 次的试验结果，即一种状态(情况)转移到另一种状态(情况)的转移概率只与当前所处状态有关，而与此前所处状态无关。这种性质叫做无记忆(memoryless)性，即 Markov 性质(Markov property)，符合 Markov 性质的随机过程叫做 Markov 过程。一系列的 Markov 过程的整体叫做 Markov 链(Markov chain)。Markov 链是一种特殊的时间序列，它的最大特点就是无后效性(aftereffect)。

假定随机过程中随机变量的取值范围有限，则可记作 $i=1,2,\cdots,N$。每一个可取的数值称为一个"状态"，状态的全体可以构成"状态空间(state space)"——式(6-1)描述的就是一种状态空间。

随机变量可以采用概率分布进行表征，假如在时刻 t，$y_t=i$，那么我们想知道下一时刻的随机变量 y_{t+1} 的各种状态的可能性，亦即希望了解 y_{t+1} 的概率分布。对于 Markov 过程而言，y_{t+1} 的各种状态仅仅与 $y_t=i$ 的状态有关，因此，我们不妨考虑从时刻 t 的状态 i 转换到时刻 $t+1$ 的状态 j 的可能性有多大($i=1,2,\cdots,N$)。状态的连续转换过程构成 Markov 链。

具体说来，Markov 链是在系统 S 中进行的一连串的观测或者实验，它们具有如下性质：

(1) 在任一给定时间，系统是处于下列状态之一：E_1，E_2，E_3，$\cdots$，E_N，而且每次观测或者实验的结果 S 或者没有发生改变，或者是由集合 $\{E_1,E_2,E_3,\cdots,E_N\}$ 中的一种状态变为另外一种状态。

(2) 系统由一种状态 E_i 变为另外一种状态 E_j，仅仅依赖于观测或者实验的结果。

(3) 系统由状态 E_i 变为状态 E_j 的概率仅仅取决于 E_j 与 E_i，即系统在观测或者实验期间的状态，而与系统更早时期所处的状态没有关系。

如果系统由状态 E_i 变为状态 E_j 的概率用 p_{ij} 表示，p_{ij} 就代表由状态 E_i 转移为状态 E_j 的概率，这种概率称为转移概率。Markov 链的描述主要来自转移概率。转移概率可以表作

$$p_{ij}=p(S_{t+1}=j/S_t=i) \tag{6-2}$$

显然，这是一种条件概率，表示在已知 $y_t=E_i$ 条件下求 $y_{t+1}=E_j$ 的可能性。例如，在第一个例子中，A 区游客的分布从第 t 次到 $t+1$ 次的转移概率分布为

$$P_A=\begin{matrix} \text{A} & \text{B} & \text{C} \\ \left[\dfrac{1}{2} \right. & \dfrac{1}{4} & \left.\dfrac{1}{4}\right] \end{matrix}$$

对于转移概率矩阵的每一行，都是一种概率分布，其元素之和等于 1。假如在式(6-2)中，对于所有的时刻 t，p_{ij} 是相同的，换言之，从状态 i 到状态 j 的转移概率不依赖于观测时刻。这样的 Markov 链被称为"稳定"的马氏链，相应的随机过程叫做"时齐"过程。

6.1.2　几个基本概念和定理

为了后面的学习方便，不妨将转移概率矩阵的基本概念、性质和定理概述如下。

(1) 概率向量：行向量中的诸元素皆非负，且其总和为 1，这样的行向量叫做概率向量(probability vector)。例如

$$u = \begin{bmatrix} \dfrac{1}{4} & \dfrac{1}{4} & 0 & \dfrac{1}{2} \end{bmatrix}$$

该向量转置后得到的列向量也是概率向量。

(2) 转移矩阵：如果一个方阵的各行都是概率向量，则称该方阵为转移概率矩阵(transition probability matrix)，简称转移矩阵(transition matrix)。可见转移矩阵 A 的元素 $a_{ij} \geq 0$，且各行概率之和为 1。

(3) 正规概率矩阵 P：若某概率矩阵 P 的 m 次幂(即 m 次方) P^m 的所有元素皆为正，则该概率矩阵 P 为正规转移概率矩阵(或译为"正则转移矩阵")。

(4) 固定向量或不动点：当任意非零行向量

$$u = [u_1 \quad u_2 \quad \cdots \quad u_n] \tag{6-3}$$

左乘某一 $n \times n$ 方阵 P，其结果仍然固定为 u，即满足如下关系

$$uP = u \tag{6-4}$$

则 u 为 P 的固定向量，或译为不动点(fixed point)。

所谓的固定向量，其实就是特征值 1 对应的特征向量。在线性代数中，如果用一个矩阵 M 左乘一个向量 v，结果是该向量的常数倍，即满足

$$Mv = \lambda v \tag{6-5}$$

则称 v 为 M 的特征向量，常数 λ 为相应的特征值。由式(6-4)转置可得

$$P^T u^T = 1 \cdot u^T \tag{6-6}$$

可见，只要将转移矩阵转置，找到这个转置后的转移矩阵的特征向量，其中特征根 1 对应的特征向量转置之后就是我们需要的不动点。例如

$$P = \begin{bmatrix} 1 & 0 \\ 0.1 & 0.9 \end{bmatrix}$$

转置之后为

$$P^T = \begin{bmatrix} 1 & 0.1 \\ 0 & 0.9 \end{bmatrix}$$

这个矩阵有两个特征根：$\lambda_1 = 1$ 和 $\lambda_2 = 0.9$。其中 $\lambda = 1$ 对应的特征向量为

$$u^T = \begin{bmatrix} 1 \\ 0 \end{bmatrix}$$

而

$$u = [1 \quad 0]$$

正是我们所求的不动点。另一个特征根 $\lambda = 0.9$ 对应的特征向量 $[-0.7071 \ 0.7071]$ 不是概率向量，因此与所求无关。

关于不动点，我们有如下定理：如果 u 是转移矩阵 P 的不动点，则对任意实数 $a \neq 0$，au 也是矩阵 P 的不动点。这个定理很容易证明。根据定义

$$uP = u \tag{6-7}$$

可得

$$(au)P = a(uP) = au \tag{6-8}$$

可见 au 正是 P 的一个不动点。

6.1.3 初始态和最终态

假设系统在任意时刻处于状态 E_i 的概率为 q_i，我们用概率向量 Q 表示这些概率

$$Q = \begin{bmatrix} q_1 & q_2 & \cdots & q_N \end{bmatrix} \tag{6-9}$$

则 Q 称为系统在该时刻的概率分布。特别地，设

$$Q^{(0)} = \begin{bmatrix} q_1^{(0)} & q_2^{(0)} & \cdots & q_N^{(0)} \end{bmatrix}$$

代表初始状态的概率分布，并设

$$Q^{(k)} = \begin{bmatrix} q_1^{(k)} & q_2^{(k)} & \cdots & q_N^{(k)} \end{bmatrix}$$

表示经过 k 步转移后的概率分布，同时设

$$Q^{(f)} = \begin{bmatrix} q_1^{(f)} & q_2^{(f)} & \cdots & q_N^{(f)} \end{bmatrix}$$

表述固定状态的概率分布，则 $Q^{(0)}$ 代表初始态，$Q^{(f)}$ 代表最终态，$Q^{(k)}$ 代表中间某一个过程的概率分布。最终态的概率分布构成的向量就是所谓的固定向量。

现在，我们可以将 Markov 链总结如下。假定 p_{ij} 是从系统状态 E_i 转移到状态 E_j 的概率，称为一步概率。当从状态 E_i 经过 k 步到状态 E_j，则相应的概率叫做 k 步转移概率，可以将其表作

$$p_{ij}(k) = P(S_{t+k} = j / S_t = i) \tag{6-10}$$

式中，$t = 1, 2, \cdots$; i、$j = 1, 2, \cdots, N$。这样 k 步转移概率矩阵可以表示为

$$[p_{ij}(k)] = \begin{bmatrix} p_{11}(k) & p_{12}(k) & \cdots & p_{1N}(k) \\ p_{21}(k) & p_{22}(k) & \cdots & p_{2N}(k) \\ \cdots & \cdots & \cdots & \cdots \\ p_{N1}(k) & p_{N2}(k) & \cdots & p_{NN}(k) \end{bmatrix} \tag{6-11}$$

k 步转移概率矩阵具有如下性质：i. 所有元素为正，即有 $p_{ij}(k) \geq 0$；ii. 每一行元素之和等于 1，即有 $p_{i1}(k) + p_{i2}(k) + \cdots + p_{iN}(k) = 1$。数学上可以证明

$$P(k) = [p_{ij}(k)] = \begin{bmatrix} p_{11} & p_{12} & \cdots & p_{1N} \\ p_{21} & p_{22} & \cdots & p_{2N} \\ \cdots & \cdots & \cdots & \cdots \\ p_{N1} & p_{N2} & \cdots & p_{NN} \end{bmatrix}^k = P^k \tag{6-12}$$

也就是说，k 步转移概率矩阵为一步转移概率矩阵的 k 次幂。

在 Markov 链中，各个状态之间存在一定的联系。如果步骤有限，且不论步数有多少，总可以从状态 i 转移到状态 j，则称从 i 可达 j。如果从状态 j 也可达状态 i，则称状态 i 与状态 j 互通。彼此互通的状态的全体构成一个"等价类"。

6.2 正规链与吸收链

6.2.1 正规链

Markov 链可以分为正规性 Markov 链和吸收性 Markov 链两大类。先说正规链——这也是最常见的一种 Markov 链。

根据上面的定义，如果一个转移概率矩阵 P，经过 m 步转移之后，所有的元素都是正数，即不再存在 0 元素，当然不可能有负值，我们就称 P 为正规概率矩阵。如果一个 Markov 过程是正规的，我们就称其为正规性 Markov 链，简称正规链(regular chain)。

正规概率矩阵 P 具有如下性质。

其一，正规概率矩阵 P 有一个固定概率向量 u，且 u 的元素皆为正，这个向量叫做特征向量。例如，对于如下矩阵

$$P = \begin{bmatrix} 0 & 1 \\ 1/2 & 1/2 \end{bmatrix}$$

其二次幂为

$$P^2 = \begin{bmatrix} 0 & 1 \\ 1/2 & 1/2 \end{bmatrix}\begin{bmatrix} 0 & 1 \\ 1/2 & 1/2 \end{bmatrix} = \begin{bmatrix} 1/2 & 1/2 \\ 1/4 & 3/4 \end{bmatrix}$$

可见该矩阵为正规概率矩阵。设其特征向量为

$$u = \begin{bmatrix} x & 1-x \end{bmatrix}$$

则根据不动点的性质应有

$$\begin{bmatrix} x & 1-x \end{bmatrix}\begin{bmatrix} 0 & 1 \\ 1/2 & 1/2 \end{bmatrix} = \begin{bmatrix} x & 1-x \end{bmatrix}$$

容易解得 $x = 1/3$，从而 $u = \begin{bmatrix} 1/3, 2/3 \end{bmatrix}$。这表明，$P$ 有唯一的固定概率向量，或者特征向量。相应的特征值为 1。

其二，正规概率矩阵 P 的各幂次序列 P，P^2，P^3，…，将趋近于方阵 U，且 U 的每一行均由其固定概率向量 u 构成。例如，当 k 值足够大时可得

$$P = \begin{bmatrix} 0 & 1 \\ 1/2 & 1/2 \end{bmatrix}$$

$$P^2 = \begin{bmatrix} 0 & 1 \\ 1/2 & 1/2 \end{bmatrix}\begin{bmatrix} 0 & 1 \\ 1/2 & 1/2 \end{bmatrix} = \begin{bmatrix} 1/2 & 1/2 \\ 1/4 & 3/4 \end{bmatrix}$$

$$P^3 = P^2 P = \begin{bmatrix} 1/2 & 1/2 \\ 1/4 & 3/4 \end{bmatrix}\begin{bmatrix} 0 & 1 \\ 1/2 & 1/2 \end{bmatrix} = \begin{bmatrix} 1/4 & 3/4 \\ 3/8 & 5/8 \end{bmatrix}$$

$$\cdots\cdots$$

$$P^k = \begin{bmatrix} 1/3 & 2/3 \\ 1/3 & 2/3 \end{bmatrix} = U$$

其三，若 F 为任意概率向量，则向量序列 FP，FP^2，FP^3，…，将趋近于 P 的固定概率向量 u。对于

$$P = \begin{bmatrix} 0 & 1 \\ 1/2 & 1/2 \end{bmatrix}$$

设
$$F = [1/2 \quad 1/2]$$

显然有

$$[1/2 \quad 1/2]\begin{bmatrix} 0 & 1 \\ 1/2 & 1/2 \end{bmatrix} = [1/4 \quad 3/4]$$

$$[1/2 \quad 1/2]\begin{bmatrix} 1/2 & 1/2 \\ 1/4 & 3/4 \end{bmatrix} = [3/8 \quad 5/8]$$

$$[1/2 \quad 1/2]\begin{bmatrix} 1/4 & 3/4 \\ 3/8 & 5/8 \end{bmatrix} = [5/16 \quad 11/16]$$

$$\cdots\cdots$$

$$[1/2 \quad 1/2]\begin{bmatrix} 1/3 & 2/3 \\ 1/3 & 2/3 \end{bmatrix} = [1/3 \quad 2/3]$$

上述三个性质可以归结为如下定理。设 P 为正规转移矩阵，则其满足：①P 有唯一的固定概率向量 u，且 u 的全部分量大于 0。②极限 $\lim\limits_{k\to\infty} P^k = U$ 存在，并且 U 的每一行都是固定向量 u。③如果 F 是任一概率向量，则 $\lim\limits_{k\to\infty} FP^k = u$。

这个定理意味着，如果转移矩阵是正规的，则从长期看来或者说当 k 足够大时，任一状态 E_j 发生的概率近似于 P 的唯一固定概率向量 u 的第 j 个分量 u_j。由此可知，当过程的步数增加到一定程度以后，初始概率的影响便会变得很弱。

不仅如此，利用这个性质，还可以计算原始分布的演变。假定初始分布为 F，则经过一次转移之后，分布变为 FP；经过两次转移，分布变为 FP^2。其余依此类推。

正规 Markov 链有一个稳定状态。若某事物状态转移概率可以表示为正规概率矩阵，则该 Markov 链就是正规的。通过若干步转移，最终会达到某种稳定状态，即其后再转移一次、两次，结果不会变化。这时的稳定状态可用向量 x 表示为

$$x = [x_1 \quad x_2 \quad \cdots \quad x_n] \tag{6-13}$$

向量的元素满足归一化

$$\sum_{i=1}^{n} x_i = 1 \tag{6-14}$$

并且 $x_i > 0$，这里的行向量 x 就是这个正规转移概率矩阵的固定概率向量，可以采用前述方法求得。

下面借助一个简单的例子说明固定概率向量的计算方法。假定某城镇有三种用地类型：工业用地（E_1）、商业用地（E_2）和生活用地（E_3）。经过十年的观测，发现从第 n 年到第 $n+1$ 年，有 25% 的工业用地转化为商业用地，还有 25% 的工业用地转化为生活用地即居住用地，其余 50% 的用地内部转移；原有的商业用地全部发生了变化，一半转化为工业用地，一半转化为生活用地；生活用地有 25% 转化为商业用地，还有 25% 转化为工业用地，其余 50% 的用地内部转移。写成转移概率矩阵就是

$$P = \begin{matrix} & E_1 & E_2 & E_3 \\ E_1 \\ E_2 \\ E_3 \end{matrix} \begin{bmatrix} 0.50 & 0.25 & 0.25 \\ 0.50 & 0.00 & 0.50 \\ 0.25 & 0.25 & 0.50 \end{bmatrix} \qquad (6-15)$$

如果经过若干步(若干个十年)转移之后达到稳定状态时的特征向量为 $x = [\, x_1,\ x_2,\ x_3 \,]$，则可建立如下方程组

$$\begin{cases} \begin{bmatrix} x_1 & x_2 & x_3 \end{bmatrix} \begin{bmatrix} 0.50 & 0.25 & 0.25 \\ 0.50 & 0.00 & 0.50 \\ 0.25 & 0.25 & 0.50 \end{bmatrix} = \begin{bmatrix} x_1 & x_2 & x_3 \end{bmatrix} \\ x_1 + x_2 + x_3 = 1 \end{cases} \qquad (6-16)$$

解此联立方程可得

$$x = \begin{bmatrix} 0.4 & 0.2 & 0.4 \end{bmatrix}$$

即城市用地的最终分布是：工业用地和生活用地各占 40%，商业用地占 20%。

6.2.2 吸收链

为了说明什么是吸收链(absorbing chain)，我们先看一个简单的例子。假定某地区有城乡两种人口，城市人口只在城市内部转移，不会转移到农村，即不存在逆城市化现象；农村人口每隔若干年有 10% 转移到城市，另外 90% 在农村内部转移。则城乡人口转移可以构成如下转移概率矩阵表格(表 6-1)。

城乡人口转移概率

表 6-1

一	城市状态	农村状态	一	城市状态	农村状态
城市状态	1	0	农村状态	0.1	0.9

将上表表示为矩阵就是

$$A = \begin{bmatrix} 1 & 0 \\ 0.1 & 0.9 \end{bmatrix}$$

设其固定向量为

$$u = \begin{bmatrix} x & 1-x \end{bmatrix}$$

则有

$$\begin{bmatrix} x & 1-x \end{bmatrix} \begin{bmatrix} 1 & 0 \\ 0.1 & 0.9 \end{bmatrix} = \begin{bmatrix} x & 1-x \end{bmatrix}$$

由此得到方程组

$$\begin{cases} x + 0.1(1-x) = x \\ 0.9(1-x) = 1-x \end{cases}$$

解之可得

$$u = \begin{bmatrix} 1 & 0 \end{bmatrix}$$

实际上令 A 自乘若干次，比方说 k 次，当 k 足够大时可得

$$A^k = \begin{bmatrix} 1 & 0 \\ 1 & 0 \end{bmatrix}$$

在 Markov 分析中，这样的矩阵叫做吸收矩阵。如果一个概念转移过程是一个吸收过程，相应的 Markov 链就是吸收链。

在数学上，有如下定义：如果一个系统过程一进入 Markov 链的状态 E_i 便停留不去，这样的状态叫做吸收态。对于任何一个 Markov 链，如果它至少包含一个吸收态，而且从任何一个非吸收态出发都有可能进入吸收态，就称其为吸收性 Markov 链，简称吸收链。

那么，怎样判断一个转移概率矩阵是否具有吸收态呢？实际上，当且仅当转移概率矩阵 P 的第 i 行对角线上的元素为 1——相应地，其余的元素必然为 0 时，这一状态才会是吸收态。上述城乡人口转移矩阵 A，城市状态的对角线元素为 1，另外一个元素为 0，故城市状态为吸收态。在理论上，乡村人口最终都会转移为城市人口。当然，在现实中城乡人口会达到一种微妙的平衡，实际的城乡人口分布状态并非吸收态，只有新加坡这类特殊的国家例外。

吸收性 Markov 链反映的过程在自然界也是比较广泛存在的。现在考虑如下问题：一个城市中的某类人口（如外来创业的某地民工）在甲、乙、丙、丁四个城区中转移，转移概率如表 6-2 所示：每经历一段时间之后（比方说 1 年），甲城区的该类人口有 25% 转移到乙城区，30% 转移到丙城区，20% 转移到丁城区，剩余 25% 留在甲城区；乙城区的该类人口有 10% 转移到甲城区，30% 转移到丙城区，40% 转移到丁城区，剩余 20% 留在乙城区；丙城区的该类人口有 20% 转移到甲城区，30% 转移到乙城区，30% 转移到丁城区，剩余 20% 留在丙城区；丁城区的该类人口只进不出。显然，如果将这种特殊人口存在于某个城区中的比例视为一种状态概率，将人口的转移比例视为一种转移概率，则丁城区代表一种吸收态。

某类人口在四个城区间的转移概率   表 6-2

一	甲城区	乙城区	丙城区	丁城区
甲城区	0.25	0.25	0.30	0.20
乙城区	0.10	0.20	0.30	0.40
丙城区	0.20	0.30	0.20	0.30
丁城区	0.00	0.00	0.00	1.00

假定初始概率分布为 0.4、0.3、0.2、0.1，并且这种人口在四个城区中的转移具有无后效性，则可以借助 Markov 链预测其发展趋势和最终分布状态（表 6-3）。

某类人口在四个城区中的比例变化   表 6-3

时序	0	1	2	3	4	5	6	……	50
甲	0.4	0.17	0.115	0.078	0.054	0.037	0.026	……	0
乙	0.3	0.22	0.162	0.111	0.077	0.053	0.036	……	0
丙	0.2	0.25	0.167	0.116	0.080	0.055	0.038	……	0
丁	0.1	0.36	0.557	0.695	0.790	0.855	0.900	……	1

根据吸收链的性质，城市人口将会全部流入丁城区（表6-4）。最后的结果可以借助转移概率矩阵自乘获得，也可以通过求解特征向量方程获得。

某类人口在四个城区中的最终分布状态 表6-4

一	甲城区	乙城区	丙城区	丁城区
甲城区	0	0	0	1
乙城区	0	0	0	1
丙城区	0	0	0	1
丁城区	0	0	0	1

吸收链最终导致绝对集中的分布。与吸收态对应的是均衡态。在现实世界中，有些事物的发展是朝着完全均衡的方向演化。表6-5是五个城市之间的人口转移概率矩阵。假定这五个城市与外界没有人口交换，并且城市人口迁移是一种无后效性的随机过程，则最终演化结果是均衡分布——五个城市的人口数量完全相等（表6-6）。

五个城市之间的人口转移概率矩阵 表6-5

一	城市甲	城市乙	城市丙	城市丁	城市戊
城市甲	0.938	0.062	0.000	0.000	0.000
城市乙	0.062	0.828	0.110	0.000	0.000
城市丙	0.000	0.102	0.734	0.164	0.000
城市丁	0.000	0.008	0.140	0.680	0.172
城市戊	0.000	0.000	0.016	0.156	0.828

五个城市之间的人口分布最终状态 表6-6

一	城市甲	城市乙	城市丙	城市丁	城市戊
城市甲	0.2	0.2	0.2	0.2	0.2
城市乙	0.2	0.2	0.2	0.2	0.2
城市丙	0.2	0.2	0.2	0.2	0.2
城市丁	0.2	0.2	0.2	0.2	0.2
城市戊	0.2	0.2	0.2	0.2	0.2

6.3 转移概率图

Markov 的概率转移过程可以借助图形直观地表示。表示的方法有两种，其一是树形图，其二是概率转移图。树形图主要用于一种状态转化到其他状态的过程，比较简单，姑且从略。下面着重介绍一下概率转移图形。

转移概率可以采用几何图形表示如下：每种状态用平面上的一点表示，为了清楚起见可以标注一个字母。由 E_i 转移到 E_j 用箭号表示，每一个箭号用概率 p_{ij} 标明——当某个方向的转移概率为 0 时，箭号和标示都可以省略。像这种直观显示 Markov 链的图示称为概率转移图形。当状态很多时，图形会非常复杂。但是，在许多比较简单的过程中，转移图形是相当直观而且非常有用的表达手段。

当我们解决某一具体问题的时候，首先画出概率转移图形，然后将其抽象为转移概率矩阵。如果有了一个转移概率矩阵，我们当然可以将它具象为概率转移图形。这两种表示方法可以互相转换。第一个例子中三个风景区之间游客的概率转移情况可以用图 6-1 直观表示；图 6-2 抽象为矩阵，就是式(6-15)，即前述城镇三类用地的概率转移情况。必须注意的是，图形的表示尽管直观，但复杂的计算和抽象的推理必须借助矩阵形式。

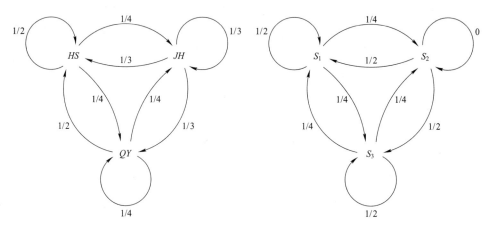

图 6-1 某城市三个风景区之   图 6-2 某城市用地结构
间的游客转移概率图   转移概率图

概率转移的图形表示可以采用不同的方式，这里给出的几个例子都是常规的表示方法。二状态的转移概率矩阵可以表示得更为简洁。例如，对于前面讲过的转移矩阵 $P = [0 \quad 1; 1/2 \quad 1/2]$，可以用图 6-3 表示出来。

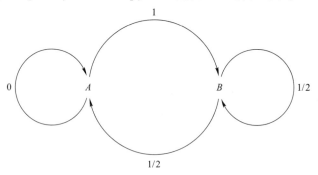

图 6-3 二状态转移概率图

6.4 转移矩阵与平均熵

6.4.1 平均熵表示

根据前面的讨论可知，概率转移的最终状态可以分为如下几类：其一是集中类，最终表现为一个吸收态，呈现为完全集中分布；其二是均匀类，最终状态是等概率，表现为完全均衡分布；其三是常见的中间类，最终状态是介于绝对集中和绝对均匀之间的一种不平衡分布。我们在第3章曾经讲过，事物分布的集中或者均衡程度可以借助信息熵来度量。转移矩阵的演化过程和最后结果所表现的状态的均衡性可以采用信息熵来测度。可是，Markov 链描述的是一种复杂的系统演化过程，这个演化过程涉及多个子系统的关系。每一种子系统内部对应一个状态，系统与系统之间又有一个状态。在这种情况下，简单或者单个的信息熵值无法完整地表达。我们需要平均熵的概念。

具体说来，根据第3章给出的熵的概念，通过加权平均思想，可以建立基于 Markov 转移概率矩阵的平均信息熵测度。假定系统可取的状态为 E_1，E_2，$\cdots$，E_N，每一步状态转移为其他状态的概率用转移矩阵表示(表6-7)。

系统的状态转移矩阵　　　　　　　　　　表6-7

i ＼ j	E_1	E_2	$\cdots$	E_j	$\cdots$	E_N
E_1	p_{11}	p_{12}	$\cdots$	p_{1j}	$\cdots$	p_{1N}
E_2	p_{21}	p_{22}	$\cdots$	p_{2j}	$\cdots$	p_{2N}
$\vdots$	$\vdots$	$\vdots$				
E_i	p_{i1}	p_{i2}	$\cdots$	p_{ij}	$\cdots$	p_{iN}
$\vdots$	$\vdots$	$\vdots$				
E_N	p_{N1}	p_{N2}	$\cdots$	p_{Nj}	$\cdots$	p_{NN}

系统状态的概率分布　　　　　　　　　　表6-8

状态	E_1	E_2	$\cdots$	E_j	$\cdots$	E_N
概率	$q_1^{(k)}$	$q_2^{(k)}$	$\cdots$	$q_j^{(k)}$	$\cdots$	$q_N^{(k)}$

系统出现每一种状态都有一定的概率分布，经过 k 步转移之后的概率分布如表6-8所示。表中数值满足如下归一化条件

$$\sum_{i=1}^{N} q_i^{(k)} = 1 \tag{6-17}$$

于是系统的状态熵可以表作

$$S_q^{(k)} = -\sum_{i=1}^{N} q_i^{(k)} \log q_i^{(k)} \tag{6-18}$$

系统的第 i 种状态的转移熵为

$$S_i^{(k)} = -\sum_{j=1}^{N} p_{ij}^{(k)} \log p_{ij}^{(k)} \tag{6-19}$$

式中，(k) 表示经过 k 步转移。经过 k 步转移后平均熵可以表作

$$S(q, S) = \sum_{i=1}^{N} q_i S_i = -\sum_{i=1}^{N} q_i \sum_{j=1}^{N} p_{ij} \log p_{ij} = -\sum_{i=1}^{N} \sum_{j=1}^{N} q_i p_{ij} \log p_{ij} = \langle q, S \rangle \tag{6-20}$$

为了公式简明起见，在表达式中省略了右上角标 (k)。

现在我们可以总结什么是平均熵了。假定一个系统包含 N 个子系统，不同子系统之间存在某种要素的转移，这个转移过程可以表示为一个 N 阶转移概率矩阵。根据这个转移概率矩阵，可以计算任意一个子系统与其他子系统之间的要素转移的信息熵，得到 N 个熵值。一个子系统对应的信息熵越高，表明这个子系统与其他子系统之间的交流越是均衡，系统的开放程度越高；反之，熵值越低，表明一个子系统的吸收能力越强，它与其他子系统之间的联系越是不够均衡。另一方面，每一次概率转移之后，子系统之间都有一个状态的概率分布，该分布反映整个系统的均衡程度，以及各个子系统的要素份额。利用这个分布可以计算系统的状态熵。如果以各个子系统的状态分布概率为权重，计算各个子系统要素转移信息熵的加权平均值，就得到所谓的平均熵了。平均熵综合地反映了一个系统的结构均衡程度以及要素转移局面。

6.4.2 平均熵的计算方法

以前面的城市中某类人口在不同城区之间的转移过程为例，计算各个状态转化的信息熵。假定初始状态的概率分布为

$$q^{(0)} = [0.4 \quad 0.3 \quad 0.2 \quad 0.1]$$

相应于 $k=0$ 的初始状态熵为

$$S_q^{(0)} = -0.4\log0.4 - 0.3\log0.3 - 0.2\log0.2 - 0.1\log0.1 = 1.846 \text{ 比特}$$

这里默认以 2 为底的对数。根据表 6-1，相应于 $k=1$ 的转移矩阵为

$$P = \begin{bmatrix} 0.25 & 0.25 & 0.30 & 0.20 \\ 0.10 & 0.20 & 0.30 & 0.40 \\ 0.20 & 0.30 & 0.20 & 0.30 \\ 0 & 0 & 0 & 1 \end{bmatrix}$$

甲城区的转移熵为

$$S_1^{(1)} = -2\times0.25\log0.25 - 0.3\log0.3 - 0.2\log0.2 = 1.985 \text{ 比特}$$

乙城区的转移熵为

$$S_2^{(1)} = -0.1\log0.1 - 0.2\log0.2 - 0.3\log0.3 - 0.4\log0.4 = 1.846 \text{ 比特}$$

丙城区的转移熵为

$$S_3^{(1)} = -2\times0.2\log0.2 - 2\times0.3\log0.3 = 1.971 \text{ 比特}$$

丁城区的转移熵为

$$S_4^{(1)} = -\log1 = 0 \text{ 比特}$$

于是平均熵为

$$S[q^{(0)}, S^{(1)}] = [0.4 \quad 0.3 \quad 0.2 \quad 0.1]\begin{bmatrix} 1.985 \\ 1.846 \\ 1.971 \\ 0 \end{bmatrix} = 1.742 \text{ 比特}$$

当 $k=1$ 时，我们有

$$q^{(1)} = q^{(0)}P^1 = [0.4 \quad 0.3 \quad 0.2 \quad 0.1]P = [0.17 \quad 0.22 \quad 0.25 \quad 0.36]$$

系统状态熵为

$$S_q^{(1)} = -0.17\log0.17 - 0.22\log0.22 - 0.25\log0.25 - 0.36\log0.36 = 1.945 \text{ 比特}$$

一步转移之后的转移矩阵为

$$P^2 = \begin{bmatrix} 0.1475 & 0.2025 & 0.21 & 0.44 \\ 0.105 & 0.155 & 0.15 & 0.59 \\ 0.12 & 0.17 & 0.19 & 0.52 \\ 0 & 0 & 0 & 1 \end{bmatrix}$$

甲城区的转移熵为

$$S_1^{(2)} = -0.1475\log0.1475 - 0.2025\log0.2025 - 0.21\log0.21$$
$$-0.44\log0.44 = 1.868 \text{ 比特}$$

乙城区的转移熵为

$$S_2^{(2)} = -0.105\log0.105 - 0.155\log0.155 - 0.15\log0.15 - 0.59\log0.59 = 1.618 \text{ 比特}$$

丙城区的转移熵为

$$S_3^{(2)} = -0.12\log0.12 - 0.17\log0.17 - 0.19\log0.19 - 0.52\log0.52 = 1.747 \text{ 比特}$$

丁城区的转移熵为

$$S_4^{(2)} = -\log1 = 0 \text{ 比特}$$

平均熵为

$$S[q^{(1)}, S^{(2)}] = [0.17 \quad 0.22 \quad 0.25 \quad 0.36] \begin{bmatrix} 1.868 \\ 1.618 \\ 1.747 \\ 0 \end{bmatrix} = 1.110 \text{ 比特}$$

其余的计算依此类推，不再赘述。经过 8 步转移之后，系统开始显示进入吸收态的迹象；经过 20 多步转移之后，系统在相当高的精度观测下也可谓进入了固定的吸收状态。计算过程的前 10 步如表 6-9 所示。

城市人口系统状态的概率分布　　　　表 6-9

k	状态熵	平均熵	转移熵			
			甲区（E_1）	乙区（E_2）	丙区（E_3）	丁区（E_4）
0	1.846	—	—	—	—	—
1	1.946	1.742	1.985	1.846	1.971	0
2	1.684	1.110	1.868	1.618	1.747	0
3	1.366	0.629	1.567	1.299	1.434	0
4	1.072	0.342	1.253	1.015	1.131	0
5	0.824	0.182	0.975	0.778	0.874	0
6	0.625	0.095	0.746	0.589	0.664	0
7	0.470	0.049	0.564	0.441	0.500	0
8	0.350	0.025	0.422	0.328	0.373	0
9	0.259	0.013	0.314	0.243	0.277	0
10	0.191	0.007	0.232	0.179	0.204	0
…	…	…	…	…	…	…

如果将熵变化画成曲线，可以直观地看到熵值以指数的方式衰减到与 0 没有显著差异。这暗示一个系统迅速地向吸收状态转移的过程（图 6-4）。对于吸收性 Markov 链，各种熵值都逐渐降低到 0 值。

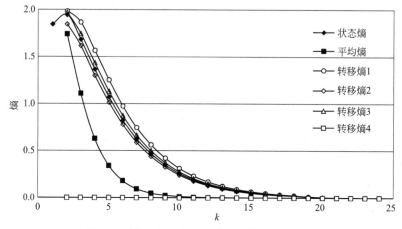

图 6-4　城市人口在四个城区中转移的熵曲线

6.5　实例分析：北京市土地利用的 Markov 分析

下面以北京市土地利用变化的概率转移过程为例说明 Markov 预测方法。地理工作者借助遥感图像的解译结果给出了北京市在 1985～2000 年 15 年间七类用地的土地转移数量（表 6-10），借助这个数据表格很容易得到转移概率矩阵 P（表 6-11）。通过试验不难发现，这是一个正规转移概率矩阵。但是，城市土地的转换是否为随机过程还不能肯定。作为练习，假定它是 Markov 过程，看看计算的结果如何。

北京市土地利用的转移量（1985～2000）　　　　表 6-10

一	水田	旱地	林地	草地	水域	建设用地	空闲地
水田	0	1243.37	171.92	29.79	0	0	0
旱地	0	0	6983.97	957.97	0	0	0
林地	0	0	203845.50	9812.96	0	0	0
草地	34.00	0	77259.28	11323.64	3851.17	0	4.89
水域	128.47	11580.83	917.15	0	5761.70	2397.61	0
建设用地	2293.52	79225.61	9979.07	3647.11	0	91339.80	24.36
空闲地	0	141.18	964.94	2.2	0	0	28.67

　　说明：资料来源，庄大方等（2002）。其中建设用地包括城乡、工矿和居住用地，空闲地或称未利用土地。为了表格的表示简洁，故略写。

利用转移概率矩阵 P 可以进行概率转移实验：首先让矩阵自乘一次，得到 P^2；然后自乘 2 次，得到 P^3，……，自乘 $k-1$ 次，得到 P^k。

北京市土地利用的转移概率矩阵 P(1985~2000)　　　　　表 6-11

一	水田	旱地	林地	草地	水域	建设用地	空闲地
水田	0	0.860416	0.118969	0.020615	0	0	0
旱地	0	0	0.879378	0.120622	0	0	0
林地	0	0	0.954072	0.045928	0	0	0
草地	0.000368	0	0.835480	0.122453	0.041646	0	0.000053
水域	0.006181	0.557152	0.044124	0	0.277195	0.115349	0
建设用地	0.012297	0.424781	0.053504	0.019555	0	0.489733	0.000131
空闲地	0	0.124170	0.848679	0.001935	0	0	0.025216

下面是一些中间计算过程(表 6-12~表 6-17)。其中表 6-16 与表 6-17 的结果没有区别,表示转移矩阵达到概率稳定状态。

第五步——自乘 4 次的结果(P^5)　　　　　表 6-12

一	水田	旱地	林地	草地	水域	建设用地	空闲地
水田	4.828E-05	2.324E-03	9.441E-01	4.977E-02	3.083E-03	7.181E-04	2.796E-06
旱地	4.619E-05	2.071E-03	9.445E-01	4.975E-02	2.933E-03	7.052E-04	2.795E-06
林地	4.048E-05	1.756E-03	9.451E-01	4.971E-02	2.841E-03	5.204E-04	2.749E-06
草地	7.871E-05	3.558E-03	9.413E-01	4.994E-02	3.205E-03	1.874E-03	3.118E-06
水域	4.260E-04	1.791E-02	9.102E-01	5.166E-02	4.831E-03	1.496E-02	6.837E-06
建设用地	7.532E-04	2.775E-02	8.870E-01	5.249E-02	3.233E-03	2.875E-02	1.098E-05
空闲地	3.841E-05	1.661E-03	9.453E-01	4.969E-02	2.825E-03	4.456E-04	2.741E-06

第十步——自乘 9 次的结果(P^{10})　　　　　表 6-13

一	水田	旱地	林地	草地	水域	建设用地	空闲地
水田	4.409E-05	1.915E-03	9.448E-01	4.973E-02	2.866E-03	6.529E-04	2.786E-06
旱地	4.402E-05	1.912E-03	9.448E-01	4.973E-02	2.865E-03	6.503E-04	2.785E-06
林地	4.385E-05	1.906E-03	9.448E-01	4.973E-02	2.865E-03	6.437E-04	2.783E-06
草地	4.498E-05	1.948E-03	9.447E-01	4.973E-02	2.867E-03	6.878E-04	2.796E-06
水域	5.508E-05	2.322E-03	9.439E-01	4.977E-02	2.877E-03	1.086E-03	2.912E-06
建设用地	6.438E-05	2.659E-03	9.431E-01	4.981E-02	2.880E-03	1.455E-03	3.019E-06
空闲地	4.379E-05	1.904E-03	9.448E-01	4.973E-02	2.865E-03	6.413E-04	2.782E-06

第十五步——自乘 14 次的结果(P^{15})　　　　　表 6-14

一	水田	旱地	林地	草地	水域	建设用地	空闲地
水田	4.396E-05	1.910E-03	9.448E-01	4.973E-02	2.865E-03	6.478E-04	2.784E-06
旱地	4.396E-05	1.910E-03	9.448E-01	4.973E-02	2.865E-03	6.478E-04	2.784E-06

城市规划系统工程学

一	水田	旱地	林地	草地	水域	建设用地	空闲地
林地	4.395E−05	1.909E−03	9.448E−01	4.973E−02	2.865E−03	6.476E−04	2.784E−06
草地	4.399E−05	1.911E−03	9.448E−01	4.973E−02	2.865E−03	6.488E−04	2.785E−06
水域	4.428E−05	1.921E−03	9.448E−01	4.973E−02	2.865E−03	6.603E−04	2.788E−06
建设用地	4.454E−05	1.931E−03	9.448E−01	4.973E−02	2.866E−03	6.709E−04	2.791E−06
空闲地	4.395E−05	1.909E−03	9.448E−01	4.973E−02	2.865E−03	6.475E−04	2.784E−06

第二十步，自乘 19 次的结果（P^{20}） 表 6-15

一	水田	旱地	林地	草地	水域	建设用地	空闲地
水田	4.396E−05	1.910E−03	9.448E−01	4.973E−02	2.865E−03	6.477E−04	2.784E−06
旱地	4.396E−05	1.910E−03	9.448E−01	4.973E−02	2.865E−03	6.477E−04	2.784E−06
林地	4.396E−05	1.910E−03	9.448E−01	4.973E−02	2.865E−03	6.477E−04	2.784E−06
草地	4.396E−05	1.910E−03	9.448E−01	4.973E−02	2.865E−03	6.477E−04	2.784E−06
水域	4.397E−05	1.910E−03	9.448E−01	4.973E−02	2.865E−03	6.480E−04	2.784E−06
建设用地	4.397E−05	1.910E−03	9.448E−01	4.973E−02	2.865E−03	6.483E−04	2.785E−06
空闲地	4.396E−05	1.910E−03	9.448E−01	4.973E−02	2.865E−03	6.477E−04	2.784E−06

第二十四步——自乘 23 次的结果（P^{24}） 表 6-16

一	水田	旱地	林地	草地	水域	建设用地	空闲地
水田	4.396E−05	1.910E−03	9.448E−01	4.973E−02	2.865E−03	6.477E−04	2.784E−06
旱地	4.396E−05	1.910E−03	9.448E−01	4.973E−02	2.865E−03	6.477E−04	2.784E−06
林地	4.396E−05	1.910E−03	9.448E−01	4.973E−02	2.865E−03	6.477E−04	2.784E−06
草地	4.396E−05	1.910E−03	9.448E−01	4.973E−02	2.865E−03	6.477E−04	2.784E−06
水域	4.396E−05	1.910E−03	9.448E−01	4.973E−02	2.865E−03	6.477E−04	2.784E−06
建设用地	4.396E−05	1.910E−03	9.448E−01	4.973E−02	2.865E−03	6.477E−04	2.784E−06
空闲地	4.396E−05	1.910E−03	9.448E−01	4.973E−02	2.865E−03	6.477E−04	2.784E−06

第二十五步——自乘 24 次的结果（P^{25}） 表 6-17

一	水田	旱地	林地	草地	水域	建设用地	空闲地
水田	4.396E−05	1.910E−03	9.448E−01	4.973E−02	2.865E−03	6.477E−04	2.784E−06
旱地	4.396E−05	1.910E−03	9.448E−01	4.973E−02	2.865E−03	6.477E−04	2.784E−06
林地	4.396E−05	1.910E−03	9.448E−01	4.973E−02	2.865E−03	6.477E−04	2.784E−06
草地	4.396E−05	1.910E−03	9.448E−01	4.973E−02	2.865E−03	6.477E−04	2.784E−06
水域	4.396E−05	1.910E−03	9.448E−01	4.973E−02	2.865E−03	6.477E−04	2.784E−06

续表

一	水田	旱地	林地	草地	水域	建设用地	空闲地
建设用地	4.396E-05	1.910E-03	9.448E-01	4.973E-02	2.865E-03	6.477E-04	2.784E-06
空闲地	4.396E-05	1.910E-03	9.448E-01	4.973E-02	2.865E-03	6.477E-04	2.784E-06

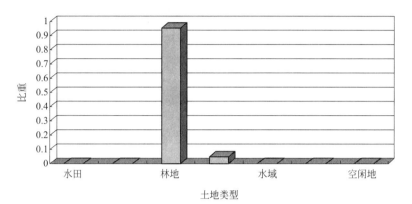

图 6-5　北京市土地转移稳定以后的比重柱形图

　　显然，根据表中的表示精度，当转移概率矩阵自乘 23 次即可达到稳定状态。也就是说，从 2000 年起算，大约经过 23×15＝345 年，土地的转移概率会稳定下来(图 6-5)。如果提高数据的表示精度，比方说精确到小数点后 8~10 位，则得到稳定概率分布的步数还要增加。从表 6-14 和图 6-5 可以看出，数百年后，北京市土地中将有 94.48% 的林地，4.97% 的草地，其余用地不足 0.55%！从表 6-11 可以看到，林地对应的对角线元素为 0.954，这意味着北京的林地受到了较好的保护。除了少量的林地转换为草地之外，林地没有转换为任何其他类型的用地。这是一种接近于吸收型的转移矩阵，因此发展到最后是林地的比例占绝对优势。

　　问题在于，城市土地转移是否具有无后效性？这关系到能否采用 Markov 链进行预测的问题。如果城市用地根本不满足 Markov 链分析的条件，则采用 Markov 进行预测不会给出有意义的结果。关于城市用地转移的性质，是否可以采用 Markov 链进行预测，诸如此类的问题留待读者思考和研究。

6.6　小结

　　Markov 链是具有 Markov 性质即无后效性的离散时间随机过程。在该过程中，给定当前知识或信息，无法利用过去(即现期以前的历史状态)预测未来(即现期以后的未来状态)。具有 Markov 性质的系统，其演化过程的过去信息与未来信息无关：上一步仅仅影响下一步，但与下下步及其以后各步没有关系。在这种情况下，时间序列表现为随机行走，不可能据此建立以时间为自变量的趋势预测模型。然而，对于这类过程，我们却可以通过测量事物在单位时间内的改变数量构建转移概率矩阵，利用转移概率矩阵对随机演化过程进行预测分析。

  Markov 链可以分为正规链和吸收链两大类型。如果一个转移概率矩阵，经过若干步转移之后，所有的元素都大于 0，我们就称其为正规概率矩阵。如果一个 Markov 过程最后表现为正规概率矩阵，我们就称其为正规性 Markov 链。如果一个系统过程一进入 Markov 链的某个状态便停留不去，这样的状态被称为吸收态。对于任何一个 Markov 链，如果它至少包含一个吸收态，而且从任何一个非吸收态出发都有可能进入吸收态，就称其为吸收性 Markov 链。在正规链中，最后的状态可能是等概率的，结果是完全均匀分布；在吸收态中，最后的结果可能进入唯一的一个吸收态，结果是完全集中分布。不管是均衡态，抑或是吸收态，经过若干步转移之后，系统进入一种稳定状态，此时从一种状态到另外一种状态的转移数量为 0，不同状态对应的概率向量完全相同。这种稳定态称为不动点，相应的概率向量叫做固定向量。

  有了一个系统的初始状态和转移概率，我们可以利用 Markov 链开展详细的随机演化过程分析。构建转移概率矩阵之后，即可以预测系统状态每一步骤的转移结果，也可以预测系统要素的最终分布状态。如果仅仅是预测最终分布状态，则我们即可以利用矩阵自乘实现，也可以利用方程求解；如果希望预测系统演化的详细历程，则需要借助矩阵自乘来展现各个时间段的状态转移结果。系统演化的最终状态可能是完全集中分布，也可能是完全均匀分布，还可能是中间的某一个稳定分布。在这种演化过程中，系统状态的均衡性变动可以利用状态熵和平均熵来进行度量。

第 7 章

线性规划与城市系统优化

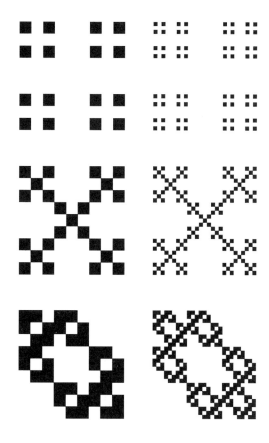

线性规划(linear programming)在很多领域有着广泛的应用,当然包括地理学和城市规划领域。线性规划的发展得益于应用数学和计算机技术的双重推动。在 Dantzig(1947)利用单纯形(Simplex)算法求解线性规划以前,对于近 100 个变量的线性规划问题通常要计算几个月的时间!由于单纯形算法的发展,线性规划方法的应用空间才得以迅速拓展(Dantzig and Thapa,1997;Dantzig and Thapa,2003)。今天,上述问题在很短的时间内就可以得到运算结果。不过,单纯形法并非尽善尽美,主要是涉及计算复杂性问题。1972 年,苏联专家 L. Khachiyan(1952~2005)基于另一位苏联计算专家 N. Z. Shor(1937~2006)发展的方法提出了相对简单的算法解决线性规划问题,于是形成了线性规划的所谓 Shor-Khachiyan 椭球方法(ellipsoid method)。然而,一个好算法必须具有良好的理论性质和数值性态,而 Shor-Khachiyan 算法在实际应用中效果并不理想。1984 年,印度数学家 N. K. Karmarkar 提出了一种轰动一时的新算法——新内点法(interior point method),该算法在理论上可以回避计算复杂性,从而形成了线性规划研究的一个新方向。不过,地理学家和城市规划师面对的问题一般没有那么复杂,大多数模型通过单纯形法就可以求解。

7.1 模型与算法

7.1.1 线性规划模型

在理论研究和实际工作中,我们经常遇到这样一类问题:给定限制条件,寻找某种极值目标。要么给定投入上限,寻找最大产出;要么给定产出下限,寻找最小投入。这样的建模和求解过程在广义上都属于规划问题。如果问题的表达都是线性方程或者不等式,那就是线性规划,否则为非线性规划。本章着重讲述线性规划的基本原理、建模技巧和主要算法。

在现实中,任何系统的发展都有一个目标,同时任何系统的发展都要受到一定时空条件的限制。系统追求的就是在某种时空局限条件下达到最佳目标。自然系统如此,人造系统也是这样。举一个简单的例子,假定一个市区要开发一批住宅楼房,不同楼层的楼房有不同的单方造价和售价(投入和产出),面积系数也不相同。并且,城市中的不同地段对建筑密度、容积率等都有一定的限制,资金的投入当然会受到融资渠道的约束。人们关心的是,如何在满足上述各种限制条件的情况下,设计不同楼层的楼房,才能得到最多的居住面积,或者得到最多的销售收入?与此相对应的问题是:假定最终居住面积或者销售收入已经确定,如何设计不同类型的楼房,才能使得资金投入最少,或者建筑用地最省?这类问题都可以借助线性规划技术解决。

线性规划的数学模型可以表示为目标函数与约束条件问题:要么是投入一定、产出最大;要么是产出一定、投入最小。假定在投入一定的条件下追求最大产出,则线性规划的数学模型一般形式可以表作:

目标函数

$$\max \quad f = c_1 x_1 + c_2 x_2 + \cdots + c_m x_m \tag{7-1}$$

约束条件

$$\text{s. t.} \begin{cases} a_{11}x_1+a_{12}x_2+\cdots+a_{1m}x_m \leqslant b_1 \\ a_{21}x_1+a_{22}x_2+\cdots+a_{2m}x_m \leqslant b_2 \\ \vdots \\ a_{n1}x_1+a_{n2}x_2+\cdots+a_{nm}x_m \leqslant b_n \\ x_j \geqslant 0 \quad (j=1,\ 2,\ \cdots,\ n) \end{cases} \quad (7\text{-}2)$$

这里假定有 m 个变量，n 个约束条件，f 为产出量，x 为变量，a、b 为参数。式中 s. t. 是 subject to 的缩写，意思是"受约束于"。上述模型可以简单地表作

$$\max_{x \in R^m} \quad f = \sum_{j=1}^{m} c_j x_j$$

$$\text{s. t.} \begin{cases} \sum_{j=1}^{n} a_{ij}x_j \leqslant b_i \\ x_j \geqslant 0 \quad (j=1,\ 2,\ \cdots,\ m) \end{cases} \quad (7\text{-}3)$$

这里 R 表示实数域。式(7-3)的含义是：在资源、资金投入一定的条件下力求产出最大。这个问题可以等价地表作：在产出一定的前提下，力求投入最小，模型如下：

目标函数

$$\min \quad S=c_1x_1+c_2x_2+\cdots+c_mx_m \quad (7\text{-}4)$$

约束条件

$$\text{s. t.} \begin{cases} a_{11}x_1+a_{12}x_2+\cdots+a_{1m}x_m \geqslant b_1 \\ a_{21}x_1+a_{22}x_2+\cdots+a_{2m}x_m \geqslant b_2 \\ \vdots \\ a_{n1}x_1+a_{n2}x_2+\cdots+a_{nm}x_m \geqslant b_n \\ x_j \geqslant 0 \quad (j=1,\ 2,\ \cdots,\ n) \end{cases} \quad (7\text{-}5)$$

这里 S 为投入量。

式(7-5)可以简单地表示为

$$\min_{x \in R^m} \quad S = \sum_{j=1}^{m} c_j x_j$$

$$\text{s. t.} \begin{cases} \sum_{j=1}^{n} a_{ij}x_j \geqslant b_i \\ x_j \geqslant 0 \quad (j=1,\ 2,\ \cdots,\ m) \end{cases} \quad (7\text{-}6)$$

上面这个模型的含义是：在各种产出目标不低于某个低限的情况下，要求资源或者资金投入最小。

对于方程组，如果方程数刚好等于变量数，是为恰定方程组，解是唯一的；如方程数多于变量数，是为超定方程，解也具有唯一性，回归分析属于此类问题；如果方程数少于变量数，是为欠定方程组，解不具有唯一性。在线性规划

中，我们将会遇到上述各类方程组，包括欠定方程组，即 $n < m$ 的情况。但是，由于不等式的原因，线性规划的可行解一般不是唯一的。规划工作是在可行解（feasible Solution）的基础上寻求最优解（optimum solution）。

7.1.2 线性规划的基本解法

1. 一个简单的实例

下面以一个简单的实例说明线性规划模型的建设与求解方法。这个例子取自一本科普读物（苏维宜，2000），不是本专业的例子，但却有助于我们理解线性规划建模与求解的基本思想。

有一位个体制杯者，有两副模具，分别用于制造果汁杯和鸡尾酒杯。该个体户生产情况及其相应的条件可以表示如下（表7-1）。

某个体户的制杯生产情况 表7-1

品种	工效	贮藏量	定点量	收益
果汁杯(x_1)	6h/百件	10m³/百件	6百件	600元/百件
鸡尾酒杯(x_2)	5h/百件	20m³/百件	无	400元/百件
限量	50h	140m³	—	f

问题来源：苏维宜（2000），原书作者只给出图解法。下面的表解法由本书作者完成。说明：定点量为最高极限量，可能是由于市场容量等决定的限制条件。

假定每周工作50h，且拥有贮藏量为140m³的仓库。试问：该个体户如何安排时间方可使每周收益最大？

这是一个简单而又有趣的线性规划问题，涉及时、空两个重要的变量。为了找到问题的答案，不妨建立一个简明的线性规划模型。设每周生产果汁杯 x_1 百件，鸡尾酒杯 x_2 百件。根据上述条件，可以建立如下模型：

目标函数 $\max \quad f = 600x_1 + 400x_2$

s. t.

约束条件
$$\begin{cases} 6x_1 + 5x_2 \leqslant 50 \\ 10x_1 + 20x_2 \leqslant 140 \\ x_1 \leqslant 6 \\ x_1, \ x_2 \geqslant 0 \end{cases}$$

显然，约束条件中的第三个式子 $x_1 \leqslant 6$ 可以表作 $1x_1 + 0x_2 \leqslant 6$，从而有如下矩阵

$$c = \begin{bmatrix} 600 \\ 400 \end{bmatrix}, \quad x = \begin{bmatrix} x_1 \\ x_2 \end{bmatrix}, \quad A = \begin{bmatrix} 6 & 5 \\ 10 & 20 \\ 1 & 0 \end{bmatrix}, \quad b = \begin{bmatrix} 50 \\ 140 \\ 6 \end{bmatrix}$$

上述模型表为矩阵形式便是：

目标函数

$$\max \quad f(x) = c^T x = \begin{bmatrix} 600 & 400 \end{bmatrix} \begin{bmatrix} x_1 \\ x_2 \end{bmatrix}$$

约束条件

$$\mathrm{s.\,t.}\begin{cases}Ax=\begin{bmatrix}6 & 5\\10 & 20\\1 & 0\end{bmatrix}\leqslant b=\begin{bmatrix}50\\140\\6\end{bmatrix}\\x=\begin{bmatrix}x_1\\x_2\end{bmatrix}\geqslant 0\end{cases}$$

该模型的求解过程，可以帮助我们理解线性规划的一般思路。

线性规划的模型求解有图解法、单纯形法等多种计算方法。下面借助上例逐步介绍。

2. 图解法

二变量是线性规划中最简单的情形。分别以两个变量为纵横坐标轴，可以利用解析几何的知识寻找问题的答案。这就是所谓的图解法。在坐标图中，由约束条件形成的直线可以围成一个凸多边形区域，线性规划的可行解一定落在这个多边形内，该多边形称作可行域（feasibility region）。在这个凸形区域里面，我们可以得到无穷多个可行解。规划的目的不是找到一般的可行解，而是在无穷多的可行解中找到最优解。最优解一定位于凸多边形的某个顶点上，否则意味着资源没有得到最充分的利用。

对于直观的二变量情形，寻找最优解的办法就是基于目标函数构造一条平移直线，将其向右上方平行推移（即保持斜率不变），该直线与凸多边形（可行域）的最后一个交点就是最优解。对于上例，令

$$600x_1+400x_2=400k$$

则有

$$x_2=-\frac{3}{2}x_1+k$$

图解法的步骤如下（图7-1）：

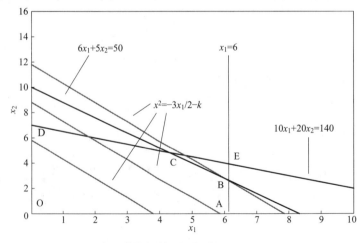

图7-1　二变量线性规划的图解法（$k=5.8,8.8,11.8$）

（1）将上述约束条件的不等式符号变成等号，画出平面几何坐标图。图中

多边形 *OABCD* 构成了线性规划解的可行域。

（2）在图中作一条斜率为-3/2 的直线。

（3）平移斜率为-3/2 的直线，找到与多边形 *OABCD* 的最外边的交点。可以看到，这个交点为 *B*。

（4）计算交点的坐标。显然，该点的横坐标为 $x_1=6$，代入方程 $6x_1+5x_2=50$ 中，立即得到 $x_2=14/5=2.8$。即有最优解 $x^*（6，2.8）$。

（5）计算最大收益。将 $x_1=6$，$x_2=14/5=2.8$ 代入目标函数，得到
$$f_{max}=600×6+400×2.8=4720$$
这就是说，该个体户每周生产 6 百件果汁杯和 2.8 百件鸡尾酒杯收益最大，最大收入为 4720 元。

接下来思考几个问题。

问题之一：若每周多干 1h，即总工作量由 50h 上升到 51h，则收益增大多少?

其实这个问题很简单，在上面的约束条件中，只需将 50 个小时的约束改为 51 个小时的约束就可以得到结论了。由于 50 改为 51 仅仅是直线 $6x_1+5x_2=50$ 向上平移到 $6x_1+5x_2=51$ 的位置，线性规划模型的结构没有变化，因此我们求解方程组
$$\begin{cases}6x_1+5x_2=51\\x_1=6\end{cases}$$
立即得到 $x_2=3$。从而
$$f_{max}=600×6+400×3=4800$$
显然，在其他条件不变的情况下，增加一个工时，可以增加 4800-4720=80 元的收入，这个 80 元就是该个体户工时的"影子价格（shadow price）"。在资源利用的线性规划中，当某种资源增加一个单位，而其他资源不变时，该资源增量引起的目标函数的最优值的增量就是影子价格。

问题之二：是否增加工时一定增加收益呢?

为了回答这个问题，我们假定增加 *t*h 的劳动，得到
$$\begin{cases}6x_1+5x_2=50+t\\x_1=6\end{cases}$$
于是
$$x_1=6，x_2=\frac{14+t}{5}$$
最大收益函数表为
$$f_{max}=600×6+400×\frac{14+t}{5}=3600+80(14+t)$$
对于直线方程
$$6x_1+5x_2=50+t$$
随着 *t* 值的增加而向右上方平移。但是，这个平移有一个极限点 *E*，超过了这个点，收益非但不会增加，反而会下降（图 7-1）。在我们的这个例子中，涉及时、空两个限量，延长时间，会受到空间的限制，因为只有 140m³ 的房间用作仓储。

很明显，根据储存空间的极限，应有如下方程组

$$\begin{cases} 10x_1+20x_2=140 \\ x_1=6 \end{cases}$$

解之可得 $x_2=4$。从而 t 的极限值为 6，即有 $t_{max}=6$。此时最大收益为

$$f_{max}=600\times6+400\times4=5200$$

在这种情况下，根据第二个约束条件：$10\times6+20\times4=140$，贮藏空间刚好饱和。如果再增加一个小时的生产，根据我们的问题，果汁杯有定点限制，必然生产 $1\times100/5=20$ 件的鸡尾酒杯。但是，由于没有储藏空间，制杯者只能进行如下选择：

其一，租赁储藏所。为这 20 个杯子租赁一个房间，值得吗？

其二，放置在户外。这 20 个杯子很可能被人拿走，白白损失 80 元。

就算是第二种情况，制杯者因为追加多余的 1 个小时而使得最大收益为

$$f_{max}=600\times6+400\times4-400\times1/5=5120$$

显然降低了总收益。如果为这 20 个杯子专门租赁一个房屋，那损失就更大了。没有人愿意干这种得不偿失的事情。

从这个简单的线性规划问题中，我们可以得到如下经济学教益：

第一，增产未必增收。凡事过犹不及、物极必反。因此，尽管人类欲壑难填，最好不要贪得无厌。

第二，同工未必同酬。这涉及机会成本(opportunity cost)问题。每周的生产时间是一定的。如果个体户花 30 个小时生产 5 百件果汁杯(价值 $5\times600=3000$ 元)，他就同时失去了 6 百件鸡尾酒杯(价值 $6\times400=2400$ 元)的生产机会。为了得到价值 3000 元的果汁杯，他得牺牲价值 2400 元的鸡尾酒杯作为机会成本。但是，3000 元大于 2400 元，收益大于机会成本，这个方案是可取的。另一方面，如果个体户花 30 个小时生产 6 百件鸡尾酒杯(价值 $6\times400=2400$ 元)，他就同时失去了 5 百件果汁杯(价值 $5\times600=3000$ 元)的生产机会。为了得到价值 2400 元的鸡尾酒杯，他得牺牲价值 3000 元的果汁酒杯作为机会成本。可是，2400 元小于 3000 元，收益小于机会成本，这种选择是不经济的。

但是，假如该个体户完全生产果汁杯又会如何呢？我们不妨作一个简单的计算。50 个小时可以生产 $50/6=8.333$ 百件果汁杯，价值 $8.333\times600=5000$ 元>4720 元。而且这 8.333 百件果汁杯占据的贮藏空间为 $8.333\times10=83.333\text{m}^3<140\text{m}^3$。储藏也没有问题。但是，由于市场容量的定点局限，将有 $8.333-6=2.333$ 百件果汁杯无处销售，为此他将损失 $8.333\times600=1400$ 元，于是总收益为 $4720-1400=3600<4720$ 元。有人会问，既然有多余的贮藏空间，难道他不会储藏起来留待下周销售？当然可以，但是，根据这种策略，他每周永远只能得到 3600 元的收益，而根据我们的规划，他每周可以得到 4720 元的收益(多 1120 元)。

第三，劳动价值的判定。在现实中，我们经常被老板要求加班加点，当然会给我们一定的报酬。问题在于，这个报酬值是否值得。不妨采用计量影子价格的方法计算一下。如果不值得，我们就有理由要求老板加薪。

3. 表解法——单纯形法

为了便于大家直观地理解单纯形法，不妨借助上面的简单例子，用表解法说明计算步骤。任何一种算法都有专门的知识背景，本书不多作介绍。

第一步，引入松弛变量。

一般有多少约束条件就引进多少松弛变量(slack variable)。我们有三个约束条件，引入 x_3、x_4 和 x_5 共计 3 个松弛变量。然后将"≤"号变成"="号。于是得到

$$f=600x_1+400x_2+0x_3+0x_4+0x_5$$

$$\begin{cases}6x_1+5x_2+x_3=50\\10x_1+20x_2+x_4=140\\x_1+x_5=6\end{cases}$$

为了处理问题方便，不妨假定初始基底可行解为 $f=0$。很明显，此时

$$x_1=0,\quad x_2=0,\quad x_3=50,\quad x_4=140,\quad x_5=6$$

目标函数化为

$$f-600x_1-400x_2-0x_3-0x_4-0x_5=0$$

综合上述结果可以得到如下方程组

$$\begin{cases}-600x_1-400x_2-0x_3-0x_4-0x_5+f=0\\6x_1+5x_2+x_3+0x_4+0x_5+0f=50\\10x_1+20x_2+0x_3+x_4+0x_5+0f=140\\x_1+0x_2+0x_3+0x_4+x_5+0f=6\end{cases}$$

第二步，构造单纯形表。

将上面带有松弛变量的方程组表示为矩阵形式，得到所谓单纯形表(simplex tableau)。为了简便，我们写为表格形式。根据对应关系，将方程组的系数填入表内，得到初始单纯形表(initial simplex tableau)如下(表7-2)。

初 始 单 纯 形 表　　　　表 7-2

x_1	x_2	x_3	x_4	x_5	f	b
-600	-400	0	0	0	1	0
6	5	1	0	0	0	50
10	20	0	1	0	0	140
1	0	0	0	1	0	6

第三步，寻找主元，消除第一行中的最大负系数(根据绝对值判断)。

寻找主元(pivot)的公式

$$主元=\min\left(\frac{b_i}{a_{ij}}\right)\tag{7-7}$$

式中，b_i 为表7-2中最后一列的元素。a_{ij} 为第一行最大负系数对应的元素。显然，第一行最大的负系数为-600。计算结果是

$$50/6=8.3$$

$$140/10 = 14$$
$$6/1 = 6$$

由于 6<8.3<14，第一列最后一个元素 1 就是主元。用主元对应的行——最后一行乘以 600 与第一行相加，消除 -600。然后，用第二行（行号不算标题行）减去主元对应的行乘以 6，用第三行减去主元对应的行乘以 10，这样将第一列元素消掉，或者说将其化为 0 元素（表 7-3）。

单纯形表——消除第一个最大负系数   表 7-3

x_1	x_2	x_3	x_4	x_5	f	b
0	-400	0	0	600	1	3600
0	5	1	0	-6	0	14
0	20	0	1	-10	0	80
1	0	0	0	1	0	6

第四步，重复以上操作，消除第一行剩余的最大负系数。

经过上一次的变换之后，表中最大负系数为 -400，用它对应的列元素与 b 对应的列元素相除，得到如下结果

$$14/5 = 2.8$$
$$80/20 = 4$$
$$6/0 \rightarrow \infty$$

显然主元是第二列的第二个元素 5。用 5 所在的行乘以 80 与第一行相加，消除 -400；用 5 所在的行乘以 -4 与第三行相加，消去 20。结果如下（表 7-4）。

单纯形表——消除第二个最大负系数并标准化   表 7-4

x_1	x_2	x_3	x_4	x_5	f	b
0	0	80	0	120	1	4720
0	5	1	0	-6	0	14
0	0	-4	1	14	0	24
1	0	0	0	1	0	6

第五步，标准化，使得 f 的系数和各个主元都化为 1。

对于本例，只需用第二行同除以 5，就可以得到最后表格（terminal tableau）如下（表 7-5）。

最后表格——标准化结果   表 7-5

x_1	x_2	x_3	x_4	x_5	f	b
0	0	80	0	120	1	4720
0	1	1/5	0	-6/5	0	14/5
0	0	-4	1	14	0	24
1	0	0	0	1	0	6

第六步，找出最优解。

根据主元的位置，从表 7-5 中可以读出 $x_1 = 6$，$x_2 = 14/5 = 2.8$，$f_{max} = 4720$。对比可知，表解法的结果与图解法的结果完全一样。

从表 7-5 中还可以看到，x_1 的数量为 6 百件，第三个约束条件已经达到极限。将 $x_1 = 6$，$x_2 = 2.8$，代入第一个约束条件得到 $6×6+5×2.8 = 50$，第一个约束条件也已经达到极限；将计算结果代入第二个约束条件得到 $10×6+20×2.8 = 116$，第二个约束条件即储存空间还没有达到极限。正因为如此，如果延长工作时间，即放松第一个约束，还可以增加产品，从而增加收入。但是，如上所述，只能增加 x_2 的数量。还能增加多少呢？这个问题也可以通过表解法来回答。

如果在第二次消元的过程中，x_2 对应的倒数第二行元素不消掉，但最后将其标准化，则结果如表 7-6 所示。可以看出，这时 x_2 所在的列有两个非零元素——另一个在非主元的位置，它对应的数值为 4。这意味着，如果加班加点，可以将 x_2 的数量提高到 4，不过这是极限。不论如何加班，鸡尾酒杯的数量不能超出 2.8~4 百件这个范围，其上限值是 $x_2 = 4$ 时。当 $x_1 = 6$，$x_2 = 4$ 时，$10×6+20×4 = 140$，第二个约束条件达到极限，此时收益为 $f = 600×6+400×4 = 5200$ 元。这与前面的分析结论完全一致。

最后表格——另一种处理方式　　　　　　表 7-6

x_1	x_2	x_3	x_4	x_5	f	b
0	0	80	0	120	1	4720
0	1	1/5	0	−6/5	0	2.8
0	1	0	1/20	−1/2	0	4
1	0	0	0	1	0	6

上面的这个例子取自一般中学生数学普及读物，每一个学过"城市规划系统工程学"的学生都应该熟悉这个例子。作者之所以对本例发生兴趣，不仅仅是因为这个例子简明有趣，还在于它的约束条件：一个是时间约束（每周工作时数一定），另一个是空间约束（贮藏空间一定），第三个是定点约束（不妨理解为市场限制，实则为形势约束）。这三个约束条件包含着时间问题、空间问题和形势问题，很容易推广到地理学或者城市规划领域。

7.2 建模示例

下面进一步列举一些线性规划的实例。在目前的计算条件下，一般情形的线性规划求解都不成问题，关键是学会模型建设。读者可从这些简单的实例中悟出线性规划建模的基本思路。通过这些例子我们可以发现，线性规划与其他领域的很多知识存在密切关系，包括投入-产出分析、比较优势原理、网络分析，如此等等。

7.2.1 示例 1——工业问题

某工厂生产 A、B 两种产品。生产每一吨产品所需要的劳动力和煤、电消耗以及创造的收益如表 7-7 所示。

某工厂的生产情况　　　　　　　　　　表 7-7

产品品种	劳动力 （个，按工作日计算）	煤 （t）	电 （kW）	单位产值 （万元）
A（x_1）	3	9	4	7
B（x_2）	10	4	5	12
限量	300	360	200	f

问题来源：左忠恕（1980），原书作者只给出图解法。下面的表解法由本书作者完成。

现因某种条件限制，该厂仅有劳动力 300 个，煤 360t，供电局只供给 200kW 的电。试问：该厂生产 A 产品和 B 产品各多少吨，才能保证创造最大的经济产值？

建模思路：设该厂生产 A 产品 x_1t，生产 B 产品 x_2t。于是根据表 7-7 中提供的数据信息可以建立如下模型：

$$\text{目标函数} \quad \max \quad f=7x_1+12x_2$$

$$\text{s. t.}$$

$$\text{约束条件} \quad \begin{cases} 3x_1+10x_2 \leqslant 300 \\ 9x_1+4x_2 \leqslant 360 \\ 4x_1+5x_2 \leqslant 200 \\ \quad x_1，x_2 \geqslant 0 \end{cases}$$

借助单纯形法求解过程如下。

1. 引入松弛变量

因为有三个约束条件，所以引入 x_3、x_4 和 x_5，然后将"≤"号变成"="号，得到

$$f=7x_1+12x_2+0x_3+0x_4+0x_5$$

$$\begin{cases} 3x_1+10x_2+x_3=300 \\ 9x_1+4x_2+x_4=360 \\ 4x_1+5x_2+x_5=200 \end{cases}$$

假设初始基底可行解为 $f=0$。此时，$x_1=0$，$x_2=0$，$x_3=300$，$x_4=360$，$x_5=200$，于是目标函数化为

$$f-7x_1-12x_2-0x_3-0x_4-0x_5=0$$

综合上述结果可以得到如下方程组

$$\begin{cases} -7x_1-12x_2-0x_3-0x_4-0x_5+f=0 \\ 3x_1+10x_2+x_3+0x_4+0x_5+0f=300 \\ 9x_1+4x_2+0x_3+x_4+0x_5+0f=360 \\ 4x_1+5x_2+0x_3+0x_4+x_5+0f=200 \end{cases}$$

2. 构造单纯形表

将上面带有松弛变量的方程组表示为矩阵形式。根据对应关系，将方程组的系数填入表内，得到初始单纯形表如表7-8所示。

初始单纯形表 表7-8

x_1	x_2	x_3	x_4	x_5	f	b
-7	-12	0	0	0	1	0
3	10	1	0	0	0	300
9	4	0	1	0	0	360
4	5	0	0	1	0	200

3. 寻找主元，消除第一行中的最大负系数

由于-12绝对值最大，考察第二列与最后一列的关系，根据主元的计算公式计算得：

$$300/10=30，360/4=90，200/5=40$$

由于30<40<90，第二列的第一个元素10就是主元。将主元所在行同乘以6，与第一行乘以5的结果相加，消除-12。接下来，第二行同乘以2、第三行同乘以5，然后相减；第四行同乘以4，与第二行相减。这样，将第三行和第四行的第二列数值消掉(表7-9)。

单纯形表——消除第一个最大负系数 表7-9

x_1	x_2	x_3	x_4	x_5	f	b
-17	0	6	0	0	5	1800
3	10	1	0	0	0	300
39	0	-2	5	0	0	1200
5	0	-1	0	2	0	100

4. 重复以上操作，消除第一行剩余的最大负系数

继续在第一列寻找主元：

$$300/3=100，1200/39=31，100/5=20$$

其中20最小，可见主元是该列的最后一个元素5。用5所在的行乘以17与第一行乘以5的结果相加，消除-17。之后用第四行消除第一列第二、第三行的系数，得到表格表7-10。

单纯形表——消除第二个最大负系数但未经标准化 表7-10

x_1	x_2	x_3	x_4	x_5	f	b
0	0	13	0	34	25	10700
0	50	8	0	-6	0	1200
0	0	29	25	-78	0	2100
5	0	-1	0	2	0	100

5. 表格标准化，读取解的结果

按行将 x_1、x_2 和 f 对应的系数化为 1——第一行同除以 25，第二行同除以 24，第三行同除以 5，得到标准化结果如表 7-11 所示。至此解得 $x_1 = 20$，$x_2 = 24$，$f = 428$。

单纯形表——标准化结果　　　　　　　　　表 7-11

x_1	x_2	x_3	x_4	x_5	f	b
0	0	13/25	0	34/25	1	428
0	1	4/25	0	-3/25	0	24
0	0	29	25	-78	0	2100
1	0	-1	0	2/5	0	20

在上面的计算过程中，第三行好像没有什么作用（$b = 2100$）。其实不然。因为约束条件中的煤没有达到极限。如果考虑扩大生产规模的问题，则该行就会对最后的约束产生影响。

7.2.2 示例 2——农业问题

某农场有 100 亩土地，准备种植甲、乙两种作物。单位土地种植不同的作物需要消耗的劳动力、资金和经济收益情况如表 7-12 所示。假定该农场只能提供 200 个劳动日和 9000 元生产资金；而种植甲作物每亩可得 450 元的纯收益，而种植乙作物可得 500 元的纯收益。试问：应该如何在这 100 亩土地上配置两种作物才能使得纯收益达到最大？

某农场的生产情况　　　　　　　　　表 7-12

产品种类	土地（亩）	劳动力 （个/亩，按工作日计算）	资金（元/亩）	纯收益（元/亩）
甲	x_1	1	100	450
乙	x_2	3	80	500
限量	100	200 个劳动日	9000 元	f

建模思路：设该农场生产种植甲作物 x_1 亩，种植乙作物 x_2 亩。根据表 7-12 中提供的数据信息可以建立如下模型：

目标函数　　max　$f = 450x_1 + 500x_2$

约束条件

$$\text{s. t.} \begin{cases} x_1 + x_2 \leq 100 \\ x_1 + 3x_2 \leq 200 \\ 100x_1 + 80x_2 \leq 9000 \\ x_1, \ x_2 \geq 0 \end{cases}$$

容易算出，最佳配置和最大收益如下

$$x_1 = x_2 = 50, \quad f = 47500$$

这就是说，平分土地，甲、乙两种作物各种 50 亩，最大收益为 4.75 万元。

上面的两个问题很容易推广到多个变量的情形，建模思路与原理完全一样。

7.2.3 示例 3——建筑业问题

假定一个城市的某区要建设一批家庭住宅楼，楼层设想为 6 层和 9 层两类。现有可用土地 6hm²，建设资金至多能够投入 3.6 亿元，容积率限定为1.15。经过估算，土地购置费、管理销售等的费用大约需要 2.35 亿元，即至多有 1.25 亿元的资金用于楼房建设。并且设想，9 层楼房的房间更为宽绰。预算表明，6 层楼房的平均单方造价是 1650 元/m²，9 层楼房的平均单方造价是 1950 元/m²；6 层楼房的平均单方售价是 7000 元/m²，9 层楼房的平均单方售价是 7500 元/m²。以上全部按照建筑面积计算，各种数据及其关系列表如表 7-13 所示。在这种情况下，请问开发商应该分别拿出多少土地用于建筑 6 层和 9 层楼房，才能获得最高收益？最终毛收益和利润各是多少？

某小区住宅楼房建设情况预算简表　　　　表 7-13

楼房类型	地面建筑面积	总面积限制	单方造价与投入	单方售价与收益
6 层	x_1(m²)	$6x_1/60000$	1650 元/m²	7000 元/m²
9 层	x_2(m²)	$9x_2/60000$	1950 元/m²	7500 元/m²
总量约束	x_1+x_2	1.15	125000000 元	f

这是一个非常简单的线性规划问题。首先，假设拿出 x_1m² 的土地建设 6 层住宅，拿出 x_2m² 的土地建设 9 层住宅，则可以根据单方售价预算确定如下收益函数

$$f = 7000 \times 6x_1 + 7500 \times 9x_2$$

经营的目标是收益最大化。实现这个目标的约束条件有两个：一是资金，二是容积率。总的资金投入预算是 1.25 亿元，这是最高限额，不论楼房怎么建设，所用资金不能超过这个数目。因此，根据单方造价，应有如下不等式

$$1650 \times 6x_1 + 1950 \times 9x_2 \leqslant 125000000$$

另外，总的土地投入是 6hm²，即 60000m²。根据容积率的限定，应该有如下不等式

$$\frac{6x_1 + 9x_2}{60000} \leqslant 1.15$$

最后，土地的投入量不得为负数，即有

$$x_j \geqslant 0$$

整理上面的四个式子，得到如下线性规划模型

$$\max \quad f = 42000x_1 + 67500x_2$$

$$\text{s. t.} \begin{cases} 9900x_1 + 17550x_2 \leqslant 125000000 \\ 6x_1 + 9x_2 \leqslant 69000 \\ x_1, \ x_2 \geqslant 0 \end{cases}$$

借助单纯形表，或者 Excel，或者 Mathcad，容易解得如下分配方案

$$x_1 = 5305.556, \ x_2 = 4129.630$$

总收益为

$$f = 501583333.333$$

也就是说，开发商应该拿出 5305.556m² 建筑 6 层住宅，4129.630m² 建筑 9 层住宅，才会使得最后的总收益最高。在不考虑购买土地等相关投入的情况下，最后的毛收益大约为 5.016 亿元，纯收入约为 5.016-3.6＝1.416 亿元。

7.2.4 示例4——运输业问题

已知某个企业在一个城市中有两个发货地点，它们之间有一定的距离。这两个发货地点分别给三个客户定期、定量送货。发货地点(简称发点)之一(用 O_1 表示)的每周供货能力是 70 单位，发货地点之二(用 O_2 表示)的每周供货能力是 50 单位。三个客户所在地即收货地点(简称收点)单位时间内对货物的需求状况是：客户之一(用 D_1 表示)对货物的每周需求为 40 单位，客户之二(用 D_2 表示)对货物的每周需求为 30 单位，客户之三(用 D_3 表示)对货物的每周需求为 50 单位。由于两个货源地(发货地点)和三个目的地(客户所在地)的空间距离以及它们之间的交通状况不同，单位货物的运价如表 7-14 所示。现在我们关心的是，如何在这两个发货地与三个目的地之间调配运送，方才使得总的运费最少？

不同货源地与到达地之间的单位货物运价(元)　　　　表 7-14

一	收点 D_1	收点 D_2	收点 D_3
发点 O_1	60	75	80
发点 O_2	70	120	150

这个问题属于供需平衡那种类型的交通运输线性规划问题。首先假定从第 i 个发货地到第 j 个需求地的送货量为 $x_{ij}(i=1, 2; j=1, 2, 3)$，于是根据前面的情况介绍，供需平衡可以表示为表 7-15 所示。

不同货源地与到达地之间的货物配送假设　　　　表 7-15

一	收点 D_1	收点 D_2	收点 D_3	总供应量
发点 O_1	x_{11}	x_{12}	x_{13}	70
发点 O_2	x_{21}	x_{22}	x_{23}	50
总需求量	40	30	50	120

根据表 7-14 和表 7-15，可以建立货物调运问题的线性规划模型。这模型与前面的一系列模型有所不同：其一，我们的目标不再是求最大，而是求最小

——使得总运费达到最低。其二，约束条件不再完全是不等式，而是包括等式，这样才能满足供需平衡条件。

目标函数

$$\min \quad S = 60x_{11} + 75x_{12} + 80x_{13} + 70x_{21} + 120x_{22} + 150x_{23}$$

约束条件

$$\text{s. t.} \begin{cases} x_{11} + x_{12} + x_{13} = 70 \\ x_{21} + x_{22} + x_{23} = 50 \\ x_{11} + x_{21} = 40 \\ x_{12} + x_{22} = 30 \\ x_{31} + x_{32} = 50 \\ x_{ij} \geqslant 0 \end{cases}$$

实际上，对于有 m 个发货点、n 个收货点的运输或者货物配送问题，假定点点之间的单位货物运输费用为 c_{ij}，则一般线性规划模型可以表作

$$\min \quad S = \sum_{i=1}^{m} \sum_{j=1}^{n} c_{ij} x_{ij}$$

$$\text{s. t.} \begin{cases} \sum_{j=1}^{n} x_{ij} = O_i \\ \sum_{i=1}^{m} x_{ij} = D_j \\ x_{ij} \geqslant 0 \quad (i = 1, \ 2, \ \cdots, \ m; \ j = 1, \ 2, \ \cdots, \ n) \end{cases}$$

上述线性规划数学模型也可以表示为表 7-16 所示形式。从表 7-16 中可以清楚地看到从两个发点(O_i)到三个收点(D_j)的货物配送关系，只要求出表中的未知数，我们的问题就得到解决。

不同货源地与到达地之间的货物配送规划平衡表　　　　　表 7-16

收发关系	运输流量	单位货物运价	O_1	O_2	D_1	D_2	D_3
O_1D_1	x_{11}	60	x_{11}		x_{11}		
O_1D_2	x_{12}	75	x_{12}			x_{12}	
O_1D_3	x_{13}	80	x_{13}				x_{13}
O_2D_1	x_{21}	70		x_{21}	x_{21}		
O_2D_2	x_{22}	120		x_{22}		x_{22}	
O_2D_3	x_{23}	150		x_{23}			x_{23}
限量	120	S	70	50	40	30	50
实际收发量	120	9500	70	50	40	30	50

这是一个比较简单的运输配送规划，容易求得如下结果：由 O_1 给 D_2 和 D_3 供货，送货量分别是 20 和 50，总量是 70；由 O_2 给 D_1 和 D_2 供货，送货量分别是 40 和 10，总量为 50。收点 D_1 仅由发点 O_2 供货，收点 D_3 仅由发点 O_1 供货，

收点 D_2 同时由发点 O_1 和 O_2 供货(表 7-17、表 7-18)。这样供需刚好平衡,并且总体运费最小,为 9500 元。

不同货源地与到达地之间的货物配送规划运算结果 　　表 7-17

收发关系	运输流量	单位货物运价	O_1	O_2	D_1	D_2	D_3
O_1D_1	0	60			0		
O_1D_2	20	75	20			20	
O_1D_3	50	80	50				50
O_2D_1	40	70		40	40		
O_2D_2	10	120		10		10	
O_2D_3	0	150		0			0
限量	120	S	70	50	40	30	50
实际收发量	120	9500	70	50	40	30	50

不同货源地与到达地之间的货物配送规划结果的简明表示 　　表 7-18

一	收点 D_1	收点 D_2	收点 D_3	总供应量
发点 O_1	0	20	50	70
发点 O_2	40	10	0	50
总需求量	40	30	50	120

7.2.5　示例5——劳动地域分工与国际贸易问题

已知甲、乙两个区域,它们都能生产 A、B 两种产品。对于甲区域,1 单位的劳动力在单位时间内可以生成 7 单位的 A 产品和 6 单位的 B 产品;对于乙区域,1 单位的劳动力在单位时间内可以生成 5 单位的 A 产品和 5.5 单位的 B 产品(产品量均以产值计算)。已知甲区域有劳动力 35 单位,乙区域有劳动力 40 单位;两个区域单位时间内对 A 产品的总需求量为 240 单位,对 B 产品的总需求量为 200 单位。全部资料列表如表 7-19 所示。假定两个区域可以建立固定的互利合作关系。试问:两个区域如何分配各自的劳动力,才能使得总的产出量最大?

两个区域的生产情况列表 　　表 7-19

国家	产品	劳动力	劳动效率	区域劳动力		两类产品需求	
				甲区域	乙区域	A 需求	B 需求
甲	$A(x_1)$	17.5	7.0	17.5	—	122.5	—
	$B(x_2)$	17.5	6.0	17.5	—	—	105.0
乙	$A(y_1)$	20.0	5.0	—	20.0	100.0	—
	$B(y_2)$	20.0	5.5	—	20.0	—	110.0

续表

国家	产品	劳动力	劳动效率	区域劳动力		两类产品需求	
				甲区域	乙区域	A 需求	B 需求
限量	—	0	f	35.0	40.0	240.0	200.0
总量	—	—	437.5	35.0	40.0	222.5	215.0

这是一个目标为最大的劳动地域分工问题,该问题与比较优势学说有关。这类问题探讨可以从一个角度解释国际贸易的动力根源。首先假定:甲区域拿出 x_1 单位的劳动力生成 A 产品,x_2 单位的劳动力生成 B 产品;乙区域拿出 y_1 单位的劳动力生成 A 产品,y_2 单位的劳动力生成 B 产品。于是可以构建如下线性规划模型。

目标函数

$$\max \quad f = 7x_1 + 6x_2 + 5y_1 + 5.5y_2$$

约束条件

$$\text{s. t.} \begin{cases} x_1 + x_2 \leqslant 35 \\ y_1 + y_2 \leqslant 40 \\ 7x_1 + 5y_1 \geqslant 240 \\ 6x_2 + 5.5y_2 \geqslant 200 \\ x_j, \ y_j \geqslant 0 \end{cases}$$

作为初始值,不妨假设甲、乙两区域都分别拿出各自一半的劳动力生成 A、B 两种产品,也就是说假定

$$x_1 = x_2 = 17.5, \quad y_1 = y_2 = 20$$

这样,两个区域的总收益为 437.5 单位,其中甲区域的总收入为 227.5 单位,乙区域的总收入为 210 单位,两个区域的劳动力刚好用完,B 产品供应两区有余,但 A 产品供应两区不足(表 7-19)。显然,两区域平均分配劳动力不是可行解。

借助线性规划的单纯形法求解上述模型,结果如表 7-20 所示。规划结果表明:甲区域专门生产 A 产品,乙区域专门生产 B 产品,可以使得总收入达到 465 单位,其中甲区域的总收入为 245 单位,乙区域的总收入为 220 单位。劳动力得到充分的利用——全部就业,A、B 两种产品都供应两区域还有富余。可见,通过劳动地域分工和区际贸易,劳动效率提高,两个区域都能从中获益。

两个区域劳动地域分工的线性规划结果　　　　　　　表 7-20

区域	产品	劳动力	劳动效率	区域劳动力		两类产品需求	
			—	甲区域	乙区域	A 需求	B 需求
甲	A(x_1)	35.0	7.0	35.0	—	245.0	—
	B(x_2)	0.0	6.0	0.0	—	—	0.0

区域	产品	劳动力	劳动效率		区域劳动力		两类产品需求	
			一	甲区域	乙区域	A 需求	B 需求
乙	A(y_1)	0.0	5.0	—	0.0	0.0	
	B(y_2)	40.0	5.5	—	40.0	—	220.0
限量	—	0	f	35.0	40.0	240.0	200.0
总量	—	—	465.0	35.0	40.0	245.0	220.0

有人可能会提出疑问：像这样的问题，借助比较优势原理，可以直接得出结论而无须开展线性规划分析。诚然，根据比较成本分析可知，甲区域应该专门生产 A 产品，乙区域应该专门生产 B 产品。问题在于，比较优势原理的依据又是什么？这需要一些数学分析和理论解释给予支持。线性规划可以提供一个新的认识视角，帮助我们了解比较优势理论背后的数学原理。借助线性规划分析，我们不仅知其然，而且知其所以然。不仅如此，我们还可以运用线性规划模型进一步开展机会成本分析、影子价格分析以及边际效益分析。

7.2.6　示例6——工程投资方案选择问题

某地区为了发展区域经济，决定在当地的一条河流及其四条支流上投资筑坝、建立水电站发电，同时考虑综合利用水资源，包括养殖、灌溉等。一共有 5 个区位可以选择，或者说有 5 个候选工程可以上马。从长远看来，筑坝虽然具有可观的经济效益，但同时隐藏着环境代价和生态成本。经过多方面的努力，国家和地方可望投入 12 个单位的资金，这些资金将会分为三期到位：第一期 6 个单位，第二期和第三期各 3 个单位。如果上一期的资金没有用完，下一期可以继续利用，并且不同工程之间统一调配资金。但是，如果当期资金缺口，则有些工程必须下马。如果一些工程半途而废，前期投入就会变成沉没成本（sunk cost），从而诱发国家和地方政府追加投资，打乱其他领域的建设规划。因此之故，这种工程"钓鱼现象"不能允许。为了保证工程项目顺利进行，专家组对社会、经济、生态、环境以及建设费用进行了周密的预算。由于地质、地貌等自然条件不同，不同场所单位建设费用不一样。将资金和收益以某种单位表示，全部结果可以列表如表 7-21 所示。

大坝工程的收支预算数据列表　　　　　　　　　　表 7-21

地理位置 （河流）	项目区位 （建造与否）	目标函数		约束条件（近期投入）		
		预期收入	环境、 生态成本	一期投资	二期投资	三期投资
主河道	x_1	20.0	17.5	4.0	3.0	2.5
支流1	x_2	5.5	4.5	1.2	0.8	0.7

续表

地理位置 （河流）	项目区位 （建造与否）	目标函数		约束条件（近期投入）		
		预期收入	环境、 生态成本	一期投资	二期投资	三期投资
支流2	x_3	7.5	6.0	1.5	1.1	0.8
支流3	x_4	4.5	5.0	1.0	0.7	0.6
支流4	x_5	12.0	10.0	2.5	1.8	1.5
限量	—	—	—	6.0	3.0+ 上期余额	3.0+ 上期余额

说明：为了简便起见，各项投入和产出的资金采用某种特定的单位表示，如亿元、十亿元等。目标
函数的资金单位和约束条件的资金单位不一样，这对整个建模和求解结果没有影响。

比较来说，这个问题的模型建设过程相对而言要复杂一点。根据题意，目标函数应为

$$f = 20x_1 + 5.5x_2 + 7.5x_3 + 4.5x_4 + 12x_5 - 17.5x_1 - 4.5x_2 - 6x_3 - 5x_4 - 10x_5$$
$$= 2.5x_1 + x_2 + 1.5x_3 - 0.5x_4 + 2x_5$$

由于上一期的工程余额下一期可以调剂和利用，故三期投资构成的约束条件为

$$4x_1 + 1.2x_2 + 1.5x_3 + x_4 + 2.5x_5 \leqslant 6$$
$$3x_1 + 0.8x_2 + 1.1x_3 + 0.7x_4 + 1.8x_5 \leqslant 3 + [6 - (4x_1 + 1.2x_2 + 1.5x_3 + x_4 + 2.5x_5)]$$
$$2.5x_1 + 0.7x_2 + 0.8x_3 + 0.6x_4 + 1.5x_5 \leqslant 3$$
$$+ \{3 + [6 - (4x_1 + 1.2x_2 + 1.5x_3 + x_4 + 2.5x_5)]$$
$$- (3x_1 + 0.8x_2 + 1.1x_3 + 0.7x_4 + 1.8x_5)\}$$

还有一个特殊的约束，那就是变量 x_j 的取值问题。工程项目只有建造与否两种选择：如果上马，应取 $x_j = 1$，否则取 $x_j = 0$。于是，约束条件中必须加上特殊的整数限制——0-1限制，或者叫做二进制限制。

经移项并整理，上述问题的线性规划模型可以表达如下

$$\max \quad f = 2.5x_1 + x_2 + 1.5x_3 - 0.5x_4 + 2x_5$$
$$\text{s.t.} \begin{cases} 4x_1 + 1.2x_2 + 1.5x_3 + x_4 + 2.5x_5 \leqslant 6 \\ 7x_1 + 2x_2 + 2.6x_3 + 1.7x_4 + 4.3x_5 \leqslant 9 \\ 9.5x_1 + 2.7x_2 + 3.4x_3 + 2.3x_4 + 5.8x_5 \leqslant 12 \\ x_j = 0 \text{ 或 } 1 (j = 1, 2, 3, 4, 5) \end{cases}$$

可以看出，对于三期投资构成的约束条件，第二个约束条件可以表达为两期累加形式，第三个约束条件可以表述为三期累加形式（表7-22）。

大坝工程的收支预算数据列表的整理和简化结果　　　　　表7-22

地理位置 （河流）	项目区位 （建造与否）	目标函数 （收支相抵）	约束条件（近期投入）		
			一期投资	二期投资	三期投资
主河道	x_1	2.5	4.0	7.0	9.5

续表

地理位置 （河流）	项目区位 （建造与否）	目标函数 （收支相抵）	约束条件（近期投入）		
			一期投资	二期投资	三期投资
支流 1	x_2	1.0	1.2	2.0	2.7
支流 2	x_3	1.5	1.5	2.6	3.4
支流 3	x_4	-0.5	1.0	1.7	2.3
支流 4	x_5	2.0	2.5	4.3	5.8
限 量	—	—	6.0	9.0	12.0

对于此问题，既可以根据表 7-21 求解，也可以按照表 7-22 计算。基于表 7-21 的计算，模型意义更为明确；基于表 7-22 的求解，解决过程更简捷。两种处理方法各有利弊。熟练之后可以任意采用其中一种方法。计算结果表明，最优解为

$$x_1 = x_4 = 0, \quad x_2 = x_3 = x_5 = 1, \quad f_{\max} = 4.5$$

规划分析结论是，在前述限制条件下，为求总收益最大，主河道和第三条支流的工程不宜上马，第一、第二和第四条支流可以筑坝发电。

顺便说明，这个问题属于线性规划中的整数规划问题，在整数规划中又属于 0-1 规划问题。简而言之，本例给出的是特殊的一类整数规划——0-1 规划模型案例。

7.3 整数规划与对偶规划

7.3.1 整数规划问题

线性规划问题本质上是一种择优分配问题，使得整个分配在满足一定约束条件的前提下导致收益最高，或者成本最低。问题是，现实中有很多事物在分配过程中是不可以支离的，必须取整数（Beasley，1996；Schrijver，1998）。例如人的分配，房屋的分配，运输过程中集装箱的安排，如此等等。这就涉及整数线性规划（Integer Linear Programming）问题。自从 1958 年 R. E. Gomory 提出割平面算法（Cutting Plane Algorithm）之后，整数规划逐渐发展为一个相对独立的线性规划分支领域。整数规划的分类体系如图 7-2 所示。

$$\text{整数规划(IP)} \begin{cases} \text{整数线性规划(ILP)} \\ \text{整数非线性规划(INLP)} \end{cases} \rightarrow \begin{cases} \text{纯整数规划（pure IP/All IP）——全部变量为整数} \\ \text{混合整数规划（mixed IP）——部分变量为整数} \\ \text{0—1 规划——变量只取 0 或 1} \end{cases}$$

图 7-2　整数规划的简单分类

下面以一个实例说明整数规划的基本思想及其求解方法。

某房地产承包商拟建 A、B、C 三种类型的楼房。建造楼房所需要的水泥、砖石、木料、玻璃、钢筋以及房屋的售价如表 7-23 所示，原材料的数量以一

定的单位计算。请问三种类型的楼房各建多少栋，才能使得总的收益达到最高？

某房地产承包商投产情况　　　　表 7-23

房屋品种	水泥	砖石	木料	玻璃	钢筋	售价（万元）
A(x_1)	1.5	3	1.5	2.5	3	60
B(x_2)	2.5	2.5	3.5	4	2.5	75
C(x_3)	2	4	5	6	4	100
限量	100	200	150	210	200	f

对于上述问题，毛收益达到最高，纯收益也就最高。因此，姑且不论土地购置、原材料消耗和各项管理费用，只看如何达到最大毛收益。

用线性规划方法求解。建模思路如下：设该房地产承包商建造 A 型房屋 x_1 套，建造 B 型房屋 x_2 套，建造 C 型房屋 x_3 套。根据表 7-23 中提供的数据信息可以建立如下模型

目标函数　　$\max \quad f = 60x_1 + 75x_2 + 100x_3$

约束条件

$$s.t. \begin{cases} 1.5x_1 + 2.5x_2 + 2x_3 \leqslant 100 \\ 3x_1 + 2.5x_2 + 4x_3 \leqslant 200 \\ 1.5x_1 + 3.5x_2 + 5x_3 \leqslant 150 \\ 2.5x_1 + 4x_2 + 6x_3 \leqslant 210 \\ 3x_1 + 2.5x_2 + 4x_3 \leqslant 200 \\ x_1, x_2, x_3 \geqslant 0 \end{cases}$$

本题的求解可以借助 Excel 和 Mathcad 等软件的规划求解功能完成。计算结果如下：建设 A 型楼房 45 栋，B 型楼房 0 栋，C 型楼房 16.25 栋，最大毛收益为 4325 万元（表 7-24）。

第一次运算结果　　　　表 7-24

房屋品种	房屋类型	水泥	砖石	木料	玻璃	钢筋	单位售价（万元）
A(x_1)	45	1.5	3	1.5	2.5	3	60
B(x_2)	0.00	2.5	2.5	3.5	4	2.5	75
C(x_3)	16.25	2	4	5	6	4	100
限量	—	100	200	150	210	200	f
实际量	—	100	200	148.75	210	200	4325

一个问题是：楼房数目必须是整数，16.25 栋不是整数，无法操作。能否四舍五入，建造 A 型楼房 45 栋，B 型楼房 0 栋，C 型楼房 16 栋呢？也许可以，但是不能这么肯定——在很多情况下，通过四舍五入得到的结果不是最优解，甚

至不是可行解。

不妨考虑作如下调整：减少1栋A型楼房，变为44栋；将C型楼房改为17栋，总收益达到4340万元。可是，这样调整的结果是木料和玻璃的实际用量突破约束条件，此方案不可接受（表7-25）。

第一次调整结果 表7-25

房屋品种	房屋类型	水泥	砖石	木料	玻璃	钢筋	单位售价（万元）
A(x_1)	44	1.5	3	1.5	2.5	3	60
B(x_2)	0.00	2.5	2.5	3.5	4	2.5	75
C(x_3)	17	2	4	5	6	4	100
限量	—	100	200	150	210	200	f
实际量	—	100	200	151	212	200	4340

如果考虑建设A型楼房46栋，C型房屋16栋，则总收益为4360万元。但是，除了木料尚未达到限量以外，其余材料均超过限量的上限。因此，仍然不可行（表7-26）。

第二次调整结果 表7-26

房屋品种	房屋类型	水泥	砖石	木料	玻璃	钢筋	单位售价（万元）
A(x_1)	46	1.5	3	1.5	2.5	3	60
B(x_2)	0.00	2.5	2.5	3.5	4	2.5	75
C(x_3)	16	2	4	5	6	4	100
限量	—	100	200	150	210	200	f
实际量	—	101	202	149	211	202	4360

看来，似乎只能考虑建设A型楼房45栋，B型楼房0栋，C型房屋16栋了。这样，各个约束条件均不突破，总收益为4300万元（表7-27）。

第三次调整结果 表7-27

房屋品种	房屋类型	水泥	砖石	木料	玻璃	钢筋	单位售价（万元）
A(x_1)	45	1.5	3	1.5	2.5	3	60
B(x_2)	0.00	2.5	2.5	3.5	4	2.5	75
C(x_3)	16	2	4	5	6	4	100
限量	—	100	200	150	210	200	f
实际量	—	99.5	199	147.5	208.5	199	4300

然而，我们知道，线性规划的最优解在一个凸多面体的各个顶点上，这些顶点之间有时距离较远。上述的就近调整不符合线性规划最优解的分布规律，

很可能导致最优解的遗漏。因此，我们需要采用整数规划的原则解决这个问题。

　　整数规划的求解过程要比普通线性规划（LP）的求解困难多了，常用的方法有分解算法、分支定界法、割平面法、群论方法和松弛方法等。下面介绍如何采用分支定界法解决上述问题。

　　有人认为分支定界法实际上是一种穷举算法（enumerative algorithm），这种看法不太准确。分支定界法并不开展全面搜索，其基本特征是围绕分数的边界上下求索，追踪最大值。在不断试探过程中逐步缩小包围圈，锁定最优答案。不妨借助上面的例子具体说明。首先建立整数线性规划模型

$$\max\quad f = 60x_1 + 75x_2 + 100x_3$$
$$\text{s. t.}\quad 1.5x_1 + 2.5x_2 + 2x_3 \leqslant 100$$
$$3x_1 + 2.5x_2 + 4x_3 \leqslant 200$$
$$1.5x_1 + 3.5x_2 + 5x_3 \leqslant 150$$
$$2.5x_1 + 4x_2 + 6x_3 \leqslant 210$$
$$3x_1 + 2.5x_2 + 4x_3 \leqslant 200$$
$$x_1,\ x_2,\ x_3 \geqslant 0\ 且为整数$$

　　但是，求解的第一步，是放弃约束条件的取整数限制，将整数线性规划问题转换为普通线性规划问题，这就是整数线性规划的松弛问题。因此，第一步求解的结果与普通线性规划没有区别。由于松弛问题的涵盖面更广，利用普通线性规划方法得到的可行解域一定包括整数线性规划问题的可行解域。我们将松弛问题设为 L_0，下面的过程就是在普通线性规划的可行解域里面搜索整数线性规划的最优解。

　　根据上面的求解结果，$x_1 = 45$，$x_2 = 0$，$x_3 = 16.25$，$f = 4325$。存在分数解，不满足要求，原问题的最大收益应该不大于 4325 万元。不过，这里只有 x_3 为分数，并且 $16 < x_3 < 17$。可以考虑用 16 和 17 决定 x_3 的上下两界，分别在模型中加入 $x_3 \leqslant 16$ 和 $x_3 \geqslant 17$，继续求解。这样，L_0 问题就被分解为 L_1 和 L_1' 问题。L_1 问题的模型为

$$\max\quad f = 60x_1 + 75x_2 + 100x_3$$
$$\text{s. t.}\quad 1.5x_1 + 2.5x_2 + 2x_3 \leqslant 100$$
$$3x_1 + 2.5x_2 + 4x_3 \leqslant 200$$
$$1.5x_1 + 3.5x_2 + 5x_3 \leqslant 150$$
$$2.5x_1 + 4x_2 + 6x_3 \leqslant 210$$
$$3x_1 + 2.5x_2 + 4x_3 \leqslant 200$$
$$x_3 \leqslant 16$$
$$x_1,\ x_2,\ x_3 \geqslant 0$$

求解结果是：$x_1 = 45.333$，$x_2 = 0$，$x_3 = 16$，$f = 4320$。L_1' 问题的模型为

$$\max\quad f = 60x_1 + 75x_2 + 100x_3$$

$$\text{s. t.} \quad 1.5x_1+2.5x_2+2x_3 \leq 100$$
$$3x_1+2.5x_2+4x_3 \leq 200$$
$$1.5x_1+3.5x_2+5x_3 \leq 150$$
$$2.5x_1+4x_2+6x_3 \leq 210$$
$$3x_1+2.5x_2+4x_3 \leq 200$$
$$x_3 \geq 17$$
$$x_1, \ x_2, \ x_3 \geq 0$$

求解结果是：$x_1=43.2$，$x_2=0$，$x_3=17$，$f=4292$。显然，两个分支都存在分数解，我们的答案没有找到。比较两个分支的收益可知，第一个分支即 L_1 的收益更高，因此，放弃第二分支（$x_3 \geq 17$），沿着第一个分支（$x_3 \leq 16$）的方向继续搜索。

对于 L_1 我们有 $45<x_1<46$，因此可以考虑用 45 和 46 决定 x_1 的上下两界，分别在 L_1 的模型中加入 $x_1 \leq 45$ 和 $x_1 \geq 46$，继续求解。这样，L_1 问题就被分解为两个亚分支问题：L_2 和 L_2'。L_2 问题的模型为

$$\max \quad f=60x_1+75x_2+100x_3$$
$$\text{s. t.} \quad 1.5x_1+2.5x_2+2x_3 \leq 100$$
$$3x_1+2.5x_2+4x_3 \leq 200$$
$$1.5x_1+3.5x_2+5x_3 \leq 150$$
$$2.5x_1+4x_2+6x_3 \leq 210$$
$$3x_1+2.5x_2+4x_3 \leq 200$$
$$x_1 \leq 45$$
$$x_3 \leq 16$$
$$x_1, \ x_2, \ x_3 \geq 0$$

求解结果是：$x_1=45$，$x_2=0.2$，$x_3=16$，$f=4315$。L_2' 问题的模型为

$$\max \quad f=60x_1+75x_2+100x_3$$
$$\text{s. t.} \quad 1.5x_1+2.5x_2+2x_3 \leq 100$$
$$3x_1+2.5x_2+4x_3 \leq 200$$
$$1.5x_1+3.5x_2+5x_3 \leq 150$$
$$2.5x_1+4x_2+6x_3 \leq 210$$
$$3x_1+2.5x_2+4x_3 \leq 200$$
$$x_1 \geq 46$$
$$x_3 \leq 16$$
$$x_1, \ x_2, \ x_3 \geq 0$$

求解结果是：$x_1=46$，$x_2=0$，$x_3=15.5$，$f=4310$。结果中仍然存在分数解。比较两个亚分支的收益可知，第一个亚分支 L_2 的收益更高，因此放弃第二个亚分支（$x_1 \geq 46$），沿着第一个亚分支（$x_1 \leq 45$）继续搜索。

对于 L_2 我们有 $0<x_2<1$，因此可以考虑用 0 和 1 决定 x_2 的上下两界，分别在 L_2 的模型中加入 $x_2 \leqslant 0$ 和 $x_2 \geqslant 1$，继续求解。这样，L_2 问题就被分解为两个三级分支问题：L_3 和 L_3'。L_3 问题的模型为

$$\max \quad f=60x_1+75x_2+100x_3$$

$$\text{s. t.} \quad 1.5x_1+2.5x_2+2x_3 \leqslant 100$$

$$3x_1+2.5x_2+4x_3 \leqslant 200$$

$$1.5x_1+3.5x_2+5x_3 \leqslant 150$$

$$2.5x_1+4x_2+6x_3 \leqslant 210$$

$$3x_1+2.5x_2+4x_3 \leqslant 200$$

$$x_1 \leqslant 45$$

$$x_2 \leqslant 0$$

$$x_3 \leqslant 16$$

$$x_1, \ x_2, \ x_3 \geqslant 0$$

求解结果是：$x_1=45$，$x_2=0$，$x_3=16$，$f=4300$。L_3' 问题的模型为

$$\max \quad f=60x_1+75x_2+100x_3$$

$$\text{s. t.} \quad 1.5x_1+2.5x_2+2x_3 \leqslant 100$$

$$3x_1+2.5x_2+4x_3 \leqslant 200$$

$$1.5x_1+3.5x_2+5x_3 \leqslant 150$$

$$2.5x_1+4x_2+6x_3 \leqslant 210$$

$$3x_1+2.5x_2+4x_3 \leqslant 200$$

$$x_1 \leqslant 45$$

$$x_2 \geqslant 0$$

$$x_3 \leqslant 16$$

$$x_1, \ x_2, \ x_3 \geqslant 0$$

求解结果是：$x_1=43.667$，$x_2=1$，$x_3=16$，$f=4295$。

比较收益可知，第二个三级分支 L_3' 的收益小于第一个三级分支 L_3 的收益，因此我们应该沿着 L_3 的方向往前搜索。但是，L_3 的解已经满足我们的要求，不存在分数。可见，问题的最终答案就是：$x_1=45$，$x_2=0$，$x_3=16$，$f=4300$。这就返回到表 7-27 了。也就是说：建造 45 栋 A 型楼房，0 栋 B 型楼房，16 栋 C 型楼房，最大收益为 4300 万元。全部求解过程列表如表 7-28 所示，表示为流程图的形式更为清晰(图 7-3)。

建筑问题的分支定界求解过程   表 7-28

求解步骤	分支类型	整数约束			求解结果			
		x_1	x_2	x_3	x_1	x_2	x_3	f
第一步	L_0	—	—	—	45	0	16.25	4325

续表

求解步骤	分支类型	整数约束			求解结果			
		x_1	x_2	x_3	x_1	x_2	x_3	f
第二步	L_1	—	—	≤16	45.333	0	16	4320
	L_1'	—	—	≥17	43.2	0	17	4292
第三步	L_2	≤45	—	≤16	45	0.2	16	4315
	L_2'	≥46	—	≤16	46	0	15.50	4310
第四步	L_3	≤45	≤0	≤16	45	0	16	4300
	L_3'	≤45	≥1	≤16	43.667	1	16	4295

　　有人可能会表示疑问，既然采用四舍五入的简便方法就可以得到结论，何必绕一个大圈子辛苦地计算呢？这个问题只是一个比较特殊的例子。在现实中，有相当一类整数线性规划问题，采用四舍五入不可能得到最优答案。

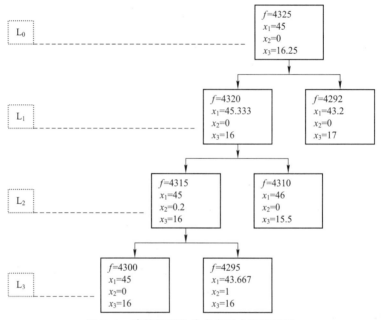

图 7-3　建筑问题的分支定界求解流程图

7.3.2　0-1规划问题

　　整数规划体系中的一种特别类型是0-1规划。前面在 Logistic 回归分析一章讲到过分类变量，即0-1变量。人们将这类变量引入线性规划，发展了0-1线性规划方法。现实中我们遇到相当多的一类问题，可以借助取舍、是非等分类方式表示出来。凡是线性规划的变量采用0-1表示的，都属于0-1规划问题。从形式上看来，0-1规划模型与普通线性规划模型的区别在于，约束条件中限定变量取0或者取 1，此外别无选择。0-1 规划在区位选择、网络分析等方面用途广泛。下面以一个投资区位选择问题为例，说明 0-1 规划的建模和求解方法。

　　某个公司决定在一个城市的东区、南区、西区和北区 4 个区投资建立产品销售站点。经考察，东区和南区各有 2 个合适的区位，西区和北区各有 1 个合适的区位。预算表明，这 6 个区位的投资成本和单位时间内的可预期总收入列表如表 7-29 所示。由于经费的局限，总投资额为 12 个单位。并且，从长远的观点考虑，每个区至少保证有一个销售站点。试根据这些条件优化投资区位的选择。

投资区位选择的 0-1 规划问题　　　　　　　　　　表 7-29

城区	区位	收入	费用	东	南	西	北
东区	x_1	6.0	4.0	x_1	—	—	—
	x_2	5.0	3.0	x_2	—	—	—
南区	x_3	5.0	2.5	—	x_3	—	—
	x_4	4.5	2.0	—	x_4	—	—
西区	x_5	4.0	2.0	—	—	x_5	—
北区	x_6	5.5	2.5	—	—	—	x_6
限量	0	f	12	1	1	1	1

　　根据题意，在投资费用允许的前提下，应该尽可能地选中上述 6 个区位，底线是保证东、南、西、北至少有一个区位选中。变量只需两种：选中（用 1 表示）或者不选（用 0 表示）。可见，这个问题可以用 0-1 规划方法解决。借助上述条件，建立 0-1 规划模型如下

目标函数

$$\max \quad f = 6x_1 + 5x_2 + 5x_3 + 4.5x_4 + 4x_5 + 5.5x_6$$

约束条件

$$\text{s. t.} \begin{cases} 4x_1 + 3x_2 + 2.5x_3 + 2x_4 + 2x_5 + 2.5x_6 \leqslant 12 \\ x_1 + x_2 \geqslant 1 \\ x_3 + x_4 \geqslant 1 \\ x_5 \geqslant 1 \\ x_6 \geqslant 1 \\ x_j = 0 \text{ 或 } 1 (j = 1, 2, 3, 4, 5, 6) \end{cases}$$

　　0-1 规划可以采用隐枚举法求解，一般根据最小成本思想判断一个变量的取舍。模型的求解过程如表 7-30 所示。

投资区位选择的 0-1 规划求解过程　　　　　　　　表 7-30

变量	第一步		第二步		第三步	
—	费用	引入变量	费用	引入变量	费用	引入变量
x_1	8.5	0	10.5	0	13.5	0

城市规划系统工程学

续表

变量	第一步		第二步		第三步	
x_2	7.5	0	9.5	1	—	—
x_3	7	0	9	0	12	1
x_4	6.5	1	—	—		
min	6.5	x_4	9	x_2	12	x_3

首先，全部变量取 0。这时一个变量都不引入。

然而根据约束条件，引入必须引进的、无可争议的变量。由于西区和北区只有一个候选区位，这两个区位必须引入，即 x_5 和 x_6 是必选变量。

接下来在 x_1、x_2、x_3、x_4 中决定变量的取舍。分为如下几个步骤进行。第一步，将 x_1、x_2、x_3、x_4 逐个取 1，观察费用的变化。结果表明，在 x_5 和 x_6 已经引入的前提下，引入 x_4 导致的费用增加量最小，这时总费用为 6.5。故优先引入 x_4。

第二步，将 x_1、x_2、x_3 逐个取 1，考察费用的变化。结果显示，在 x_4、x_5 和 x_6 已经引入的前提下，引入 x_3 导致的费用增加量最小，这时总成本为 9。但是，根据约束条件，每一个区至少要保证有一个区位入选，故这一步不引入 x_3，而是引入东区中的 x_1 或者 x_2。比较可知，引入 x_1 总成本为 10.5，引入 x_2 总成本为 9.5。成本较小的区位入选，故引入 x_2。

第三步，将 x_1、x_3 逐个取 1，考察费用的变化。结果显示，在 x_2、x_4、x_5 和 x_6 已经引入的前提下，引入 x_3 导致的费用增加量最小，这时总费用为 12。故可以引入 x_3。

到此为止，总费用已经到达极限，不宜继续引入变量。计算结束。可以看出，隐枚举法和分支定界法的思路比较近似。

求解结果表明：由于投资费用限制，东区的第一个区位落选，其余的 5 个区位选中，该公司将在南区建设两个销售站点，东区、西区和北区建设一个销售站点（表 7-31）。

投资区位选择的 0-1 规划求解结果　　　　　　　　表 7-31

城区	区位	收入	费用	东	南	西	北
东区	0	6.0	4.0	0	—	—	—
	1	5.0	3.0	1	—	—	—
南区	1	5.0	2.5	—	1	—	—
	1	4.5	2.0	—	1	—	—
西区	1	4.0	2.0	—	—	1	—
北区	1	5.5	2.5	—	—	—	1
限量	0	f	12	1	1	1	1
总量	—	24	12	1	2	1	1

7.3.3 对偶规划问题

在上面的 0-1 规划例题中，我们没有考虑目标最大原则，转而基于成本最小思想求解。这样找到的答案是否最优呢？答案是肯定的。在规划过程中，投入最小与产出最大是对偶问题。目标为产出最大的模型可以转换为目标为投入最小的模型，求解结果一样。这就涉及对偶规划理论和方法。对偶规划问题有多种形式，最常规的就是最大-最小问题的转换：将最大收益问题转化为最小成本问题，或者反过来，将最小成本问题转化为最大收益问题。以 0-1 规划的投资区位选择为例，给定产出下限，可以将该模型等价地表示如下

目标函数

$$\min \quad f = 4x_1 + 3x_2 + 2.5x_3 + 2x_4 + 2x_5 + 2.5x_6$$

约束条件

$$\text{s. t.} \begin{cases} 6x_1 + 5x_2 + 5x_3 + 4.5x_4 + 4x_5 + 5.5x_6 \geqslant 24 \\ x_1 + x_2 \geqslant 1 \\ x_3 + x_4 \geqslant 1 \\ x_5 \geqslant 1 \\ x_6 \geqslant 1 \\ x_j = 0 \ \text{或} \ 1 (j = 1, 2, 3, 4, 5, 6) \end{cases}$$

如果将前面的模型看做原模型，则这个模型为其对偶模型，反之亦然。可见，对于本例，对偶模型就是将约束条件中的成本约束转换为目标函数，目标函数转换为一个效益约束。并且原来求效益最大的目标转换为求成本最小的目标。反过来，如果将这个目标最小模型视为原模型，则上一小节的目标最大模型为其对偶模型。简而言之，对偶关系是一种相对关系。求解原模型和求解对偶模型，结果一样。

有时候，借助对偶关系可以解决原模型难以解决的问题。下面借助一个特殊的例子给予说明。

假定某乡村有 500 亩土地可以用来种植橘子与葡萄。已知每亩橘子的利润为 800 元，葡萄为 600 元。用于生产的劳动总时数为 900 个。如果每亩橘子需要 2h 的劳动量，每亩葡萄需要 1.5h 的劳动量。各种投入和产出的参量列表如表 7-32 所示。现在要求：在不考虑其他花费的情况下，橘子、葡萄各种植多少亩方才使得总收益最大？

某乡村的水果生产参量表　　　　　　　　　　表 7-32

水果种类	土地（亩）	劳动（h）	利润（元）
橘子	x_1	2h/亩	800
葡萄	x_2	1.5h/亩	600
总量约束	500	900	f

虽然这是一个简单的线性规划模型，但却需要两步求解：第一步，建立线

性规划原模型，利用原模型寻找最优解的范围；第二步，基于第一步求解的结果建立对偶模型，利用对偶模型确定真正的最优解。

设该村种植橘子 x_1 亩，葡萄 x_2 亩。根据表 7-32 中提供的基本参量可以建立如下模型

$$目标函数 \quad \max \quad f = 800x_1 + 600x_2$$

$$\text{s. t.}$$

$$约束条件 \quad \begin{cases} x_1 + x_2 \leqslant 500 \\ 2x_1 + 1.5x_2 \leqslant 900 \\ x_1, \ x_2 \geqslant 0 \end{cases}$$

然而，计算表明，这个模型的解不是唯一的。无论采用什么软件求解，给定不同的初始条件，结果可能收敛到不同的位置：有时是 $x_1 = 300$，$x_2 = 200$；有时是 $x_1 = 327.6$，$x_2 = 163.2$；有时是 $x_1 = 324$，$x_2 = 168$；有时是 $x_1 = 450$，$x_2 = 0$，如此等等。但是，不论怎样，总收益是一定的：$f = 360000$ 元。为了揭示问题的根源，不妨利用图解法(图 7-4)。根据约束条件，将下列直线添加到直角坐标系里：

$$x_1 = 0, \quad x_2 = 0, \quad x_1 + x_2 = 500, \quad 2x_1 + 1.5x_2 = 900$$

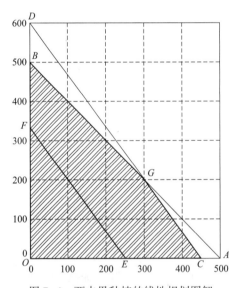

图 7-4　两水果种植的线性规划图解

这四条线围成一个不规则凸四边形：$OCGB$，这就是可行解构成的值域范围。其中 AB 线为土地约束线，CD 线为劳动力约束线。两条线的交点用 G 表示。然后假定 f 等于任意正数 k，在坐标图中添加目标函数线

$$800x_1 + 600x_2 = k$$

这条线用 EF 表示。向上平移 EF，结果 EF 线与 CD 线重合。原来目标函数线和劳动力约束线的斜率一样，都是 $-4/3$。这意味着，最优解不是一个凸出的点，而是一个线段 CG。在交点 G 的位置代表的解为 $x_1 = 300$，$x_2 = 200$；在端点 C 的位置代表的解为 $x_1 = 450$，$x_2 = 0$。在这个线段上的任何数值都是我们要求的最优解，答案有无穷个之多。

表面看来，最优解的选择余地很大，其实不然。显而易见，在其他各项条件不变的情况下，使用的土地越少，方案就越是优越。因为这样一来，我们可以节约土地派上其他用场，从而间接提高了总效益。问题在于，我们怎样才能找出最节省土地的最优解呢？如上所述，所有最优解都位于 GC 线段上。我们可以从 G 到 C 搜索一些特殊的点，比方说整数解。对于线性问题，整数解分布是有规律的，只要连续找到几个，其他的点都可以根据等差数列计算出来，搜索结果如表 7-33 所示。

某乡村的水果生产线性规划最优整数解序列 表 7-33

位序	1（G）	2	3	4	5	……	25	26（C）
x_1	300	306	312	318	324	……	444	450
x_2	200	192	184	176	168	……	8	0
总和 g	500	498	496	494	492	……	452	450

这些整数解对本题没有特殊意义，它的用处在于我们可以据此找到数值分布规律。显然整数解以等差序列的方式递增或者递减，两种土地之和从 G 点到 C 点递减，通过数据观察或者回归分析可知两种土地的关系为

$$x_2 = 600 - \frac{4}{3}x_1$$

我们的目的是要两种土地之和最小，即有如下目标

$$\min \quad g = x_1 + x_2$$

根据两种土地的关系，应有

$$g = 600 - \frac{1}{3}x_1, \quad g = 450 + \frac{1}{4}x_2$$

这意味着，x_1 越大，土地之和就越小；x_2 越小，土地之和也越小。从图 7-4 可以看出，只有 C 点满足我们的要求。可见，对于本题，$x_1 = 450$，$x_2 = 0$，$f = 360000$ 元。

但是，如果变量较多，问题复杂，通过这种图表分析就未必容易得出结论了。一种简便的方法是将原问题转换为对偶问题。根据第一步求解结果已经得知，最大收益为 36 万元。有很多解可以满足这种收益，下一步是要求出土地消耗最小的解。为此建立如下线性规划模型

目标函数　　$\min \quad g = x_1 + x_2$

约束条件　s.t. $\begin{cases} 800x_1 + 600x_2 \geqslant 360000 \\ 2x_1 + 1.5x_2 \leqslant 900 \\ x_1, \ x_2 \geqslant 0 \end{cases}$

式中，g 表示两种土地之和。这个模型的含义是，目标为两种土地之和最小；约束条件之一是：总收益不低于 36 万元，其他约束条件不变。求解的结果是唯一的：$x_1 = 450$，$x_2 = 0$，$g = 450$ 元。

我们在前面给出了一个关于建筑的线性规划模型

$$\max \quad f = 42000x_1 + 67500x_2$$

$$\text{s. t.} \quad \begin{cases} 9900x_1 + 17550x_2 \leqslant 125000000 \\ 6x_1 + 9x_2 \leqslant 69000 \end{cases}$$

求解的结果是

$$x_1 = 5305.556, \quad x_2 = 4129.630, \quad f = 501583333.333$$

我们知道，城市建设要消耗土地。现在，我们改变一下考虑问题的视角：如何在保证总收益一定的情况下，使得土地资源消耗最小？假定我们的收益低限就是 501583333.333 元，其他条件不变，要求投入使用的土地最少。根据对偶规划的原理，将产值目标函数作为一个约束条件添加到模型中去，将目标函数改为土地投入最小，于是上面的产值最大模型可以改为土地消耗最少模型

$$\min \quad g = x_1 + x_2$$

$$\text{s. t.} \quad \begin{cases} 9900x_1 + 17550x_2 \leqslant 125000000 \\ 6x_1 + 9x_2 \leqslant 69000 \\ 42000x_1 + 67500 \geqslant 501583333.333 \\ x_1, \ x_2 \geqslant 0 \end{cases}$$

求解的结果如下

$$x_1 = 5305.556, \quad x_2 = 4129.630, \quad g = 9435.185$$

可以看出，根据对偶模型求解的结果完全一样。如果我们提高产值极限，例如将收益的下限改为 5.1 亿元，则求解结果不变

$$x_1 = 5305.556, \quad x_2 = 4129.630, \quad g = 9435.185$$

原因是，约束条件均已达到极限，在没有改变相应约束条件的情况下单纯改变收益下限不能提高收益。如果将收益的下限降低到 5 亿元，则求解结果改变为

$$x_1 = 4901.961, \quad x_2 = 4357.298, \quad g = 9259.259$$

这时的容积率没有达到极限，约为 1.144 左右。

7.4 城郊土地利用规划实例分析

7.4.1 解决问题的基本思路

2005 年 8 月，作者与人合作为山东省青岛市城阳区夏庄街道的三个村开展一项综合发展与规划研究。这三个村分别是云头崮、太和（猪头石）、南屋石，位于青岛郊区。当地政府希望将这三个地缘关系密切的村庄合并，然后以云头崮为主导，建设一个所谓的云太南"小康示范村"。他们的初步设想是，利用旧村改造将土地置换出来，种植水果和茶叶，在此基础上建设旅游度假村，发展第三产业。项目组在出发之前将课题分解为三个子课题：产业发展、社会综合与空间协调。不同的专题各有自己的负责人员。8 月 27 日夜晚，课题组开会交流调研的结果，并就各自发现的问题提出讨论，在此过程中产生了意见分歧。产业发展专题的负责人认为，应该将满山遍野全部种植茶叶，不必种植果树。因为茶叶的经济收益更为明显。空间协调专题的负责人认为，应该同时种植茶

叶和果树。因为当地的水果很有特色。本书作者当时负责社会综合，意见是最好考虑产业多样性，这不仅涉及生态安全问题，也涉及经济收益最大化问题。此外，还有吸引游客方面的因素应该予以考虑。

最后意见达成一致：同时考虑茶叶和果树。接下来的一个问题便是：种植多少亩茶叶？又种植多少亩果树？这些问题不搞清楚，我们的方案就难以落实到空间规划图上。当然，画图仅仅是一种手段，课题的目标是使得研究结果具有可操作性。因此，项目负责人要求大家考虑一个适当的比例。作者告诉他们，这个问题解决起来说难不难，说容易也不太简单。关键在于资料调查。只要能够获得如下数据，就可以计算出一个科学、合理的比例关系。

要求的变量如下：①总量数据：三个村合计，一共可以拥有多少可供种植的土地资源，一共有多少劳动力可以提供，一共有多少资金可以投入。②参量数据：种植一亩茶叶平均需要多少劳动力、多少资金，一亩茶叶平均可以创造多少纯收入；种植一亩果树平均需要多少劳动力、多少资金，一亩果树平均可以创造多少纯收入。

这是一个非常简单的线性规划问题，该问题可以表示为表7-34。在这个表中，只有x_1和x_2是未知量，其余总量和参量可以通过调研取得。根据问题的性质和线性规划思想，建立模型如下：

云太南山地利用线性规划的变量和参量　　　　　　表7-34

产品种类与 总量约束	劳动力 （个，按工作日算）	资金 （元）	单位产值 （元）	土地面积 （亩）
茶叶	a_1	b_1	c_1	x_1
果树	a_2	b_2	c_2	x_2
总量约束	A	B	$f(x)$	X

目标函数

$$\max \quad f = c_1 x_1 + c_2 x_2 \tag{7-8}$$

约束条件

$$\text{s. t.} \begin{cases} x_1 + x_2 \leqslant X \\ a_1 x_1 + a_2 x_2 \leqslant A \\ b_1 x_1 + b_2 x_2 \leqslant B \\ x_1 \geqslant 0, \ x_2 \geqslant 0 \end{cases} \tag{7-9}$$

只要确定总量和变量，求解上述模型非常简单。

总量比较好获得，种植面积、劳动力总量、资金投入量，当地政府部门可以提供数据。关键是参量。有关茶叶的各种参量相对容易取得，因为当地有一个茶场，经营了多年，到茶场一调查，情况就很清楚。困难在于果树的参量，因为当地没有果树林场，只有个体种植，面积在0~2亩之间。这样我们必须调查多位个体户。考虑到气候和物价的变动，果树产量和产值的波动比较明显，果树的产量有必要多年加权平均。因此，确定果树的参量，需要用到两个方面的知识：一是统计学的知识，二是经济学的知识。统计学的知识比较容易，主要是用到平均思想。种植一亩果树需要投入多少资金和劳动力（以工作日计算），可以得多少收益，需要访问当地的果农。但不同的果农估计的数值必然有偏差。因为这些果农没有种植记录，一切数据都是源于多年经营的经验积累结果。为此，我们必须调查多户农家，对结果进行平均。在这种情况下，调查的果农越多，平均结果就越是接近于真实情况。经济学知识涉及通货膨胀和规模经济。一方面，为了准确起见，我们需要对不同年份的数据进行平均，但不同年份的资金和产值数量是不可比的：2004 年的 100 元钱不等于 2005 年的 100 元钱，必须根据物价指数将投入、产出量调整到同一标准。另一方面，果树的种植面积如果不达到一定规模，就不适合产业化经营，这就需要确定规模经济的门槛。

可以看到，对于这么一个简简单单的线性规划模型，具体操作中却并不容易，需要精细的访查工作和方方面面的专业知识。下面基于第一次调研的结果，给出了一个"动态"求解过程；根据第二次补充调研的结果，给出两套静态求解结果。

7.4.2 变量的调查与参数值的估计

当地政府部门对总量数据很熟悉，一问便知。通过对当地果农的访谈，估计出了种植水果的投入和产出参数。在当地，主要的果树包括桃、梨、葡萄、杏等。上述模型只是笼统地考虑各种水果的综合情况。如果希望分清不同水果的种植面积，则需要将茶、桃、梨等并列考虑，这样，模型中的未知量就增加到 3~5 个。不管有多少变量，模型的总量数值不变，分量需要通过更为精细的调查获取，求解的方法完全一样。有了模型参量的估计值，就不难确立关于茶树和果树的线性规划模型。根据我们调查的结果，模型的总量范围和参量数据列表如表 7-35。

云太南片区山地利用线性规划的变量和参量　　　　　　　表 7-35

产品种类与 总量约束	劳动力 （个，按工作日算）	资金 （万元）	单位产值 （元）	土地面积 （亩）
茶叶	0.2	1	0.25	x_1
果树	0.5	0.5	0.3	x_2
总量约束	100~600	800~900	$f(x)$	1000~3000

7.4.3 动态模型求解

将表 7-35 中的数据落实到前面的模型中，就可以借助图解法或者单纯形法求解方程。问题在于，劳动力的投入是一个不确定的量，只有一个大致的范围。土地的投入也不确定，也只是有一个大致的意向。当时比较确定的是资金的投入，计划为 800~900 万元。计算过程中采用上限，假定投入 900 万元。

云太南片区当时已有的茶园号称 800 亩，果园号称 600 亩。茶园已经形成规模；果园没有连片，目前各家各户独立经营。为了问题处理的方便，不考虑现有的茶园，只计算现在要扩充多少土地作为茶园和果园。大致的范围是 1000~2000 亩。我们考虑一个上限，2000 亩茶果树的面积。

劳动力的数量也不能完全确定。实际上，中国有的是劳动力，故劳动力不会真正地缺乏。可以考虑优先解决本地农民就业问题，并且就业人口有一个适当的比例，还要腾出人手从事与旅游有关的工作。每一个劳动力的工作时间以半年计算。

根据上述总量和表 7-35 中的参量数值，容易得出规划的结果。由于劳动力数量不能事先确定，我们开展一个"动态"的线性规划：从低到高调整劳动力数量，看种植面积和总收入如何变化。经过几个轮回的尝试性计算，发现投入 900 万元的资金时，最大种植面积不超过 1800 亩；适当的劳动力的数量变化于 200~800 人之间，可行的总收入变化于 200 万~500 万元之间。下面是具体的模型一例。

目标函数

$$\max \quad f = 0.25x_1 + 0.3x_2$$

约束条件

$$\text{s. t.} \begin{cases} x_1 + x_2 \leqslant 1800 \\ 0.2x_1 + 0.5x_2 \leqslant 500 \\ x_1 + 0.5x_2 \leqslant 900 \\ x_1 \geqslant 0, \ x_2 \geqslant 0 \end{cases}$$

借助有关数学计算软件，如 Excel、Mathcad、Matlab 等，可以非常方便地得到计算结果。例如，假定投入 500 个劳动力，借助 Mathcad 得到茶树面积 500 亩，果树面积 800 亩，一共可以开发 1300 亩，年总收入 365 万元。借助 Excel 可以得到更为详细的分析结果：运算结果报告、敏感值报告和极限值报告，但在 Excel 上不便于动态调整过程的进行。

全部的计算结果列于表 7-36 以便比较。可以看到，随着劳动力数量的增加，茶树种植面积应该减少，果树种植面积应该增加，茶果的总种植面积增加（图 7-5），总收入也在增加，但人均收入却在减少。容易算出，根据这个规划结果，每增加 100 个劳动力，茶树面积减少 125 亩，果树面积扩大 250 亩，总面积扩大 125 亩。

劳动力投入数量与种植面积和总收入的关系　　　　　　表 7-36

劳动力（人）	茶树面积（亩）	果树面积（亩）	面积总计（亩）	茶果比例	总收入（万元）
100	500	0	500	1：0	125

续表

劳动力（人）	茶树面积（亩）	果树面积（亩）	面积总计（亩）	茶果比例	总收入（万元）
200	875	50	925	5：0.3	233.75
300	750	300	1050	5：2.0	277.50
400	625	550	1175	5：4.4	321.25
500	500	800	1300	5：8.0	365.00
600	375	1050	1425	5：14	408.75
700	250	1300	1550	5：26	452.50
800	125	1550	1675	5：62	496.25
900	0	1800	1800	0：1	540

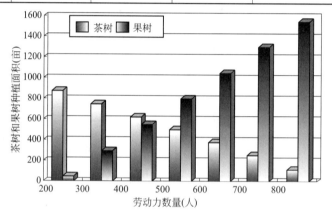

图7-5　劳动力数量的变化引起茶树、果树比例关系的变化

7.4.4　静态模型求解

上一次的线性规划用到的参数都是实地调查的结果，在总量约束中只有一个参数真正地起到约束作用，那就是产值。用地和劳动力没有一个可供使用的准确的数值，因此我们将劳动力作为一个投入变量，分析在投入不同劳动力的情况下土地资源的动态利用情况。进一步的调查发现，云太南片区并没有太多的土地资源可以投入种植茶果。另一方面，实地调查的资料与官方公布的统计资料存在出入。因此，我们考虑将动态规划过程改为确定型的静态规划。其一，将土地资源作为一个严格约束的量。云太南片区可供投入扩大种植茶果的土地资源不超过900亩。其二，官方公布的800亩茶场年产值600万元，而我们调查的结果是200万元。

根据上述资讯，我们将官方数据作为增加农业总产值的参量，将实地调查结果作为增加农业收入的参量。我们给出两套模型及其求解结果：第一套反映当地政府的意向，第二套反映的才是实际的情况。两套结果同时提交当地决策部门参考。

1. 基于总产值概念的线性规划

当土地资源限定于 900 亩之内以后，资金投入有 800 万元也就够了。根据官方提供的茶叶收入数据，调整后的模型参数列于表 7-37 中。根据表 7-37 建立如下模型

目标函数

$$\max \quad f = 0.75x_1 + 0.4x_2$$

约束条件

$$\text{s. t.} \begin{cases} x_1 + x_2 \leqslant 900 \\ 0.2x_1 + 0.5x_2 \leqslant 300 \\ x_1 + 0.5x_2 \leqslant 800 \\ x_1 \geqslant 0, \ x_2 \geqslant 0 \end{cases}$$

模型求解过程参见图 7-6。

调整后的云太南片区山地利用线性规划的

变量和参量(基于总产值概念)　　　　　　　　表 7-37

产品种类与 总量约束	劳动力 (个，按工作日算)	资金 (万元)	单位产值 (元)	土地面积 (亩)
茶叶	0.2	1	0.75	x_1
果树	0.5	0.5	0.4	x_2
总量约束	300	800	$f(x)$	900

参数定义　　　$a_0 := 0.75$　　　$a_1 := 0.4$

目标函数　　　$f(x) := a_0 x_0 + a_1 x_1$

约束条件　　　$A := \begin{pmatrix} 1 & 1 \\ 0.2 & 0.5 \\ 1 & 0.5 \end{pmatrix}$　　$b := \begin{pmatrix} 900 \\ 300 \\ 800 \end{pmatrix}$

初始条件　　　$x_0 := 1$　　　$x_1 := 1$

求解命令　　　*Given*

　　　　　　　$A \cdot x \leqslant b$　　　$x \geqslant 0$

　　　　　　　$z := Maximize(f, x)$

求解结果　　　$z = \begin{pmatrix} 700 \\ 200 \end{pmatrix}$

　　　　　　　$X := (a_0 \quad a_1)$　　　$f := X \cdot z$

　　　　　　　$f = (605)$

茶果收入　　　$y_0 := 800 + z_{0,0}$　　　$y_1 := 600 + z_{1,0}$

　　　　　　　$F(x) := a_0 y_0 + a_1 y_1$

　　　　　　　$F(x) := 1.445 \times 10^3$

图 7-6　基于总产值概念进行的线性规划（Mathcad 插图）

计算的结果是：在原来的基础上追加茶、果种植面积 900 亩，其中茶树种植 700 亩，果树种植 200 亩，年总产值 605 万元。加上原来的 800 亩茶园，600 亩果园，共计 1500 亩茶园，800 亩果园，茶果创造的年总产值为 1445 万元。

2. 基于农业收入概念的线性规划

基于增加农业收入概念的线性规划过程，总量约束不变，但模型参量改变。这个模型反映的是当地实际情况。新的模型系数列于表 7-38 中。根据表 7-38 建立如下模型

目标函数

$$\max \quad f = 0.4x_1 + 0.3x_2$$

约束条件

$$\text{s. t.} \begin{cases} x_1 + x_2 \leqslant 900 \\ 0.2x_1 + 0.5x_2 \leqslant 300 \\ x_1 + 0.5x_2 \leqslant 800 \\ x_1 \geqslant 0, \quad x_2 \geqslant 0 \end{cases}$$

模型求解过程参见图 7-7。

参数定义	$a_0 := 0.4$ $\quad a_1 := 0.3$
目标函数	$f(x) := a_0 x_0 + a_1 x_1$
约束条件	$A := \begin{pmatrix} 1 & 1 \\ 0.2 & 0.5 \\ 1 & 0.5 \end{pmatrix} \quad b := \begin{pmatrix} 900 \\ 300 \\ 800 \end{pmatrix}$
初始条件	$x_0 := 1 \quad x_1 := 1$
求解命令	$Given$ $A \cdot x \leqslant b \qquad x \geqslant 0$ $z := Maximize(f, x)$
求解结果	$z = \begin{pmatrix} 700 \\ 200 \end{pmatrix}$ $X := (a_0 \quad a_1) \qquad f := X \cdot z$ $f = (340)$
茶果收入	$y_0 := 800 + z_{0,0} \qquad y_1 := 600 + z_{1,0}$ $F(x) := a_0 y_0 + a_1 y_1$ $F(x) = 840$

图 7-7 基于农业收入概念进行的线性规划（Mathcad 插图）

计算的结果是：在原来的基础上追加茶果面积 900 亩，茶树种植 700 亩，果树种植 200 亩，茶果收入 340 万元。加上原来的 800 亩茶园，600 亩果园，共计 1500 亩茶园，800 亩果园，茶果创造的年收入 840 万元。至于土地分配，追加面

积的茶果比例为 7∶2，茶果总面积比例为 15∶8。

调整后的云太南片区山地利用线性规划的变量和
参量（基于农业收入概念）　　　　　表 7-38

产品种类与总量约束	劳动力（个，按工作日算）	资金（万元）	单位产值（元）	土地面积（亩）
茶叶	0.2	1	0.4	x_1
果树	0.5	0.5	0.3	x_2
总量约束	300	800	$f(x)$	900

7.5　小结

　　线性规划是运筹学中最基本的方法之一，也是理论和方法最为成熟的一个系统分析分支领域。今天看来，不仅很多实际问题可以用线性规划方法求解，甚至一些理论性的研究也可以借助线性规划思想展开研究。由于篇幅的局限，本章仅仅讲授了线性规划中最常规也是最基本的内容。首先给出了两种常见的线性规划模型，一种是目标函数最大式，另一种是目标函数最小式。然后借助一个简单的实例，比较详细地演示了线性规划问题的两种解法：图解法和表解法——表解法直观地给出了单纯形法求解思路。

　　图解法仅仅适用于二变量的规划问题，但图解法有助于我们理解线性规划的基本思想。线性规划的各个约束函数围成一个凸多面体，多面体内部的数值才能满足约束条件，因此这个多面体构成了线性规划解的可行域。在可行域内部的任何一个地方都可以找到一个可行解。线性规划的可行解有无穷多个，其最优解在凸多面体的某一个顶点上。因为顶点意味着资源的充分利用，唯其如此可望实现收益最大，或者成本最低。在这个凸多边形内向上平移与目标函数斜率一致的直线，该直线与可行域最后的一个交点就是最优解的位置所在。如果解是唯一的，这个交点一定是凸多面体的一个顶点。表解法需要引入松弛变量，将线性规划模型约束条件的不等式转变为等式表达。一个线性规划模型有多少个约束函数，就需要引入多少个松弛变量。引入松弛变量之后，目标函数和约束条件化为线性代数方程的规范表达。然后就可以将这些方程的系数列表表示，并且利用消元法寻找模型的解答。消元的第一步是找到第一行（对应于目标函数）的最大负系数所在的列，根据一定的规则寻找主元，逐步消元。如此反复操作，最后可以在表格的最后一列找到最优解、最大产出值或者最小成本数。

　　规划问题本质上是一种最优分配问题，分配不免遇到整数，因为有很多被规划的对象不可以划分为分数形式，这就涉及整数规划问题。线性规划的可行解在一个由约束函数构成的凸多面体内，最优解则分布于凸多面体的各个顶点上，这些顶点不是紧邻的，而是相隔有一定的距离。如果一个顶点的解不是整数，不能接受，则整数最优解非常可能出现在另外一个顶点上。因此，整数规划的最优解通常不可以通过四舍五入的方式取得：当某一个顶点的最优解不是整数时，四舍五入未必近似到整数最优解所在的顶点上。求解整数规划的方法有所谓分支定界法、割平面法等多种方法。整数规划的一个特例为 0-1 规划。0-1规划在实际工作中应用相当广泛。区位选择问题、网络问题等的优化和决策，往往可以借助 0-1 规划来解决。

规划问题可以表示为两种形式：一是在资源、资金投入一定的约束条件下寻求产出值最大，二是在产出一定的约束条件下寻求某种投入最小。这两种思路通常表现在同一个问题之中，这又涉及对偶规划问题。对偶规划有多种形式。人们不仅可以将一种规划等价地转换为对偶形式，还可以借助对偶思想解决线性规划的一些中间环节。

第 8 章

层次分析法与
城市决策分析

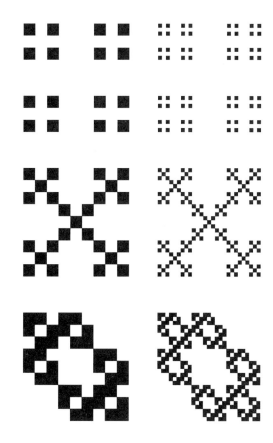

层次分析法源于美国运筹学家 Thomas L. Saaty 在 20 世纪 70 年代基于数学和人类心理学知识提出的"分析的递阶过程（Analytic Hierarchy Process，AHP）"，故又称 AHP 法。层次分析法是一种定性-定量结合的多目标决策分析及综合评价方法，借助这种方法可以将决策者的经验判断定量化，从而实现最优化决策。层次分析法在系统结构复杂且缺乏必要数据的情况下更为实用。今天，层次分析法已经成为系统决策分析的技术之一（Saaty，1999；Saaty，2008）。在地理研究中，层次分析在人文地理学领域应用更多一些，但不仅如此。近年来兴起的元胞自动机（cellular automata）模拟实验，在自然和人文两地领域都在应用。元胞自动机模型的一些迁移转换规则参数的确定，往往借助于层次分析法。实际上，层次分析法可以与模糊综合评价等方法相辅相成。当然，并非所有的问题都可以同时采用两种不同的方法。不过，至少有一部分问题可以采用不同的方法从不同的角度开展分析，最后通过综合探讨，得出更为可靠的研究结论。

8.1　基本原理

8.1.1　层次模型

分析的递阶过程通常定义为帮助人们处理复杂决策问题的结构技术（structured technique）。这种技术不是规定一个正确的决定，而是帮助人们去选择一个决定。层次模型的建设思想大致如下：无论进行何种决策，首先都会有一个目标。在这个目标下面都会有一系列的可选方案。方案的遴选是为了更好地实现目标，但如何甄别方案却要根据一定的准则进行。准则根据目标设定，方案根据准则遴选，于是构成了一个层次分析模型（图 8-1）。

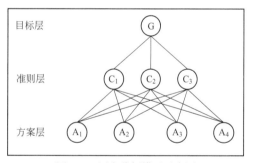

图 8-1　层次分析模型示意图

比方说，一个大学生毕业，他/她必须寻找今后的去向，优化地确定自己的去向就是一个目标。在这个目标下，可以进行如下方案的选择：继续攻读研究生学位（考研），出国镀金（留洋），参加工作（走入社会）。当然还可能有其他选择。那么，究竟哪一种选择更为可取呢？那就要看个人的判断标准了，这就涉及准则问题。不同的人肯定有不同的判断准则。假定对某人而言，他/她考虑如下问题：赚钱的机会（发财原则），从政机遇（升官原则），尽快地购房、结婚、生子（成家原则），生活轻松舒适（生活原则）。这四个准则对于不同的人而言分量是不一样的，对于同一个人来说，也有轻重缓急之分。因此，需要三思而后行。层次分析法是一个可取的模型思考方式。

实际上，Saaty 及其合作者曾经建立了一个借助层次分析法找工作的例子（Saaty and Alexander，1981）。他们假定一个学生获得博士学位之后，有 3 个可以选择的工作岗位（A_1、A_2、A_3）。于是问题的目标就是选择一份比较满意的工作，为此需要找出一些判断标准，即准则。他们想到了如下 6 个标准——研究（research）、成长（growth）、收入（benefits）、同事（colleagues）、区位（location）和声誉（reputation）。根据目标，建立 1 个关于准则的判断矩阵；根据准则，建立 6 个关于工作的判断矩阵。计算这些矩阵的最大特征根对应的特征向量，由此得到了综合评价结果。

科学研究中的方法选择过程，也涉及综合评价过程。以时间序列分析为例，如果希望解析信号的某种时域和频域性质，可以采用的方法有 Fourier 变换（谱分析）、短时 Fourier 变换（窗谱分析）和小波变换（小波分析）。究竟哪一种方法可取？一个流行性的观点是，小波分析更为可取，理由是，小波方法是新方法，在时、频两域都具有良好的性质。实际上，Fourier 分析是一种偏重于全局（global）的分析方法，小波分析则是一种偏重于局部（local）的分析方法。因此，究竟何种方法更好取决于研究者的目标。如果是着眼于全局分析，例如隐周期的侦测，趋势性的判断，那就应该选择基于 Fourier 变换的谱分析；如果着眼于局部分析，例如异常信号的侦测，奇异性的解析，那就应该采用小波分析。方法和模型的选择有一定的评判标准：直观性、简单性、明确性，或者说多、快、好、省。谱分析在揭示隐含的周期性方面，其结果简单、直观、明确；小波分析虽然也可以揭示周期性，但解析过程不如 Fourier 分析简明。另一方面，如果揭示异常信号，常规谱分析通常无能为力，但小波分析却能够在识别这种信号的频率和位置方面显示强大的功能。

软件的采用也是这样。我们的教学一共讲授了三种软件的使用方法：Excel、Mathcad 和 SPSS，最近又加上了 Matlab。采样哪种软件为好呢？当然取决于你的研究目标。读者可以想一想判断的准则是什么。

归结起来，层次分析模型至少包括三个层次：

一是要解决的问题——目标层（G）。

二是方案选择的标准——准则层（C）。

三是可能选择的方案——方案层，或称措施层（A）。当然，这一层不一定就是措施或者方案，有时是我们综合评价并排序的对象。

8.1.2 数学原理

读者可以从如下角度认识和理解层次分析法的数学原理。设有 n 件物体 A_1、A_2、$\cdots$、A_n，它们的重量分别是 w_1、w_2、$\cdots$、w_n。两两比较这些物体的重量，其比值可以构成 $n \times n$ 阶矩阵

$$A = \begin{bmatrix} w_1/w_1 & w_1/w_2 & \cdots & w_1/w_n \\ w_2/w_1 & w_2/w_2 & \cdots & w_2/w_n \\ \cdots & \cdots & \cdots & \cdots \\ w_n/w_1 & w_n/w_2 & \cdots & w_n/w_n \end{bmatrix} \quad (8-1)$$

A 矩阵具有如下性质。若用重量向量

$$W = \begin{bmatrix} w_1 & w_2 & \cdots & w_n \end{bmatrix}^{\mathrm{T}} \quad (8-2)$$

右乘 A 矩阵，得到

$$AW = \begin{bmatrix} w_1/w_1 & w_1/w_2 & \cdots & w_1/w_n \\ w_2/w_1 & w_2/w_2 & \cdots & w_2/w_n \\ \cdots & \cdots & \cdots & \cdots \\ w_n/w_1 & w_n/w_2 & \cdots & w_n/w_n \end{bmatrix} \begin{bmatrix} w_1 \\ w_2 \\ \vdots \\ w_n \end{bmatrix} = n \begin{bmatrix} w_1 \\ w_2 \\ \vdots \\ w_n \end{bmatrix} = nW \quad (8-3)$$

即有

$$(A - nI)W = O \quad (8-4)$$

式中，O 为零向量。显然，W 为 A 的特征向量，n 为相应的特征值(特征根)。设 $a_{ij} = w_i/w_j$，则 A 矩阵可以表作

$$A = \begin{bmatrix} a_{11} & a_{12} & \cdots & a_{1n} \\ a_{21} & a_{22} & \cdots & a_{2n} \\ \cdots & \cdots & \cdots & \cdots \\ a_{n1} & a_{n2} & \cdots & a_{nn} \end{bmatrix} \quad (8-5)$$

由于权重矩阵事先是未知的，我们不知道 A 矩阵的元素值。一个解决的办法是：通过经验分析、专家打分或者 Delphi 法等，对 A 矩阵进行赋值，给出两两比较的相对权重，其结果记为矩阵 $\bar{A}$。

可以证明，如果正矩阵 A 具有如下特点

$$\begin{cases} a_{ii} = 1 \\ a_{ij} = 1/a_{ji} \\ a_{ij} = a_{ik}/a_{jk} \end{cases} \quad (i, j = 1, 2, \cdots, n) \quad (8-6)$$

则该矩阵具有唯一非零最大特征值 λ_{max}，且 $\lambda_{max} = n$。

如果给出的判断矩阵 $\bar{A}$ 满足条件 $\lambda_{max} = n$，则该矩阵具有完全的一致性。也就是，不同事物的相对权重完全与实际相符。但是，人们对于复杂事物的认识总是不可能完全符合实际，因此给出的判断矩阵彼此存在偏差，于是理论方程(8-3)改为经验表达

$$\bar{A}W' = \lambda_{max}W' \quad (8-7)$$

式中，$\bar{A}$ 为我们建立的判断矩阵，λ_{max} 为其最大特征值，W' 为带有偏差的权重向量。当判断矩阵完全符合实际时，应有

$$\lambda_{max} = \sum_{i=1}^{n} \lambda_i = \sum_{i=1}^{n} a_{ii} = n \quad (8-8)$$

这就是说，理论上最大特征根 λ_{max} 等于判断矩阵的迹或者维数 n，其余特征根为 0。当存在偏差时，则为

$$\lambda_{max} + \sum_{\lambda \neq \lambda_{max}} \lambda_i = \sum_{i=1}^{n} a_{ii} = n \quad (8-9)$$

或者

$$\lambda_{max} - n = -\sum_{\lambda \neq \lambda_{max}} \lambda_i \quad (8-10)$$

这时最大特征根之外的特征根不为 0。根据理论特征根和实测特征根的差距，可以建立判断一致性指数（consistency index，CI）计算公式

$$CI = \frac{\lambda_{max} - n}{n - 1} = \frac{-\sum_{\lambda \neq \lambda_{max}} \lambda_i}{n - 1} \qquad (8-11)$$

显然，当判断完全一致时，$CI = 0$；CI 值越大，表明一致性越差。经验上要求 CI 小于 0.1。

另一方面，矩阵的维数 n 值越大，一致性越是难以保证，我们对其要求也就随之降低。可见，不同维数的判断矩阵，其 CI 指标不可比。为了建立可比的指标，有必要引入新的判断标准，即判断一致率（consistency ratio，CR）；为了定义判断一致率，需要引入随机一致性（random consistency，RC）指标。随机一致性指标又叫随机指数（random index，RI）（Saaty and Alexander，1981）。基于随机指数，判断一致率 CR 定义如下

$$CR = \frac{CI}{RI} \qquad (8-12)$$

不同大小的矩阵有不同的修正值，RI 值可以通过查表获取（表 8-1）。在最近的研究中，Saaty（2008）对一致性指数、判断一致率和随机指数等概念有所调整。

不同阶次的随机矩阵及其平均一致性指标 RC 值　　　　　　　表 8-1

n	1	2	3	4	5	6	7	8	9	10	11	12	13	14	15
RC	0.0	0.0	0.52	0.89	1.11	1.25	1.35	1.40	1.45	1.49	1.52	1.54	1.56	1.58	1.59

资料来源：Saaty（2009），相对于 Saaty and Alexander（1981：p151）等版本有改进，是基于 50000 次随机试验得到的指数。表中的 RC 值是就平均意义而言的，故称平均一致性。

8.1.3　尺度

判断矩阵中两两要素的比较，存在一个相对的尺度问题。根据心理学家 Miller（1956）的研究，人们区分信息等级的极限能力为 7±2。这个数字后来被人们称为 Miller 的"魔法数（magic number）"。Bettman（1979）也曾论证，我们对信息的处理极限是 6~7 级。因此，层次分析法引入 1~9 级尺度。在此情况下，对于 $n×n$ 阶矩阵，只需要给出 $n(n-1)/2$ 个判断数值。常规的标度方法列入表 8-2。

尺度等级及其描述　　　　　　　　表 8-2

重要程度	定义	解释
1	i 因素与 j 因素同等（equal）重要	两种活动对目标贡献相同
3	i 因素较 j 因素略为（weak）重要	经验和判断稍微偏向于一种活动
5	i 因素较 j 因素强（essential/strong）重要	经验和判断强偏向于一种活动

续表

重要程度	定义	解释
7	i 因素较 j 因素非常(demonstrated)重要	一种活动受到强烈偏向,并且它的优势在实践中得到证实
9	i 因素较 j 因素绝对(absolute)重要	有证据表明一种活动处于最高的可能等级地位
2,4,6,8	介于上述各个等级之间	两种级别之间的折中
倒数	如果 i 因素相对于 j 因素权重为 a_{ij},则 j 因素相对于 i 因素为 $a_{ji}=1/a_{ij}$	—
有理数	源于尺度的比率	为了得到整个矩阵的 n 个数值而强制一致性

资料来源:Saaty and Alexander,1981:149.

怎样判断这些重要性的确定是否符合实际呢?除了上述一致性检验之外,还要将结果与实际情况对照。举一个早年的例子。Saaty 等(1981)研究一些国家的世界影响时,以财富(wealth)多少为准则建立了如下判断矩阵(表 8-3)。他们希望借助这个矩阵的特征向量揭示不同国家的经济发展水平。分析的效果可以通过各国的产值反映出来。

基于财富指标的各国重要性判断指标　　　　表 8-3

一	美国	苏联	中国	法国	英国	日本	前联邦德国
美国	1	4	9	6	6	5	5
苏联	1/4	1	7	5	5	3	4
中国	1/9	1/7	1	1/5	1/5	1/7	1/5
法国	1/6	1/5	5	1	1	1/3	1/3
英国	1/6	1/5	5	1	1	1/3	1/3
日本	1/5	1/3	7	3	3	1	2
前联邦德国	1/5	1/4	5	3	3	1/2	1

资料来源:Saaty and Alexander,1981:153.

首先求出这个判断矩阵的最大特征根对应的特征向量,不同方法给出的结果稍有区别,但标准化之后大同小异(表 8-4)。然后将正规化特征向量与各国 1972 年的 GNP 比重对照,发现二者具有高度的线性关系(图 8-2)。这就表明,上面这个判断矩阵在总体上比较符合当时的实际情况。

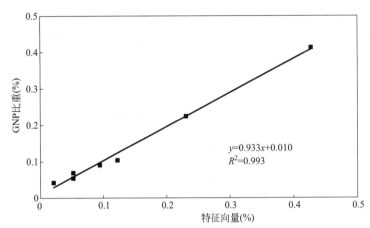

图 8-2　不同国家财富判断矩阵的特征向量与 GNP 的关系

正规化财富指标特征向量　　　　　　　　　　表 8-4

国家	不同方法给出的正规化特征向量				1972 年 GNP 及其比重	
	原结果	迭代法	方根法	和积法	GNP	GNP 百分比（%）
美国	0.429	0.427	0.417	0.409	1167	0.413
苏联	0.231	0.230	0.231	0.226	635	0.225
中国	0.021	0.021	0.020	0.022	120	0.043
法国	0.053	0.052	0.054	0.058	196	0.069
英国	0.053	0.052	0.054	0.058	154	0.055
日本	0.119	0.123	0.128	0.128	294	0.104
前联邦德国	0.095	0.094	0.096	0.100	257	0.091
总和	1.001	1.000	1.000	1.000	2823	1.000

说明：（1）GNP 的单位为 10 亿美元。（2）正规化特征向量原结果为 Saaty 和 Alexander（1981）给出，余下三种数据为重新计算结果。可能由于四舍五入的缘故或者算法的不同，这里提供的三种特征向量都与 Saaty 等的数值有少许差异。

8.2　计算方法

8.2.1　方根法

可以采用迭代法等数值方法计算判断矩阵的特征根及其对应的特征向量。不过，有两种比较简单的近似算法：一是方根法，二是和积法。采用这两种方法能够非常方便地估计出判断矩阵的最大特征值和它对应的特征向量。方根法的本质就是几何平均法。这种方法是先求几何平均值再计算权重。基本步骤如下。

（1）按行计算几何平均值。公式为

$$\overline{w}_i = \sqrt[n]{\left(\prod_{j=1}^n \alpha_{ij}\right)}, \quad (i, j = 1, 2, \cdots, n) \tag{8-13}$$

于是得到特征向量 $\overline{W} = [\overline{w}_1 \quad \overline{w}_2 \quad \cdots \quad \overline{w}_n]^T$。

（2）将上述向量归一化。公式为

$$w_i = \overline{w}_i \Big/ \sum_{i=1}^n \overline{w}_i, \quad (i = 1, 2, \cdots, n) \tag{8-14}$$

于是得到规范的特征向量 $W = [w_1, w_2, \cdots, w_n]^T$，这里 w_i 为特征向量的第 i 个分量。

（3）计算最大的特征根。公式为

$$\lambda_{\max} = \sum_{i=1}^n \frac{(AW)_i}{nw_i} \tag{8-15}$$

或者

$$\lambda_{\max} = \sum_{i=1}^n (AW)_i \tag{8-16}$$

其中，$(AW)_i$ 为向量 AW 的第 i 个元素。

（4）计算判断矩阵的一致性指标。公式为式（8-11）和式（8-12）。

关于最大特征根的估计公式，式（8-15）由 Saaty 给出，式（8-16）由本书作者导出。容易证明式（8-16）的数学有效性。由于 W 表示归一化向量，并且 $AW = nW$，必有

$$\sum_{i=1}^n (AW)_i = n \sum_{i=1}^n W_i = n \tag{8-17}$$

对于实际问题，则因权重向量为归一化向量，即

$$\sum_{i=1}^n W'_i = 1 \tag{8-18}$$

可知

$$\sum_{i=1}^n (\overline{A}W')_i = \sum_{i=1}^n (\lambda_{\max} W')_i = \lambda_{\max} \sum_{i=1}^n W'_i = \lambda_{\max} \tag{8-19}$$

于是式（8-16）得证。

8.2.2 和积法

和积法的本质就是算术平均法，但它与前面的几何平均法不存在对应关系。该方法是先求权重，再计算权重的算术平均值。基本步骤如下。

（1）按列规范化。公式为

$$\overline{b}_{ij} = \frac{a_{ij}}{\sum_{i=1}^n a_{ij}}, \quad (i, j = 1, 2, \cdots, n) \tag{8-20}$$

于是得到规范化的矩阵 $\overline{B} = [\overline{b}_1 \quad \overline{b}_2 \quad \cdots \quad \overline{b}_n]$。

（2）对规范化的矩阵按行加和。公式为

$$\overline{w}_i = \overline{b}_i \bigg/ \sum_{j=1}^{n} \overline{b}_{ij}, \quad (i, \ j = 1, \ 2, \ \cdots, \ n) \tag{8-21}$$

于是得到特征向量 $\overline{W} = \begin{bmatrix} \overline{w}_1 & \overline{w}_2 & \cdots & \overline{w}_n \end{bmatrix}^{\mathrm{T}}$。

（3）将上述向量归一化。公式为

$$w_i = \overline{w}_i \bigg/ \sum_{i=1}^{n} \overline{w}_i, \quad (i = 1, \ 2, \ \cdots, \ n) \tag{8-22}$$

于是得到规范的特征向量 $W = [w_1, \ w_2, \ \cdots, \ w_n]^{\mathrm{T}}$，这里 w_i 为特征向量的第 i 个分量。

本书作者发现，上述（2）、（3）两步可以简化为对（1）步结果按行计算算术平均值。即

$$w_i = \frac{1}{n} \sum_{j=1}^{n} \overline{b}_{ij} \quad (i = 1, \ 2, \ \cdots, \ n) \tag{8-23}$$

不难验证，式（8-23）的结果与式（8-22）的结果没有差别。

（4）计算最大的特征根。这一步与方根法一样，公式为

$$\lambda_{\max} = \sum_{i=1}^{n} \frac{(AW)_i}{nw_i}, \quad \text{或者} \ \lambda_{\max} = \sum_{i=1}^{n} (AW)_i \tag{8-24}$$

其中，$(AW)_i$ 为向量 AW 的第 i 个元素。

（5）计算判断矩阵的一致性指标。公式为式（8-11）和式（8-12）。可以看出，从第三步以后开始，和积法与方根法的相应步骤一样。

除了上述两种常用的近似计算方法之外，还可以借助乘幂法等方法计算判断矩阵的最大特征根及其对应的特征向量，然后将特征向量正规化，并且利用最大特征根进行一致性判断。

8.2.3　关于计算方法的说明

上述特征根和特征向量的估计方法本质上都是求平均值。不妨以实例说明。下面是一个简单的 3×3 特征矩阵

$$\begin{array}{c} & \begin{array}{ccc} x & y & z \end{array} \\ \begin{array}{c} x \\ y \\ z \end{array} & \begin{bmatrix} 1 & 4 & 9 \\ 1/4 & 1 & 2 \\ 1/9 & 1/2 & 1 \end{bmatrix} \end{array}$$

如果我们将矩阵各列正规化（normalizing）——用各列数值除以该列之和，则每一列都代表对应于 x、y、z 的权重。第一、第二、第三列的正规化结果分别为

$$\begin{pmatrix} 0.735 \\ 0.184 \\ 0.082 \end{pmatrix}, \begin{pmatrix} 0.727 \\ 0.182 \\ 0.091 \end{pmatrix}, \begin{pmatrix} 0.750 \\ 0.167 \\ 0.083 \end{pmatrix}$$

易见，三个正规化向量的对应数值彼此接近，但又有所区别。用哪一个向量代表 x、y、z 的权重呢？一个较好的办法是采用它们的算术"平均值"，将三列数据按行平均得到

$$\begin{pmatrix} 0.737 \\ 0.177 \\ 0.085 \end{pmatrix}$$

这就是和积法给出的正规化特征向量。利用这个向量和判断矩阵相乘得到

$$\begin{bmatrix} 1 & 4 & 9 \\ 1/4 & 1 & 2 \\ 1/9 & 1/2 & 1 \end{bmatrix} \begin{bmatrix} 0.737 \\ 0.177 \\ 0.085 \end{bmatrix} = \begin{bmatrix} 2.214 \\ 0.532 \\ 0.256 \end{bmatrix} = \hat{\lambda}_{max} \begin{bmatrix} 0.737 \\ 0.177 \\ 0.085 \end{bmatrix}$$

由于向量是归一化的，理论上必有

$$\hat{\lambda}_{max} = 2.214 + 0.532 + 0.256 = 3.002$$

如果我们按行计算几何平均值，最后的结果更为精确。表 8-5 中给出用 3 种不同方法得到的正规化特征向量和相应的特征根，方根法的结果与迭代法结果非常接近，和积法的结果在小数后面的前 3 位没有区别。

不同方法给出正规化特征向量及其对应的特征值   表 8-5

方法	迭代法（乘幂法）	方根法	和积法
特征向量	0.7374984	0.7374984	0.7373222
	0.1772761	0.1772761	0.1773861
	0.0852255	0.0852255	0.0852917
特征根	3.0015416	3.0015416	3.0027013

说明：迭代法的结果是借助 Matlab 计算出来的，也可以利用乘幂法在 Excel 里面计算。这种方法给出的数值更为准确。

8.3 计算组合权重

计算组合权重的过程，相当于以各个准则相对于目标的单权重为权数，对各个方案相对于不同准则的单权重进行加权平均。如图 8-1 所示，对于一个层次分析模型，设有目标层 G，准则层 C，方案层 A，三个层次构成一个等级体系。假定 C 层的 m 个准则对 G 层的相对权重矩阵为

$$W^{(1)} = \begin{bmatrix} w_1^{(1)} & w_2^{(1)} & \cdots & w_m^{(1)} \end{bmatrix} \tag{8-25}$$

这里准则编号为 $j = 1, 2, \cdots, m$。再假设方案层的 n 个方案 A 相对于 m 个准则层 C 而言，相对权重向量为

$$W_l^{(2)} = \begin{bmatrix} w_{1l}^{(2)} & w_{2l}^{(2)} & \cdots & w_{nl}^{(2)} \end{bmatrix} \tag{8-26}$$

这里方案编号为 $l = 1, 2, \cdots, n$。我们最后要计算的是 A 层的 n 个方案相对于目标层的目标 G 而言的相对权重

城市规划系统工程学

$$V^{(2)} = W^{(1)} \begin{bmatrix} W_1^{(2)} \\ W_2^{(2)} \\ \vdots \\ W_m^{(2)} \end{bmatrix} = \begin{bmatrix} v_1^{(2)} & v_2^{(2)} & \cdots & v_n^{(2)} \end{bmatrix} \tag{8-27}$$

最后的组合权重可以借助表 8-6 简明地表示。

组合权重　　　　表 8-6

C层 A层	要素与权重				组合权重 $V^{(2)}$
	C_1	C_2	...	C_m	
	$w_1^{(1)}$	$w_2^{(1)}$	...	$w_m^{(1)}$	
A_1	$w_{11}^{(2)}$	$w_{12}^{(2)}$	...	$w_{1m}^{(2)}$	$v_1^{(2)} = \sum\limits_{j=1}^{m} w_j^{(1)} w_{1j}^{(2)}$
A_2	$w_{21}^{(2)}$	$w_{22}^{(2)}$	...	$w_{2m}^{(2)}$	$v_2^{(2)} = \sum\limits_{j=1}^{m} w_j^{(1)} w_{2j}^{(2)}$
...	...	...	...	...	...
A_n	$w_{n1}^{(2)}$	$w_{n2}^{(2)}$	...	$w_{nm}^{(2)}$	$v_n^{(2)} = \sum\limits_{j=1}^{m} w_j^{(1)} w_{nj}^{(2)}$

在实际操作过程中，计算组合权重的步骤非常简单：首先将基于不同准则的各个方案的单权重向量合并为一个矩阵，然后用这个矩阵左乘基于目标的各个准则的单权重向量，就可以得到组合权重向量。下面以一个目标、三个准则、四个方案为例说明这个问题（$m=3$，$n=4$）。三个准则相对于目标的单权重向量可以表作

$$W_C = \begin{bmatrix} w_1^{(1)} & w_2^{(1)} & w_3^{(1)} \end{bmatrix}^T$$

四个方案相对于三个准则的单权重向量可以表示为

$$W_{A_1} = \begin{bmatrix} w_{11}^{(2)} & w_{21}^{(2)} & w_{31}^{(2)} & w_{41}^{(2)} \end{bmatrix}^T$$

$$W_{A_2} = \begin{bmatrix} w_{12}^{(2)} & w_{22}^{(2)} & w_{32}^{(2)} & w_{42}^{(2)} \end{bmatrix}^T$$

$$W_{A_3} = \begin{bmatrix} w_{13}^{(2)} & w_{23}^{(2)} & w_{33}^{(2)} & w_{43}^{(2)} \end{bmatrix}^T$$

将三个方案的单权重向量合并为一个矩阵 W_A 就是

$$W_A = \begin{bmatrix} w_{11}^{(2)} & w_{12}^{(2)} & w_{13}^{(2)} \\ w_{21}^{(2)} & w_{22}^{(2)} & w_{23}^{(2)} \\ w_{31}^{(2)} & w_{32}^{(2)} & w_{33}^{(2)} \\ w_{41}^{(2)} & w_{42}^{(2)} & w_{43}^{(2)} \end{bmatrix}$$

于是组合权重 V 的计算可以表示为如下矩阵乘法形式

$$V = W_A W_C = \begin{bmatrix} w_{11}^{(2)} & w_{12}^{(2)} & w_{13}^{(2)} \\ w_{21}^{(2)} & w_{22}^{(2)} & w_{23}^{(2)} \\ w_{31}^{(2)} & w_{32}^{(2)} & w_{33}^{(2)} \\ w_{41}^{(2)} & w_{42}^{(2)} & w_{43}^{(2)} \end{bmatrix} \begin{bmatrix} w_1^{(1)} \\ w_2^{(1)} \\ w_3^{(1)} \end{bmatrix}$$

容易看出，这个公式与表 8-6 为等价的表达。

8.4 层次分析法建模步骤和应用实例

8.4.1 建模和计算步骤

层次分析法在数学思路上比较简单，但要想用好，却不是轻而易举的事情。关键在于判断的矩阵的客观赋值非常困难。现在，我们可以将层次分析法建模与应用的步骤归结如下：

第一步，明确问题：目标是什么，方案(措施、选择对象等)有哪些，根据什么准则进行判断。

第二步，建模：建立分层模型，形成层次结构。

第三步，赋值：判断矩阵的数值确定。

第四步，单权计算：同一层次求单权重。

第五步，检验：一致性检测。

第六步，复权计算：不同层次计算组合权重。

有了上述结果，就可以进行层次分析了。应该特别强调的是，准则的选择需要考虑"正交性"的问题：准则与准则之间最好没有关系。也就是说，不同准则之间要具有不可替代性。如果一个准则包含有另外一个准则的信息，就会导致单权重向量信息仿射，一些准则的分量在不知不觉中被不适当地夸大了，最后的组合权重也会出现偏差，从而结论就不可靠。

8.4.2 应用实例

在地理分析和城市规划研究中，很多措施选择、方案评估和对象估价问题都可以抽象为层次分析模型。下面举一个具体的例子。河南省会郑州市中心有三条道路交叉，形成"Ж"形街，无法用红绿灯控制车流，经常造成交通混乱，发生事故。为解决郑州市区的交通问题，专家考虑了如下可选方案：

(1) 建设立交桥(A_1)。

(2) 挖掘地下通道(A_2)。

(3) 维持现状(A_3)。

上述方案各有利弊：建设立交桥虽然可以缓解交通问题，但却破坏了旅游景观——郑州市内具有重要历史意义的旅游景点"二七"纪念塔的风景将被损害；挖掘地下通道的成本高昂；而维持现状则无法解决交通问题。

可以用层次分析法对上述方案进行评估。目标就是解决郑州市中心的交通困难(G)，三种方案如前所述。至于准则，可以归纳为以下三条：

（1）景观保护原则（C_1）——尽可能地不破坏旅游风景地。

（2）交通便利原则（C_2）——尽量缓解交通难题。

（3）经济合理原则（C_3）——尽量减少花费。

上述问题很容易整理为图8-1所示的层次模型。在城市地理研究中，这类问题还有很多，有的层次较多且复杂。为了简明起见，不妨抽象出一个简单的地理问题，层次模型如图8-1所示；三个准则相对于目标的判断矩阵如表8-7所示；三个方案/措施相对于准则的判断矩阵如表8-8～表8-10所示。借助方根法，不难计算出有关的结果。

首先，第一大步，建立并处理准则相对于目标的判断矩阵。从表8-7中可以看出 $\lambda_{max} = 3.022$，于是

$$CI = \frac{\lambda_{max} - n}{n-1} = \frac{3.022 - 3}{3-1} = 0.011$$

查表8-1可知，当 $n=3$ 时，$RC = 0.52$，于是

$$CR = \frac{CI}{RC} = \frac{0.011}{0.52} = 0.021 < 0.1$$

一致性检验通过。

准则相对于目标的判断矩阵及其计算结果   表 8-7

G	C_1	C_2	C_3	$\bar{w}$	w	Aw	$(Aw)_i / (nw_i)$
C_1	1	1/2	7	1.518	0.346	1.045	1.007
C_2	2	1	9	2.621	0.597	1.804	1.007
C_3	1/7	1/9	1	0.251	0.057	0.173	1.007
Σ	—	—	—	4.390	1	3.022	3.022

接下来是第二大步第一小步，处理方案相应于准则1——景观保护原则的判断矩阵。从表8-8中可以看出 $\lambda_{max} = 3.009$，于是

$$CI = \frac{\lambda_{max} - n}{n-1} = \frac{3.009 - 3}{3-1} = 0.005$$

如上所述，当 $n=3$ 时，$RC = 0.58$，于是

$$CR = \frac{CI}{RC} = \frac{0.005}{0.52} = 0.009 < 0.1$$

一致性检验通过。

方案相对于准则1——景观保护原则的判断矩阵及其计算结果   表 8-8

C_1	A_1	A_2	A_3	$\bar{w}$	w	Aw	$(Aw)_i / (nw_i)$
A_1	1	1/6	1/9	0.265	0.061	0.184	1.003
A_2	6	1	1/2	1.442	0.333	1.003	1.003
A_3	9	2	1	2.621	0.606	1.822	1.003
Σ	—	—	—	4.328	1.000	3.009	3.009

第二小步，处理方案相应于准则2——交通便利原则的判断矩阵。从表8-9中可以看出 $\lambda_{max}=3.002$，于是

$$CI=\frac{\lambda_{max}-n}{n-1}=\frac{3.002-3}{3-1}=0.001$$

进而得到

$$CR=\frac{CI}{RC}=\frac{0.001}{0.52}=0.002<0.1$$

一致性检验可以通过。

方案相对于准则2——交通便利原则的判断矩阵及其计算结果　　表8-9

C_2	A_1	A_2	A_3	$\bar{w}$	w	Aw	$(Aw)_i/(nw_i)$
A_1	1	1	9	2.080	0.481	1.445	1.001
A_2	1	1	8	2.000	0.463	1.389	1.001
A_3	1/9	1/8	1	0.240	0.056	0.167	1.001
Σ	—	—	—	4.320	1.000	3.002	3.002

第三小步，处理方案相应于准则3——经济合理原则的判断矩阵。从表8-10中可以看出 $\lambda_{max}=3.054$，于是

$$CI=\frac{\lambda_{max}-n}{n-1}=\frac{3.054-3}{3-1}=0.027$$

由此可得

$$CR=\frac{CI}{RC}=\frac{0.027}{0.52}=0.052<0.1$$

一致性检验能够通过。

方案相对于准则3——经济合理原则的判断矩阵及其计算结果　　表8-10

C_3	A_1	A_2	A_3	$\bar{w}$	w	Aw	$(Aw)_i/(nw_i)$
A_1	1	1/6	1/9	0.265	0.058	0.179	1.018
A_2	6	1	1/3	1.260	0.278	0.850	1.018
A_3	9	3	1	3.000	0.663	2.025	1.018
Σ	—	—	—	4.524	1.000	3.054	3.054

第三大步，计算组合权重。根据上面的计算结果不难列出组合权重计算表，按照表8-6中的公式，容易算出组合权重。将基于不同准则的三个方案的单权重向量合并为一个矩阵，用这个矩阵左乘基于目标的各个准则的单权重向量，就可以得到组合权重向量。对于本例，组合权重的计算用矩阵表示就是

$$\begin{bmatrix}0.061 & 0.481 & 0.058\\0.333 & 0.463 & 0.278\\0.606 & 0.056 & 0.663\end{bmatrix}\begin{bmatrix}0.346\\0.597\\0.057\end{bmatrix}=\begin{bmatrix}0.312\\0.408\\0.281\end{bmatrix}$$

从表8-11中的结果可以看出，第一方案的权重为0.312，第二方案的权重

为 0.408，第三方案的权重为 0.281。结论是：根据我们的准则以及对准则重要
程度的认识，最为可取的方案是开凿地下通道，其次可取的方案是建筑立交桥，
不太可取的方案是维持现状。近年作者到郑州考察，发现郑州市政府采用建立
交桥的途径解决了问题。

组合权重计算表 表8–11

C层 A层	要素与权重			组合权重 V
	C₁	C₂	C₃	
	0.346	0.597	0.057	
A₁	0.061	0.481	0.058	0.312
A₂	0.333	0.463	0.278	0.408
A₃	0.606	0.056	0.663	0.281

对于更多层次、更为复杂的地理问题，处理办法与此类似。总而言之，层
次分析法是一个重要的运筹学方法，只要运用得当，就可以帮助我们解决许多
举棋不定的现实难题。当然，为了准确可靠，可以将层次分析法与其他相关的
方法如模糊综合评价等结合使用——从不同的角度研究同一个问题，可以得出
更为可靠的分析结论。

8.5 小结

层次分析模型包括三个基本层面：目标层面，准则层面，以及方案或者评
价对象层面。在现实中，人们会遇到相当多的一类问题，需要围绕某种目标，
进行方案选择（决策）或者对象评价（评估）。但是，任何选择和评价都不是无缘
无故的，都要根据一定的标准进行。这些标准或者准则相当于定量分析的指标。
这样，围绕目标，利用各个准则对研究对象进行评价和选择，就构成了递阶的
层次分析过程。

在相同的目标下，不同的准则分量不同；在相同的准则下，不同的方案分
量也不一样。如何在没有足够数据资料的情况下，确定这些准则和方案的分量
呢？这就是层次分析法需要解决的关键性问题。一个事实是，确定一个事物的
绝对分量是困难的，但确定其相对重要性却比较容易一些。对 n 个事物两两比
较，给出相对分量，就可以得到所谓的判断矩阵。理论上，这个矩阵的特征向
量的元素值就是各个事物的分量，其最大特征根理当等于矩阵的阶数 n。在实际
工作，由于判断不准确导致的偏差，最大特征根与矩阵的阶数有一定的差距，
反过来可以利用这种差距检测判断矩阵的一致性情况。

根据上述思想，人们可以围绕目标，对不同的准则进行两两比较，给出它
们的相对分量，得到目标—准则层面的判断矩阵；然后依据各个准则，对不同
的方案进行两两比较，得到准则—方案层面的判断矩阵；最后，以各个准则的
正规化单权重向量为权数，对不同准则下的各个方案的单权重进行加权平均，

得到组合权重。这个组合权重可以代表各个方案的综合评价结果，根据这个结果判断孰重孰轻，然后进行方案的排序和遴选。

层次分析法的基本原理和计算过程都非常简单，容易掌握。然而，要想用好这种方法却不是一件简便易行的事情。难题在于判断矩阵的建设。只有研究人员对研究对象非常熟悉，必要时借助多领域专家的知识和思想，才可望建立真正有效的判断矩阵。否则，即便给出一系列一致性检验良好的计算过程，其结果也不一定有什么实际意义。

附录

不同阶次的随机矩阵及其平均一致性指标 *RC* 值　　　表 A

（早年的版本，与表 8-1 形成对照）

n	1	2	3	4	5	6	7	8	9	10
RC	0.0	0.0	0.58	0.90	1.12	1.24	1.32	1.41	1.45	1.49

资料来源：Saaty and Alexander, 1981: 151.

第9章

城市系统的模糊综合评价

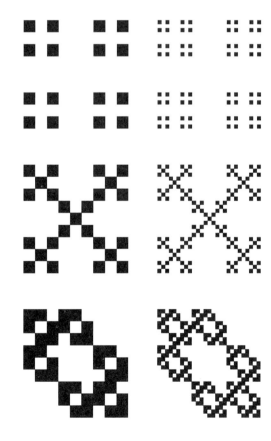

现实中的事物可以分为两大类：一类是相对明确的，如有和无，黑和白，有机和无机，晴天和雨天，平均温度，区域人口，如此等等；另一类是界限模糊的，如大和小，优和劣，年轻与年老，貌美与貌丑，城乡边界，经济地位，如此等等。对于第一类现象，可以用确定的数字进行描述，建立常规数学模型开展分析；对于第二类现象，不可能提供确切的普查或者统计数字，常规的数学方法失效。这个时候可以采用模糊数学开展定量分析。模糊数学（fuzzy mathematics）由美国控制论专家 Zadeh（1965）奠定基础——提出模糊集（fuzzy sets）概念。此后，Zadeh（1973）将其用于复杂系统和决策过程分析，1979～1981 年推广到可能性（possibility）理论和软数据（soft data）分析（Zadeh，1987；Zadeh，1992；Zimmermann，et al，1984），目前在很多领域都有应用。在传统的地理数学方法和当前的地理计算（GeoComputation，GC）等方面，模糊数学也发挥了一定的作用。20 世纪 80 年代的时候，有学者将模糊数学（F）、灰色系统（G）及物元变换等方法结合起来，提出了 FHW 决策系统的概念（贺仲雄，王伟，1988）。地理界有人因此受到启发，认为模糊、灰色等是解决地理学理论问题的重要工具。这些方法在地理学理论建设中的地位姑且不论，可以肯定模糊数学在城市系统综合评价和聚类分析等方面有所优长。

9.1　数学模型

所谓模糊综合评价（Fuzzy Comprehensive Evaluation，FCE），就是以模糊数学理论为基础，借助模糊关系合成的原理，对一些界限不易明确的现象进行定量分析与评价的一种数学方法。实际上，在现实生活中，人们经常不自觉地应用模糊评价方法，只是自己没有留心、没有形成文字、化为公式而已。模糊综合评价在环境中的污染水质评判、旅游规划、房地产评估乃至产品市场分析与定位等领域都非常有用。模糊综合评价是在没有数据的情况下生成数据的典型方法，但生成得合情合理，因为大多数据是通过问卷调查等方式取得的。当然，也可以通过理论的方法和专家评分的方法产生。以何种方法生成数据，可以根据具体的研究对象和具体的问题来决定。为了表述的简洁，姑且只讲调查数据。

假设给定两个有限论域

$$U = \{u_1 \quad u_2 \quad \cdots \quad u_p\} \tag{9-1}$$

$$V = \{v_1 \quad v_2 \quad \cdots \quad v_m\} \tag{9-2}$$

其中，U 代表综合评判的因素所组成的集合，V 代表评语组成的集合。基于这两个论域可以建立如下模糊变换

$$\tilde{X}\tilde{R} = \tilde{Y} \tag{9-3}$$

式中，X 为 U 上的模糊子集，Y 为 V 上的模糊子集，R 为关系集。为什么我们不用 U、V 直接建立关系，而采样它们的子集合构造模型呢？原因在于，任何一个论域，在理论上涵盖的范围都非常广阔，人们在实际工作中不可能全面找到一个论域，只能找到论域的主要要素，据此构造某个论域的子集。简而言之，X 之于 U，Y 之于 V，有点像统计学中的样本之于总体。

上述集合和子集在日常生活中都有应用。举一个简单的例子。中国《地理研究》杂志早年的审稿单(或称"审稿意见书")是一个准模糊综合评价问题(图9-1)。编辑部将论文的评审分为8个方面:基本论点,方法手段,……,成果意义。这8个方面构成一个评价因素论域即评价指标的一个子集,可以表示为

$$\tilde{X} = [\text{基本论点} \quad \text{方法手段} \quad \cdots \quad \text{成果意义}]$$

论文题目	******			
请对本稿的以下各项进行评价(在字母处打"√"):				
1. 基本论点:	A. 新颖独到	B. 立论明确	C. 见解一般	D. 肤浅空泛
2. 方法手段:	A. 有所创新	B. 合理得当	C. 尚待完善	D. 运用不当
3. 资料数据:	A. 准确充实	B. 比较翔实	C. 需要补充	D. 陈旧贫乏
4. 文献掌握:	A. 全面系统	B. 基本熟悉	C. 了解有限	D. 严重不足
5. 图表质量:	A. 规范美观	B. 较为规范	C. 还需改进	D. 问题很多
6. 论文结构:	A. 完整协调	B. 比较合理	C. 条理不强	D. 逻辑混乱
7. 文字水平:	A. 严谨流畅	B. 行文通顺	C. 表达欠佳	D. 生涩繁冗
8. 成果意义:	A. 重要价值	B. 较大价值	C. 一般价值	D. 缺少价值
总体评价: A. 优秀 B. 良好 C. 尚好 D. 平淡 E. 较差			综合得分(百分制): 分	
评审意见: A. 直接发表 B. 改后发表 C. 改后再审 D. 改投他刊 E. 不宜发表				

图9-1 《地理研究》杂志早年的审稿单(局部)

论域的每一个方面又分为 A、B、C、D 四级评语,形成评语等级的论域即评语集的子集:

$$\tilde{Y} = [A \quad B \quad C \quad D]$$

如果对论域子集中的要素基本论点、方法手段等赋予权重,则上述问题就是一个模糊综合评价问题。实际上,设计审稿单的专家也许不懂模糊数学,但他们不自觉地运用了模糊数学的思想;审稿人也许不懂模糊数学,但在这个评审框架里,也会不自觉地运用模糊评价方法。研究这个审稿单是非常有趣的,读者可以将审稿单加以改进,变成一个典型的模糊综合评价问题。

为了便于大家理解模糊综合评价问题,下面讲述一个简明易懂的应用实例。假定一个房地产商人计划开发某种类型的住宅房,他关心的是这种房屋建成上市以后是否有较好的销量。为此,可以开展一个模糊评价,以便对市场行情心中有底。要想对这种房屋在市场上受欢迎的程度作出评价,可以采用居住面积、居室数目和销售价格三个测度构造如下论域子集

$$\tilde{X} = [\text{面积}(x_1) \quad \text{房间数}(x_2) \quad \text{价格}(x_3)]$$

上述指标是不够全面的,可以进一步考虑楼房的地理位置、小区环境状况等评价指标。不过,作为一个教学实例,应该尽可能地将问题化简。借助上面的评价指标,对顾客展开问卷调查,让众多的顾客从上述三个方面对该种类型的住房下一个评语。评语子集可以分为四级

$$\tilde{Y} = [非常欢迎(y_1) \quad 比较欢迎(y_2) \quad 不太欢迎(y_3) \quad 很不欢迎(y_4)]$$

假定调查的结果是 20% 的顾客对该房屋的居住面积非常欢迎，70% 的顾客对居住面积比较欢迎，10% 的顾客对居住面积不太欢迎，没有顾客对居住面积很不欢迎，则可得到关于该房屋的居住面积的模糊评价向量

$$[0.2 \quad 0.7 \quad 0.1 \quad 0.0]$$

向量中的数值就是模糊数学所谓的隶属度。用同样的方法得到关于房屋居室数目的模糊评价向量

$$[0.0 \quad 0.4 \quad 0.5 \quad 0.1]$$

以及关于房屋价格的模糊评价向量

$$[0.2 \quad 0.3 \quad 0.4 \quad 0.1]$$

合并上述模糊评价向量可得关系集合

$$\tilde{R} = \begin{bmatrix} 0.2 & 0.7 & 0.1 & 0.0 \\ 0.0 & 0.4 & 0.5 & 0.1 \\ 0.2 & 0.3 & 0.4 & 0.1 \end{bmatrix}$$

另一方面，在顾客的心目中，房屋面积、居室数目和销售价格的分量或者说重要程度是不一样的：有的人认为房屋面积最重要，有的人认为居室数目最重要，还有的人认为销售价格更为重要。因此，有必要对综合评判因素子集的三个要素赋予权数。赋值方法有多种，对于这个问题而言，最可取的方式还是民意测验。假定调查的结果为：

（1）20% 的顾客认为房屋面积最重要；

（2）50% 的顾客认为居室数目最重要；

（3）30% 的顾客认为销售价格最重要。

则三个权数构成一个模糊权重向量：

$$\tilde{X} = [0.2 \quad 0.5 \quad 0.3]$$

借助模糊变换可以得到顾客对该房屋的综合评价，利用取小—取大运算给出的综合评语集为

$$\tilde{Y} = \tilde{X}\tilde{R} = [0.2 \quad 0.5 \quad 0.3] \begin{bmatrix} 0.2 & 0.7 & 0.1 & 0.0 \\ 0.0 & 0.4 & 0.5 & 0.1 \\ 0.2 & 0.3 & 0.4 & 0.1 \end{bmatrix} = [0.2 \quad 0.4 \quad 0.5 \quad 0.1]$$

对上面的综合评价向量进行归一化，可得最后的结果

$$[0.17 \quad 0.34 \quad 0.40 \quad 0.09]$$

根据这个向量可以判断，这种类型的住房在市场上将会比较受欢迎，但不是特别受欢迎的那种。

上面这个结果一定让大家感到奇怪，因为采用通常的矩阵运算得到的结果与此不同。常规矩阵运算结果应为 $[0.1 \quad 0.43 \quad 0.39 \quad 0.08]$。这就涉及取小

—取大等模糊运算方法。

9.2 模糊运算和变换

9.2.1 模糊合成算子

对于常规的矩阵运算是先乘后加和，表为算子形式便是 $M(*, +)$，不妨称之为乘法–加法算子。对于两个常规向量

$$A = [0.2 \quad 0.5 \quad 0.3]$$

与

$$C^{\mathrm{T}} = [0.7 \quad 0.4 \quad 0.3]$$

的运算，计算过程就是

$$AC = 0.2×0.7+0.5×0.4+0.3×0.3 = 0.14+0.20+0.09 = 0.43$$

但是，对于模糊矩阵的运算，方法有所不同。首先定义如下四个简单的模糊算子

$$\begin{cases} \wedge \text{——取小运算} \\ \vee \text{——取大运算} \\ * \text{——乘法运算} \\ \oplus \text{——有界和运算即有界加法运算} \end{cases}$$

取小运算表示两数相遇取其小，取大运算表示两数相遇取其大，乘法运算表示两数相遇取其积，有界和运算表示数值加和之后与临界值比较定结果——如果加和结果不大于临界值，取其和，否则取其临界值。将上述算子加以组合，可得模糊合成算子。

假定评语分为 m 级，评价指标为 p 个。下面给出几种常用的模糊合成算子，分别举例说明如下（胡永宏，贺思辉，2000）。

第一种合成算子：$M(\wedge, \vee)$，即取小–取大算子。表示为公式的形式就是

$$b_j = \bigvee_{i=1}^{p} (a_i \wedge r_{ij}) = \max_{1 \leq i \leq p} [\min(a_i, r_{ij})] \tag{9-4}$$

这里 $j=1, 2, \cdots, m$。这就是说，先比较两个向量中的对应数值，取较小的数值；然后在保留下来的多个较小数值中取一个最大的数值。考虑两个模糊向量

$$\tilde{A} = [0.2 \quad 0.5 \quad 0.3]$$

与

$$\tilde{C}^{\mathrm{T}} = [0.7 \quad 0.4 \quad 0.3]$$

的运算，可得

$$\tilde{A}\tilde{C} = \vee [0.2 \wedge 0.7 \quad 0.5 \wedge 0.4 \quad 0.3 \wedge 0.3] = \vee [0.2 \quad 0.4 \quad 0.3] = 0.4$$

在三个取小结果中 0.4 最大，故最终值为 0.4。

第二种合成算子：$M(*, \vee)$，即乘法–取大算子。表示为公式的形式就是

$$b_j = \bigvee_{i=1}^{p} (a_i * r_{ij}) = \max_{1 \leq i \leq p} [a_i * r_{ij}] \tag{9-5}$$

这里 $j=1, 2, \cdots, m$。这就是说，先将两个向量中对应的数值一一相乘，然后

在乘积中保留一个最大的数值。对于前述模糊向量

$$\tilde{A} = [0.2 \quad 0.5 \quad 0.3], \quad \tilde{C}^{\mathrm{T}} = [0.7 \quad 0.4 \quad 0.3]$$

的运算，应为

$$\tilde{A}\tilde{C} = \vee [0.2 \times 0.7 \quad 0.5 \times 0.4 \quad 0.3 \times 0.3] = \vee [0.14 \quad 0.20 \quad 0.09] = 0.20$$

在三个乘积中 0.2 最大，故最后保留 0.2。

第三种合成算子：$M(\wedge, \oplus)$，即取小—有界和算子。表示为公式的形式就是

$$b_j = \bigoplus_{i=1}^{p} (a_i \wedge r_{ij}) = \min \left[1, \sum_{i=1}^{p} \min(a_i, r_{ij}) \right] \tag{9-6}$$

这里 $j = 1, 2, \cdots, m$。这就是说，先比较两个向量中的对应数值，两数相遇取其小；然后将保留下来的多个较小数值加和，并与 1 比较，保留其中较小的——如果加和结果大于 1，则保留 1，否则保留数值之和。对于前述模糊向量

$$\tilde{A} = [0.2 \quad 0.5 \quad 0.3], \quad \tilde{C}^{\mathrm{T}} = [0.7 \quad 0.4 \quad 0.3]$$

的运算，应为

$$\tilde{A}\tilde{C} = \oplus [0.2 \wedge 0.7 \quad 0.5 \wedge 0.4 \quad 0.3 \wedge 0.3] = \oplus [0.2 \quad 0.4 \quad 0.3]$$
$$= \min(1, 0.2 + 0.4 + 0.3) = \min(1, 0.9) = 0.9$$

可见，取小的结果加和之后为 0.9，小于 1，故保留 0.9。

第四种合成算子：$M(*, \oplus)$，即乘法—有界和算子。表示为公式的形式就是

$$b_j = \bigoplus_{i=1}^{p} (a_i * r_{ij}) = \min \left(1, \sum_{i=1}^{p} a_i * r_{ij} \right) \tag{9-7}$$

这里 $j = 1, 2, \cdots, m$。这就是说，先将两个向量中对应的数值一一相乘，然后将多个乘积加和，并与 1 比较，保留其中较小的——如果加和结果大于 1，则保留 1，否则保留数值之和。对于上述模糊向量

$$\tilde{A} = [0.2 \quad 0.5 \quad 0.3], \quad \tilde{C}^{\mathrm{T}} = [0.7 \quad 0.4 \quad 0.3]$$

的运算，应为

$$\tilde{A}\tilde{C} = \oplus [0.2 \times 0.7 \quad 0.5 \times 0.4 \quad 0.3 \times 0.3] = \oplus [0.14 \quad 0.20 \quad 0.09]$$
$$= \min(1, 0.14 + 0.20 + 0.09) = \min(1, 0.43) = 0.43$$

显然，乘积的结果加和之后为 0.43，小于 1，故保留 0.43。

概而言之，合成算子包含两步运算功能：第一步是借助权重向量的元素 a_i 对关系矩阵的元素 r_{ij} 进行修正，由取小（$\wedge$）或者乘法（$*$）运算完成；第二步是对修正后的结果进行综合，由取大（$\vee$）或者有界和（$\oplus$）运算完成。从发挥权数的作用方面看来，乘法运算要比取小运算的效果好得多：乘法将权数 a_i 的信息赋予了相应的 r_{ij} 值，而取小是在 a_i 和 r_{ij} 两个数值中保留一个较小的数值。虽然第一步的乘法运算可以将权数的信息赋予关系矩阵中的相应元素，但能否充分利用其信息还与第二步运算有关。第二步如果采用取大运算，就会丢失权数和相关矩阵的一些信息；如果采用有界和运算，则会通过修正结果的加和而相对充分地利用权数和相关矩阵的信息。

简而言之，三个要点：其一，取小、取大过程有较多的舍弃，乘法、加和则合成了数据的信息。因此，第一步的乘法运算要比取小运算能够更好地利用权数和关系矩阵的信息，第二步的有界和运算则要比取大运算可以更好地利用数据的信息。其二，第二步的作用要比第一步更为关键。从综合程度看，有界和运算要比取大运算好一些。其三，第一步采用取小、第二步采用有界和运算，目的都是为了使得最后的计算结果不超过1。第一步采用取小运算和乘法运算还有一个原因：权数修正只能使数据变小而不可能变大。

如果采用取小—取大算子，某一等级的最终评语由主要评判因素决定。所谓主要评判因素实际上就是权重最大的因素。例如，前述住房评价，居室数目即房间数的权重最大，占50%的份量，为评价的主因素。第一等级评语为0，故房间数没有作用。第一等级是一个特例。其余的等级——二、三、四级——的最终评语数值全部由房间数决定。主因素对最终评语具有决定性的作用。如果采用乘法-取大算子，主因素不再具有决定性作用，但对最终评语有突出的影响。无论取小运算抑或乘法运算，权重最大的因素可以保留或者生成较大的数值，其结果在第二步的取大运算中必然具有优势，故对最终评语具有决定性的作用或者具有突出性的影响。但是，如果第二步采用有界和运算，主因素的作用会在加和过程中被隐藏，而加和的过程相当于对各种评语的一种平均过程。

可见，凡事尺有所短、寸有所长。上述各种算子各有优缺点，列表如表9-1所示。模糊算子的采用，可以根据研究对象的需要进行甄别与遴选。如果你无法判断采用什么算子，建议采用第四种类型。一般情况下，进行综合比较，乘法-有界和算子的运算效果比较可取。不过，取小-取大运算非常方便，在概略估计过程中可以发挥作用。

四种模糊合成算子的优缺点比较　　　　　　　　　　表 9-1

内容 ＼ 算子	$M(\wedge, \vee)$	$M(*, \vee)$	$M(\wedge, \oplus)$	$M(*, \oplus)$
发挥权数的作用	不明显	明显	不明显	明显
利用 R 的信息	不充分	不充分	较充分	充分
综合程度	弱	弱	较强	强
类型	主因素决定型	主因素突出型	不均衡平均型	加权平均型

资料来源：胡永宏，贺思辉，2000：185。

9.2.2　模糊变换和评语集等级

有了模糊运算法则，我们就可以建立模糊向量和关系矩阵，然后进行模糊变换，得到评价向量。以取小—取大运算为例，模糊变换可以表示如下。设 A 为模糊向量

$$A = \begin{bmatrix} a_1 & a_2 & \cdots & a_p \end{bmatrix} \tag{9-8}$$

R 为 p 行、m 列模糊关系矩阵

$$R = \left[r_{ij} \right]_{p \times m} = \begin{bmatrix} r_{11} & r_{12} & \cdots & r_{1m} \\ r_{21} & r_{22} & \cdots & r_{2m} \\ \vdots & \vdots & \ddots & \vdots \\ r_{p1} & r_{p2} & \cdots & r_{pm} \end{bmatrix} \tag{9-9}$$

模糊变换就是

$$A \circ R = \begin{bmatrix} b_1 & b_2 & \cdots & b_m \end{bmatrix} \triangleq B \tag{9-10}$$

式中

$$b_j = (a_1 \wedge r_{1j}) \vee (a_2 \wedge r_{2j}) \vee \cdots \vee (a_p \wedge r_{pj}) \tag{9-11}$$

这里 $i=1,2,\cdots,p$；$j=1,2,\cdots,m$。

一个问题是，评语集的等级设为多少为好？如果 m 太大，人类语言难以描述且不易判别等级的隶属；另一方面，如果 m 太小，又难以满足模糊评价的质量要求。根据心理学的有关研究，人类对信息的识别范围约为 6~7 级，也有人认为是 7±2 级，即 5~9 级（Miller，1956；Bettman，1979）。因此，天上的星光分为 6 等，音乐的音调分为 7 级（不考虑半音），中心地分为 7 个等级，如此等等（陈彦光，2008）。中国古代将地分九级、人分九等，九是极限（古人所谓的最大数）。在模糊综合评价中，评语集中的等级 m 的取值一般在 3~7 之间，且多为奇数——奇数的好处是有一个中间等级，便于判别研究对象的归属情况。下面是一些评语集的例子。

[强，中，弱]

[很好，较好，一般，不好，很坏]

[优秀，良好，及格，较差，很差]

[上上，上中，上下，中上，中中，中下，下上，下中，下下]

最后一个评语集是《禹贡》对中国九州土壤的分级方式，中国古代历史上的官员考评，通常就用这种方式分为三级九等。

9.3 模糊综合评价步骤和城市旅游分析案例

9.3.1 评价步骤

Zadeh（1973）创立模糊数学理论时发现了一个互不相容原理——今天人们常常称之为 Zadeh 不兼容原理（principle of incompatibility）："当系统的复杂性增加时，人们对系统的行为作出精确而显著的陈述的能力就会相应下降，以至达到这样一个阈值（threshold），一旦超过这个临界值，精确性与显著性（或者实用性）将变成两种相互排斥的特性。"（参见 Zadeh，1987）这意味着，复杂性越高，有意义的精确化能力就会越低；精确化越低，暗示系统的模糊性越强。

对于复杂系统，常规的评价方法失效，可以借助模糊数学开展综合评价工作。模糊综合评价的步骤可以概括如下：

第一步，确定评价对象的因素论域子集。这一步相当于选取评价指标。

第二步，确定评语等级的论域子集。

第三步，建立模糊关系矩阵。这一步通过开展单因素评价实现。

第四步，基于评价因素建立模糊权向量。这一步与前述单因素评价相似，主要是对评价指标的重要性赋值。

第五步，借助模糊关系矩阵对权向量进行变换。这一步要采用某种合成算子。

第六步，模糊综合评价结果归一化，并利用结果进行分析和预测。

需要强调的是，模糊评价因素的确定与层次分析法准则的遴选一样，应该注意"正交"性。也就是说，不同的评价因素之间不应该存在明显的关联。如果不同评价因素之间关系比较密切，就会人为加强一个评价标准的分量，相对地降低了其他评价标准的分量，以致最终评价结论出现偏差。

9.3.2 计算实例

下面给出的计算例子采用的是取小—取大算子，读者不妨用其他合成算子尝试计算，并且比较分析结果。

北京大学景观规划设计中心俞孔坚教授的学生于 2001 年 10 月 4 日在张家界黄龙洞对游客进行问卷调查，一共调查了 198 人。调查的内容是对黄龙洞进行评价，评价的等级分为四级：十分满意、比较满意、不太满意、不能忍受。结果如表 9-2 所示。

游客对张家界黄龙洞的模糊评语向量　　　　　　　　表 9-2

评语	十分满意	比较满意	不太满意	不能忍受	总和
人数	11	107	69	11	198
比重	5.56%	54.04%	34.85%	5.56%	100

资料来源：北京大学景观规划设计中心博士生周年新。

实际上，上述评价构成一个关于旅游风景区的评语集：

$$V = [\text{十分满意}(v_1) \quad \text{比较满意}(v_2) \quad \text{不太满意}(v_3) \quad \text{不能忍受}(v_4)]$$

而评价的结果为

$$[0.0556 \quad 0.5404 \quad 0.3485 \quad 0.0556]$$

遗憾的是，在调查游客意向时，这些学生没有分清论域的结构。因此，上面的评价属于单因素简单评分。

假定问卷设计分出如下论域子集

$$U = [\text{风景}(u_1) \quad \text{交通}(u_2) \quad \text{治安}(u_3)]$$

这里涉及的评价指标是不完全的，有一些因素没有考虑。必须说明的是，本例是讲授模糊综合评价方法，不是讨论旅游调查，故问题越简单越好。

首先，对评价因素赋以权数。在模糊数学中，赋值的方法有多种，比方说可以采用隶属函数法等。不妨借助民意调查的方法。假定调查的结果是：40% 的人认为风景最重要，35% 的人认为交通最重要，25% 的人认为治安最重要。则评价因素的权数分布为

$$\tilde{A} = [0.40 \quad 0.35 \quad 0.25]$$

现在假定调查 1000 人，让他们对黄龙洞的风景、交通和治安分别给予评价（下评语）。结果表明，10% 的人对风景十分满意，50% 的人对风景比较满意，40% 的人对风景不太满意，0% 的人对风景不能忍受，则关于黄龙洞风景的评价为

$$[0.10 \quad 0.50 \quad 0.40 \quad 0.00]$$

再假定：5% 的人对交通十分满意，30% 的人对交通比较满意，50% 的人对交通不太满意，15% 的人对交通不能忍受，则关于黄龙洞交通的评价为

$$[0.05 \quad 0.30 \quad 0.50 \quad 0.15]$$

最后假定：12% 的人对治安十分满意，40% 的人对治安比较满意，40% 的人对治安不太满意，8% 的人对治安不能忍受，则关于黄龙洞治安的评价为

$$[0.12 \quad 0.40 \quad 0.40 \quad 0.08]$$

于是构成关于黄龙洞的关系集为

$$\tilde{R} = \begin{bmatrix} 0.10 & 0.50 & 0.40 & 0.00 \\ 0.05 & 0.30 & 0.50 & 0.15 \\ 0.12 & 0.40 & 0.40 & 0.08 \end{bmatrix}$$

借助取小—取大算子 $M(\wedge, \vee)$ 进行如下运算

$$\tilde{B} = \tilde{A} \cdot \tilde{R} = [0.40 \quad 0.35 \quad 0.25] \begin{bmatrix} 0.10 & 0.50 & 0.40 & 0.00 \\ 0.05 & 0.30 & 0.50 & 0.15 \\ 0.12 & 0.40 & 0.40 & 0.08 \end{bmatrix}$$

$$= [0.12 \quad 0.40 \quad 0.40 \quad 0.15]$$

将结果归一化可得关于黄龙洞的模糊综合评价

$$[0.112 \quad 0.374 \quad 0.374 \quad 0.140]$$

上述评价虽然是一个综合评价，但属于单级综合评价。为了评价整个张家界风景区，可以采用多级综合评价。张家界还有天子山、金鞭溪、桑植、慈利、中湖、泗南峪、军地坪、森林公园，等等，对每一个地方都可以进行类似的综合评判。为了简化问题，只考虑三个风景地：假设张家界只有黄龙洞、天子山和金鞭溪三个风景点。于是由这三个景点构成一个论域

$$U_z = [黄龙洞(u_{z1}) \quad 天子山(u_{z2}) \quad 金鞭溪(u_{z3})]$$

采用上述方法，假定对天子山的综合评价结果为

$$[0.120 \quad 0.393 \quad 0.407 \quad 0.080]$$

对金鞭溪的综合评价结果为

$$[0.205 \quad 0.312 \quad 0.413 \quad 0.070]$$

于是可得关于张家界的关系集

$$\tilde{R}_z = \begin{bmatrix} 0.112 & 0.374 & 0.374 & 0.140 \\ 0.120 & 0.393 & 0.407 & 0.080 \\ 0.205 & 0.312 & 0.413 & 0.070 \end{bmatrix}$$

不言而喻，为了给出多级评价结果，还要对上述景点构成的论域赋予权数，赋值的方法依然是民意测验，或者是专家打分。当然是民意测验更为可靠。假定对千人以上的游客进行调查，请他们对上述风景点进行评判，结果发现：30% 的人认为黄龙洞最值得一游，50% 的人认为天子山最值得一游，20% 的人认为金

鞭溪最值得一游，则模糊向量为

$$\tilde{A}_z = [0.30 \quad 0.50 \quad 0.20]$$

于是关于整个张家界的多级模糊综合评价结果为

$$\tilde{B}_z = \tilde{A}_z \cdot \tilde{R}_z = [0.30 \quad 0.50 \quad 0.20] \begin{bmatrix} 0.112 & 0.374 & 0.374 & 0.140 \\ 0.120 & 0.393 & 0.407 & 0.080 \\ 0.205 & 0.312 & 0.413 & 0.070 \end{bmatrix}$$

$$= [0.20 \quad 0.393 \quad 0.407 \quad 0.140]$$

归一化的结果为

$$[0.175 \quad 0.345 \quad 0.357 \quad 0.123]$$

上述结果还可以进行如下验证：直接调查游客，请他们根据对整个张家界的游览印象进行评判，将评价结果与上述结果进行对照。如果二者基本一致，则整个评价结束；如果出入较大，则要查清问题的根源所在。

有人可能会问：既然可以直接对整个张家界进行评分，为什么还要设置那么多的评价因素、进行多级综合评价呢？问题在于：简单而直接的综合评价通常是不可靠的，因为许多游客不会游览全部景点，他们往往会根据对某些地方的印象以偏概全。记得二十年前作者第一次去开封的时候，游览了新建的宋城一条街，印象还好。第二次去开封的时候，本人对一位河南大学的校友发表高论："听许多人说开封破乱不堪，其实开封不错。"这位朋友没说什么，晚饭后带作者去看开封旧城，旧城当年的建筑可想而知。这次本人对开封才有一个比较完整的认识。如果我一开始就游览开封旧城，那对开封的印象一定较差。模糊综合评价由于条分缕析，可以避免上述主观、片面的评估问题。

而且，采用模糊综合评价，可以深入地分析旅游风景地的具体问题所在：是资源自身的问题，交通的问题，住宿条件的问题，还是社会治安环境的问题？如此等等。这种评价结果不仅可以拿出来与其他风景地进行比较分析，而且对风景区旅游发展的预测、规划与优化具有参考价值。

最后特别强调：除了黄龙洞的单因素评价，上面的数据都是本书作者假设的，而且评价因素存在明显的欠缺。因此，这里提供的仅仅是一个教学案例。各位读者在实践中非常容易改进论域结构，有关数据也比较容易通过调查取得。掌握有关方法之后，就可以将其运用于其他城市的旅游系统分析，进而拓展到城市系统其他方面的综合评价。

9.4 小结

模糊综合评价是以模糊数学理论为基础，借助模糊关系合成的原理，对一些边界不清、定量困难的现象进行综合评价的一种数学方法。模糊综合评价首先要求明确对象和问题，根据问题确定评价因素的论域子集和评语等级的论域子集。确定综合评价因素的过程相当于选择分析指标的过程，每一个评价因素（指标）对问题的重要性是不一样的，可以根据具体问题，借助专家打分、问卷调查、隶属函数等方法对因素的重要性进行赋值，赋值的结果就是评价因素的权重，权重构成的向量就是所谓评判因素的权向量。

基于不同的评价因素可以对研究对象展开单因素评价，单因素的评价过程就是从某个因素出发对评语赋值的过程。单因素的评语赋值可以采用专家打分的方式，也可以采用问卷调查的方式——采用什么方式赋值取决于问题或者研究对象的特性。每一次单因素评价产生一个向量，全部单因素的评价结果构成模糊关系矩阵。利用模糊关系矩阵对因素权重向量进行变换，就得到模糊综合评价结果的向量。变换的过程涉及模糊运算。

模糊矩阵通常采用四种运算：取小运算、取大运算、乘法运算和有界和运算。四种运算可以组合成四种合成算子：取小—取大算子、乘法—取大算子、取小—有界和算子以及乘法有界和算子。合成算子包含两步运算功能：第一步是借助权重向量的元素对关系矩阵的元素进行修正，由取小或者乘法运算完成；第二步是对修正后的结果进行综合，由取大或者有界和运算实现。取小、取大过程有较多的舍弃，乘法、加和则合成了数据的信息。故第一步的乘法运算要比取小运算能够更好地利用权数和关系矩阵的信息，第二步的有界和运算要比取大运算可以更好地利用数据的信息。总体上，第二步的作用要比第一步更为关键。从综合程度看，有界和运算要比取大运算作用更大。

第 10 章

人工神经网络与
城市非线性建模

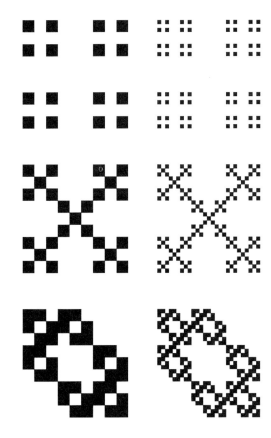

人工神经网络(Artificial Neutral Networks)是由大量简单的基本处理元件——神经元相互联结而形成的自适应非线性动态系统。网络中的每个神经元的结构和功能都比较简单，但大量神经元组合产生的系统行为却可以达到相当复杂的程度。人工神经网络反映了人脑功能的若干基本特性，但它不是生物系统的逼真描述，只是某种简化、抽象和模拟。较之于数字计算机，人工神经网络在构成原理和功能特点等方面更加接近人脑。它不是按给定的程序一步一步地执行运算，而是能够自身适应环境、总结规律、完成某种运算、识别或过程控制(Anderson，1995；Gurney，1997；Haykin，1999；Hertz，et al，1990；Tosh and Ruxton，2010)。人工神经网络具有一定程度的智能性质，但是否属于人工智能(Artificial Intelligence)，存在争议。实际上，人工神经网络属于计算智能(Computational Intelligence)的范畴，而非人工智能领域(Eberhart and Shi，2009)。人工智能是基于知识的精华，而计算智能则是依靠生产者提供的数字材料，而不是依赖于知识体系。因此有人建议，人工神经网络应改称为计算神经网络。

10.1 基本概念和基础模型

10.1.1 神经网络模型入门

一个人工神经网络模型可以从如下三个方面定义：一是不同层次的神经元(neuron)形成的相互连接图式，二是修正连接权数的学习过程，三是将神经元的加权输入转换为输出的激发函数(activation function)。为了形成一个初步的概念，首先看看一般的神经网络模型是怎样构建的。典型的人工神经网络包括三个层次：输入层(input layer)、隐含层(hidden layer)和输出层(output layer)。如果第 j 个神经元接受第 i 个信息源(可能来自其他神经元)的信号传递，则可将其表示为隐含层(简称隐层，或称中间层)的总输入

$$s_j = \sum_{i=1}^n w_{ij}x_i - \theta_j \qquad (10-1)$$

式中，x_i 为神经元 i 的输入，w_{ij} 表示输入层神经元 i 和隐含层神经元 j 的结合强度，称为连接权重，θ_j 表示隐含层神经元 j 的阈值($i=1$，2，…，n；$j=1$，2，…，p)。有人将阈值 θ_j 视为一种特殊的输入，将 $w_0=-1$ 看做是相应的权重，于是上式简化为

$$s_j = \sum_{i=0}^n w_{ij}x_i \qquad (10-2)$$

隐含层神经元 j 的输出为

$$o_j = f(s_j) \qquad (10-3)$$

式中，$f(\cdot)$ 表示激发函数。在离散输出模型中，激发函数常用单位阶跃函数

$$o = \begin{cases} 1, & s \geq 0 \\ 0, & s < 0 \end{cases} \qquad (10-4)$$

在某些情况下，响应函数也采用符号函数，即双极值阶跃函数。连续输出模型的激发函数形式不一而足，包括多项式函数、三角函数、样条函数等。人们使

用较多的是 Logistic 函数

$$o = \frac{1}{1+e^{-s}} \tag{10-5}$$

这个函数具有良好的数学性质。

另一方面，输出层的神经元的输入为

$$u_l = \sum_{j=1}^{p} v_{jl} o_j - \delta_l \tag{10-6}$$

式中，δ_l 为输出层各神经元的阈值（$l=1,2,\cdots,q$）。于是输出层的输出为

$$y_l = g(u_l) \tag{10-7}$$

为简明起见，不妨假定输出层的变换为线性变换函数，即 $g=1$，阈值取为 $\delta=0$，则输出层神经元的输入、输出相同，可以表作

$$y_l = u_l = \sum_{j=1}^{p} v_{jl} o_j \tag{10-8}$$

式中编号 $l=1,2,\cdots,q$。

为了便于理解，考虑一种简单情况：$n=3$（输入层 3 个信号源），$p=2$（中间层 2 个神经元），$q=2$（输出层 2 个神经元）。将上述公式表示为矩阵形式便是

$$W_{n\times p} = \begin{bmatrix} w_{11} & w_{12} \\ w_{21} & w_{22} \\ w_{31} & w_{32} \end{bmatrix}, \quad V_{pq} = \begin{bmatrix} v_{11} & v_{12} \\ v_{21} & v_{22} \end{bmatrix}, \quad X_{n\times 1} = \begin{bmatrix} x_1 \\ x_2 \\ x_3 \end{bmatrix}$$

$$\Theta_{p\times 1} = \begin{bmatrix} \theta_1 \\ \theta_2 \end{bmatrix}, \quad S_{p\times 1} = \begin{bmatrix} s_1 \\ s_2 \end{bmatrix}, \quad O_{q\times 1} = \begin{bmatrix} o_1 \\ o_2 \end{bmatrix}, \quad Y_{q\times 1} = \begin{bmatrix} y_1 \\ y_2 \end{bmatrix}$$

于是

$$S = W^T X - \Theta \tag{10-9}$$

$$O = f(S) \tag{10-10}$$

$$Y = V^T O \tag{10-11}$$

下面以一个最简单的例子进行说明（图 10-1）。假设一个三层前向网络，输入层有两个神经元（$n=2$），隐含层也有两个神经元（$p=2$），输出层有一个神经元（$q=1$）。输入层与隐含层神经元的连接权值矩阵

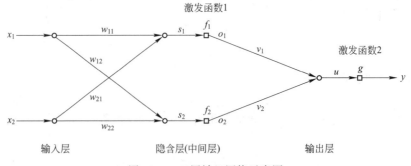

图 10-1　三层神经网络示意图

$$W = \begin{bmatrix} w_{11} & w_{12} \\ w_{21} & w_{22} \end{bmatrix} = \begin{bmatrix} 0.125 & 0.565 \\ -0.515 & 0.085 \end{bmatrix}$$

隐含层神经元的阈值向量

$$\Theta = \begin{bmatrix} \theta_1 \\ \theta_2 \end{bmatrix} = \begin{bmatrix} 0.015 \\ -0.015 \end{bmatrix}$$

隐含层神经元与输出层的连接权值向量为

$$V = \begin{bmatrix} v_1 \\ v_2 \end{bmatrix} = \begin{bmatrix} 0.65 \\ -0.45 \end{bmatrix}$$

给定一组输入值

$$X = \begin{bmatrix} x_1 \\ x_2 \end{bmatrix} = \begin{bmatrix} 0.45 \\ 0.65 \end{bmatrix}$$

则有

$$S = W^{T}X + \Theta = \begin{bmatrix} 0.125 & -0.515 \\ 0.565 & 0.085 \end{bmatrix} \begin{bmatrix} 0.45 \\ 0.65 \end{bmatrix} - \begin{bmatrix} 0.015 \\ -0.015 \end{bmatrix} = \begin{bmatrix} -0.2935 \\ 0.3245 \end{bmatrix} = \begin{bmatrix} s_1 \\ s_2 \end{bmatrix}$$

取特殊的 Sigmoid 函数 $o_i = 1/[1+\exp(-s_i)]$ 作为中间层神经元的激发函数，得到

$$o_1 = \frac{1}{1+e^{-s_1}} = \frac{1}{1+e^{0.2935}} = 0.4271$$

$$o_2 = \frac{1}{1+e^{-s_2}} = \frac{1}{1+e^{-0.3245}} = 0.5804$$

从而

$$Y = V^{T}O = \begin{bmatrix} v_1 & v_2 \end{bmatrix} \begin{bmatrix} o_1 \\ o_2 \end{bmatrix} = \begin{bmatrix} 0.65 & -0.45 \end{bmatrix} \begin{bmatrix} 0.4271 \\ 0.5804 \end{bmatrix} = 0.0165$$

上面的网络类似于下面要讲到的误差逆向传播网络，即误差逆传网络，但结构更为简单一些。

10.1.2 M-P 神经网络建模实例

为了对神经网络的建模方法和应用思路有一个大略的理解，不妨学习一个简明的例子。在地理空间分析过程中，有许多来自不同研究的类似问题。在地理分维的计算过程中，有时需要进行粗视化处理，具体操作就是元胞归并。以最简单的一维分布情况为例，两个元胞格子合并的规则如下：如果两个格子都是空的，合并之后视为空格；只要有一个元胞不空，合并之后视为实格。因此，元胞合并存在如下四种情形：其一是两个元胞都是空格，合并之后依然是空格；其二是 A 格空、B 格不空，其三是 A 格不空、B 格空，其四是 A 格、B 格都不空，后面三种情况合并之后都是实格。在聚落分布的空间信息熵研究过程中，有时需要对系统状态进行分类。在最简单的情况下，研究两个区域，则组合模式可以分为两大类、四小类。第一种情况，A 区域和 B 区域都不存在聚落，属于无聚落的情形。第二种情况，A 区域无聚落、B 区域有聚落；第三种情况，A

区域有聚落、B 区域无聚落；第四种情况，A 区域、B 区域都有聚落，这三种情况属于有聚落的情形。在空间相互作用模型中，存在四种不同的模式，它们又可以分为两类。第一是出发、到达均无约束，其二是出发无约束、到达有约束，其三是出发有约束、到达无约束，其四是出发、到达均有约束。前面一种情况属于无约束类，后面三种情况属于有约束类。上述表面看来互不相关的问题，都可以抽象为神经网络的感知器处理问题，每一次输入两个信号（用 0、1 表示），分别代表两种状态；输出一个信号（0 或 1），代表两个单元的组合状态（表 10-1）。

地理系统感知器模式识别问题举例   表 10-1

情形	第一种情况	第二种情况	第三种情况	第四种情况
元胞合并	A 格、B 格均空	A 格空、B 格不空	A 格不空、B 格空	A 格、B 格均实
空间分布	A 区、B 区均无聚落	A 区无聚落、B 区有聚落	A 区有聚落、B 区无聚落	A 区、B 区都有聚落
空间相互作用	出发、到达均无约束（不约）	出发无约束、到达有约束（单约）	出发有约束、到达无约束（单约）	出发、到达均有约束（双约）
其他	……	……	……	……
状态组合	(0, 0)	(0, 1)	(1, 0)	(1, 1)
状态分类	0	1	1	1

现在，希望建立一种神经网络模型，能够自动辨识上述模式类别。毕竟，神经网络的应用方向之一乃是图式、图像或者形态的识别（Bishop，1995；Duda et al，2001；Egmont-Petersen et al，2002；Ripley，1996；Theodoridis and Koutroumbas，2009）。用 0 代表空格、空白、无之类的属性，用 1 代表非空、充实、有之类的属性。同时，作为分类变量，用 0 代表一种类别，用 1 代表另外一种类别。当输入信号(0，0)的时候，期望模型自动输出响应信号 0；当输入信号 (0，1)、(1，0)或者(1，1)的时候，期望模型输出的最终响应信号为 1。这个问题的神经网络模型很简单，模型结构可以用图 10-2 示意，输入-输出关系可以用前面的式(10-1)～式(10-4)刻画。原始信号输入的响应函数为

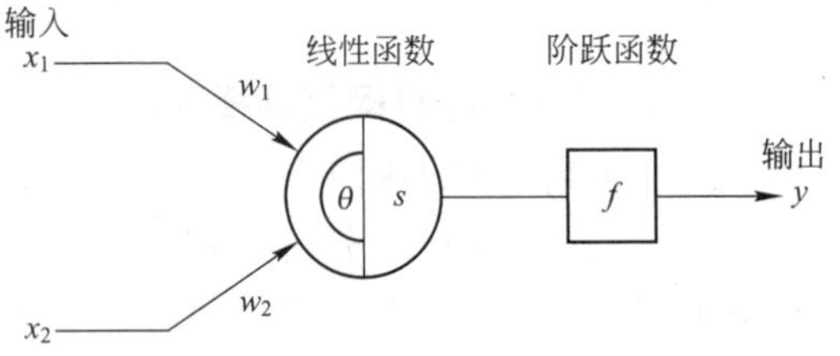

图 10-2 两个输入变量的 M-P 神经网络示意图

$$s^{(k)} = \sum_{i=1}^{2} w_i x_i^{(k)} - \theta = w_1 x_1^{(k)} + w_2 x_2^{(k)} - \theta \qquad (10\text{-}12)$$

式中，x_i 为神经元 i 的输入（x_1、x_2=0 或 1），s 为响应，w_i 表示连接权重，θ 表示阈值（i=1，2），k 表示输入的类别编号（k=1，2，3，4）。模式判别的响应函数为

$$y = f\left[s^{(k)}\right] \qquad (10\text{-}13)$$

式(10-13)中的激发函数采用单极值阶跃函数

$$y = \begin{cases} 1, & s^{(k)} \geq 0 \\ 0, & s^{(k)} < 0 \end{cases} \qquad (10\text{-}14)$$

上面的式子属于最经典、也是最简单的神经网络模型——M-P 神经网络模型。McCulloch 和 Pitts(1943) 曾经仿照生物神经元的特性，定义了一种简单的神经网络模型，今天人们称之为 M-P 模型。在图 10-2 中将两个输入改变为多个输入，就得到标准的 M-P 模型示意图。

现在的问题是，如何确定模型的权重 w_i 和阈值 θ。只要成功地确定了这些参数值，一个简单的神经网络模型就完成建设过程了。不管权重值和阈值如何设定，基本要求就是：当 x_1、x_2 取 0、0 时，最后输出的 y 值必须为 0；当 x_1、x_2 取 0、1，或者 1、0，或者 1、1 时，最后输出的 y 值必须为 1。以元胞归并为例，应用于具体问题，就是状态的自动判别。用 0 代表空胞，用 1 代表实胞，任意输入归并前两个元胞的属性信号(0 或 1)，希望神经网络模型自动给出其合并后的元胞状态类别(也是 0 或 1)。

这个神经网络模型是如此简单，以至于可以借助观察和回归分析确定模型的权重和阈值。如前所述，模式判别的激发函数是阶跃函数。只要是遇到小于 0 的数值，该函数将它统统转化为 0；只要遇到大于等于 0 的数值，该函数将它们全部转化为 1。因此，只要采用适当的分类变量对输入信号的响应 s 赋予适当的数值即可。根据问题的需要和性质，不妨将输入信号(0, 0)的响应类别用 -1 表示，输入信号(0, 1)或者(1, 0)的响应类别用 0 表示，输入信号(1, 1)的响应类别用 1 表示。这样，阶跃函数将把 -1 转换为 0，将 0 和 1 转换为 1。可见，s 的赋值不成问题(表 10-2)。

感知器的信号输入、系统响应和状态分类值　　　　　　　　　　表 10-2

模式编号	输入信号		系统响应	状态分类
k	x_1	x_2	s	y
1	0	0	-1(<0)	0
2	0	1	0(≥0)	1
3	1	0	0(≥0)	1
4	1	1	1(≥0)	1

既然已经知道了输入信号 x_i 的数值和响应信号 y 的数值，就不难确定权重和阈值了。不妨尝试采用最小二乘算法解决这个问题。如表 10-2 所示，以 x_1 和 x_2 为两个自变量，以 s 为因变量，基于式(10-13)开展二元线性回归分析。当然，有必要将模型稍稍改变一下形式，将其表作 $s = w_1 x_1 + w_2 x_2 + \theta$。这种符号的改变纯粹是一种技术问题，或者说是一种处理技巧，不改变数学模型的本质。原因在于，回归分析模型中，所有变量的系数都采用正号表示。如果计算结果为负参数，再将负号引入建模结果。换言之，如果将感知器模型权重视为回归系数，将其阈值视为截距，则可以将其作为一个线性回归模型对待。回归分析结果显

示，斜率 $w_1 = w_2 = 1$，截距 $\theta = -1$。这样，就可得到线性回归模型 $s = x_1 + x_2 - 1$，这也是最简单的神经网络响应函数。于是，一个简单的感知器模型数学表达如下

$$y^{(k)} = f(s) = f\left[x_1^{(k)} + x_2^{(k)} - 1 \right] = \begin{cases} 1, & s^{(k)} \geqslant 0 \\ 0, & s^{(k)} < 0 \end{cases}$$

式中，$f(\cdot)$ 取单极值阶跃函数，即式（10-14）。可以看出，当输入 $x_1 = 0$、$x_2 = 0$ 时，得到 $s = -1$，从而 $y = 0$；当输入 $x_1 = 0$、$x_2 = 1$ 或者 $x_1 = 1$、$x_2 = 0$ 时，得到 $s = 0$，于是 $y = 1$；当输入 $x_1 = 1$、$x_2 = 1$ 时，得到 $s = 1$，最后也是 $y = 1$。这意味着，最小二乘法给出的权重和阈值完全满足前述神经网络建模的要求。

上述问题的解不是唯一的。可以采取如下方法，借助回归分析寻找无穷多个可行解：对于 $k = 1$ 的情况，赋予 s 适当的负值；对于 $k = 2$、3、4 的情况，赋予 s 以 0 值或者某个适当的正值。不过，前面给出的模型是其中最为简明的表达形式。当然，在绝大多数情况下，神经网络的训练是一种复杂的计算过程，模型参数——包括权重矩阵和阈值——也不能借助回归分析来确定。只有神经网络模型满足如下条件，才可以采用最小二乘算法估计权重和阈值。第一，模型为线性，或者可以转换为线性表示；第二，训练样本的输入值和输出值可以通过某种方式确定。此外，如果最后需要的结果是二分类变量，那就更简单了。

10.1.3 M-P 模型的算法

严格地讲，最小二乘法不符合神经网络建模的主旨，M-P 模型也不是真正的感知器。后来，Rosenblatt（1957）在 M-P 模型的基础上，结合 Hebb 学习规则，发展了具有自学习能力的感知器（perceptron）——一种模拟人类视神经控制系统的图形识别机（Rosenblatt，1958；Rosenblatt，1962）。感知器模型包括三个层次：感知层 S（sensory）、连接层 A（association）和响应层 R（response）。感知器的输入信号由 0、1 组成，最终结果也是对模型进行 0、1 分类。感知器模型的算法，主要成分也就是 M-P 模型的算法。

假定网络输入的信号模式向量为

$$X_k = \begin{bmatrix} x_1^{(k)} & x_2^{(k)} & \cdots & x_n^{(k)} \end{bmatrix}$$

相应的输出为 $s^{(k)}$，从输入 x 到响应 s 之间的连接权重向量为

$$W = \begin{bmatrix} w_1 & w_2 & \cdots & w_n \end{bmatrix}$$

最后激发的输出为 $y^{(k)}$，这里 $k = 1$，2，$\cdots$，m。于是网络的学习过程可以归结为如下算法。

（1）网络初始化。首先赋予连接权重和阈值以 $-1 \sim 1$ 之间的随机数值。如前所述，如果将 1 视为一个特殊的输入变量，则阈值就是一个特殊的权数。

（2）权数和阈值的修正。对于每一组输入—输出模式，对 (X_k, Y_k) 完成如下计算过程（$k = 1$，2，$\cdots$，m）。

第一步，计算网络输出值。按照式（10-12）计算网络的中间输入向量 S_k，然后采用阶跃函数式（10-14）计算最后输出向量 Y_k。前面采用的是单极值阶跃函数，也可以根据需要采用双极值阶跃函数（符号函数）。

第二步，计算误差。预期输出 y^* 与实际输出 y 之间的误差公式为

$$d^{(k)} = y^{*(k)} - y^{(k)} \tag{10-15}$$

式中，k 为信号模式编号（$k=1，2，\cdots，m$。对于上述问题，$m=4$）。以前述模式识别为例，当输入信号（0，0）的时候，预期输出是 $y^*=0$，假定实际输出为 $y=0.5$，那就是存在误差 $d=-0.5$；当输入信号（0，1）的时候，预期输出是 $y^*=1$，如果实际输出为 $y=-1$，那就是存在误差 $d=2$。其余情况依次类推。

第三步，修正权数和阈值。定义权数和阈值的涨落量分别为

$$\Delta w_i(t) = \alpha \cdot x_i^{(k)} \cdot d^{(k)} = \alpha \cdot x_i^{(k)} \left[y^{*(k)} - y^{(k)} \right] \tag{10-16}$$

$$\Delta \theta(t) = \beta \cdot d^{(k)} = \beta \left[y^{*(k)} - y^{(k)} \right] \tag{10-17}$$

则修正后的权数和阈值分别为

$$\Delta w_i(t+1) = w_i(t) + \Delta w_i(t) \tag{10-18}$$

$$\Delta \theta(t+1) = \theta(t) + \Delta \theta(t) \tag{10-19}$$

式中，t 为学习次数（$t=0，1，2，\cdots$），i 为信号序号（$i=1，2，\cdots，n$。对于上述问题，$n=2$），α、β 为学习效率系数（$0<\alpha<1$、$0<\beta<1$）。

（3）迭代运算。按照第（2）环节中给出的三个步骤，重复权重和阈值的修正，直到误差 $d^{(k)}$ 趋于零、达到最小或者小于人为定义的某个误差界限 ε。

对于上面的例子，每一轮要计算四次，分别对应于 $k=1$（0，0）、$k=2$（0，1）、$k=3$（1，0）和 $k=4$（1，1）。不言而喻，每一次输入两个信号（0 或 1）。可见，每一轮运算要学习四次（$t=1，2，3，4$）。第四次学习的结果用于第二轮的第一次运算（$k=1，t=5$）。第二轮也要学习四次（$t=5，6，7，8$）。假如计算到第 t 次和第 $t+1$ 次的时候，$\Delta w_i = 0$，$\Delta \theta = 0$，或者 $d^{(k)} < \varepsilon$，计算就可以结束。对于前述例子，不妨假定初始权重向量为 [0 0]，阈值也是 0。也就是说，$w_1 = w_2 = \theta = 0$。于是，根据式（10-12），当输入模式 $k=1$ 的信号（0，0）时，得到

$$s^{(1)} = 0 \cdot x_1^{(1)} + 0 \cdot x_2^{(1)} - 0 = 0 \times 0 + 0 \times 0 - 0 = 0$$

根据阶跃函数即式（10-14），凡大于等于 0 的 s 值统统转换为 1，从而得到 $y^{(1)} = f(0) = 1$。预期的输出应该是 $y^{*(1)} = 0$。因此，误差就是 $d^{(1)} = y^{*(1)} - y^{(1)} = 0 - 1 = -1$。假定学习效率系数为 $\alpha = \beta = 0.5$，则权重和阈值的修正量分别是

$$\Delta w_1(1) = 0.5 \times 0 \times (-1) = 0，\quad \Delta w_2(1) = 0.5 \times 0 \times (-1) = 0；$$

$$\Delta \theta(1) = 0.5 \times (-1) = -0.5$$

这样，修正后的权重依然为 $w_1 = w_2 = 0$，修正后的阈值 $\theta = 0 + (-0.5) = -0.5$。然后，进入第一轮的第二次运算，输入模式 $k=2$ 的信号（0，1），得到

$$s^{(2)} = 0 \cdot x_1^{(2)} + 0 \cdot x_2^{(2)} - (-0.5) = 0 \times 0 + 0 \times 0 + 0.5 = 0.5$$

根据阶跃函数，得到 $y^{(2)} = f(0.5) = 1$。预期的输出为 $y^{*(2)} = 1$，故得到误差 $d^{(2)} = y^{*(2)} - y^{(2)} = 0$。依照式（10-16）和式（10-17），误差为 0，权重和阈值的修正量都是 0。不难验算，$k=3$（第三次学习，输入信号 [1，0]）和 $k=4$（第四次学习，输入信号 [1，1]）时，得到的结果为 $y^{(3)} = y^{(4)} = f(0.5) = 1$，预期输出为 $y^{*(3)} = y^{*(4)} = 1$，从而误差都是 0。

完成第一轮的四次运算之后，进入第二轮运算，依然从 $k=1$ 开始，到 $k=4$ 结束。可是，试验表明，权重矩阵始终得不到任何修正，阈值的绝对值线性上升。也就是说，无论采取什么误差界限，整个计算过程都无法收敛。问题的根源出现在式（10-16）和式（10-17）上。当且仅当输入信号（0，0）时出现误差，可是，信号的数值都是 0，误差在权重修正公式中得不到反映，故权重修正量也是 0。当输入信号（0，1）、（1，0）或（1，1）时，误差值可以得到反映，但偏偏此时误差值又为零。这样一来，权重始终得不到修正。在这种情况下，网络不但不能学好，反而越学越坏。根据问题的性质，将式（10-16）和式（10-17）修正为如下表达

$$\Delta w_i(t) = \alpha \cdot \left[x_i^{(k)} - 1 \right] \cdot d^{(k)} \qquad (10-20)$$

$$\Delta \theta(t) = (0 - \beta) \cdot d^{(k)} \qquad (10-21)$$

则计算过程立即生效。当取学习效率 $\alpha = \beta = 0.5$、初始权重和阈值设为 0 的时候，只需要经过两轮运算，就得到令人满意的结果——权重和阈值都是 0.5。当取学习效率为 0~1 之间的任意分数、初始权重和阈值设为 1 的时候，只需要经过一轮运算，计算过程就收敛了：权重和阈值都是 1，与前面最小二乘算法给出的结果一样。随意选择学习效率和初始值，总能找到满意解，并且得到无数个可行解。由此也可以看出，对于神经网络的算法，学习的方式需要根据具体问题决定。

经过若干轮次的训练之后，网络的学习成绩将以连接权和阈值的数值和分布形式记忆下来。今后，当人们给网络提供某种模式的输入信号时，网络就会自动判断该信号属于记忆中的哪一种模式，或者类似哪一种模式，最后将其归结为某一种相应的类别。就像一个儿童看到电视剧《西游记》中唐僧师徒的造型之后，以后无论看到西游记动画片、泥人张的西游记塑像还是民间的西游记剪纸，都能根据体貌特征很快认出唐僧、孙悟空、猪八戒和沙和尚一样。面貌、体形、服饰乃至兵器为特征信号，唐僧、孙悟空、猪八戒和沙和尚为判别结果。整个联想和判断的过程就是所谓回想过程。

10.1.4　神经网络的输入-输出函数

在进一步学习神经网络的有关理论和方法之前，有必要了解网络输入、输出函数的基本知识。输入函数比较简单，一般采用线性方程或者方程组，因而容易理解。当人们给网络提供一组变量即所谓输入模式的时候，相当于生物神经元的树突（dendrite）感受外界的某种刺激。输入信号的数值大小不一样，相当于外界的刺激强弱不同，这与网络本身无关。不同的树突传递化学物质——神经传递质的能力和速度也不一样，从而导致神经细胞膜的电压改变量也不一样。这种信息传递能力的差别可以借助连接权（weight）值反映出来。当各个信号的刺激加权平均之后，得到一个综合刺激量。该综合刺激是否能够以某种方式通过神经键传递给神经细胞中心，要看综合刺激量是否大于某个临界值。临界值在输入函数中就是所谓阈值——顾名思义，阈值就是门槛值（threshold value）。

如果采用线性回归模型作为类比，则输入函数相当于线性回归方程。自变

量相当于输入信号(象征树突感知的外界刺激量),因变量相当于神经元的某种输出(通过神经键将信号传递到细胞核心),回归系数相当于连接权,截距相当于阈值。在线性回归模型中,截距属于特殊的回归系数;在神经网络模型中,阈值相当于特殊的连接权数。对于熟悉线性回归理论的读者,可以通过类比认识输入函数的结构、特征和性质。

当加权信号通过神经键传入神经细胞核心之后,就可能通过轴索将信息传递到神经末梢。神经元对综合刺激作出反应的方式,可以采用输出函数来模拟。输出函数通常形象地称为激发函数。一个线性回归模型可以视为最简单的线性神经网络模型,传递函数就是回归模型本身,相应的输出函数则是线性比例函数。输出函数大体分为两大类别:连续类和离散类。离散型输出函数大多是连续型输出函数的特例。连续型函数主要采用 S 形函数(sigmoid function)形式。S 形函数是一个家族,包括 Logistic 函数、普通反正切函数(arc-tangent function)、双曲正切函数(hyperbolic tangent function)、Gompertz 函数——广义的 Logistic 函数以及其他曲线呈现 S 形变化的代数函数。下面着重介绍两种常用的连续型输出函数。一是 Logistic 函数,二是双曲正切函数。

(1)Logistic 函数、Logistic 函数的导数和特例。Logistic 函数的数学形式为

$$f(x) = \frac{1}{1+e^{-x}} \tag{10-22}$$

式中,x 为输入量,$f(x)$ 为输出量。可以看出,其输出量值介于0~1之间,即有 $0 \leqslant f(x) \leqslant 1$。根据这个函数,当输入信息的数值很小的时候,反应输出也很小;随着输入量值的增加,输出值以 S 形曲线上升,直到极限值 1 为止(图 10-3)。

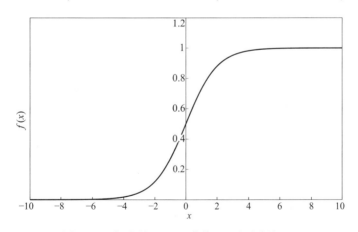

图 10-3 标准的 Logistic 曲线(经过平移处理)

Logistic 函数的导数为一 Logistic 方程,形式类似抛物线

$$\frac{df(x)}{dx} = \frac{e^{-x}}{(1+e^{-x})^2} = \frac{f(x)}{1+e^x} = f(x)[1-f(x)] \tag{10-23}$$

Logistic 函数的导数曲线中间高两头低,中间存在一个极大值(图 10-4)。导数表示输出量的增长率,Logistic 函数导数曲线的这个特征暗示:当输入量小的时候,

增长率缓慢；当输入量很大，以致输出饱和的时候，增长率也越来越慢。当输出值 $f(x)=1/2$ 的时候，导数达到极大值 $1/4$。这意味着，当输出量达到饱和值的一半时，增长速度达到最高水平。

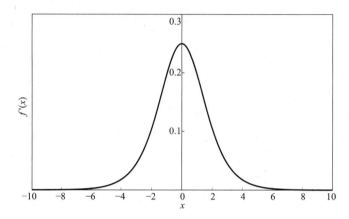

图 10-4　标准 Logistic 函数的导数曲线（经过平移处理）

顺便说明，在一些西方学者那里，对 Logistic 函数与 S 形函数两个概念不作严格的区分。例如 Mitchell（1997）在其《机器学习》（*Machine Learning*）一书的第 4 章 "人工神经网络" 中就将 "logistic function" 与 "sigmoid function" 两个术语作为同义词使用。究其原因，可能在于 Logistic 函数最能反映 S 形函数的性能和特征，以致很多学者忘记了其他 S 形函数的存在。这类函数在神经网络中也称为 "挤压函数（squashing function）" ——在多层神经网络（multi-layer neural nets）中，S 形函数可以用于压缩 "神经元" 的输出结果。

Logistic 函数的极端特例为单极值阶跃函数，即所谓 0-1 函数

$$f(x)=\begin{cases}1, & x\geqslant0\\0, & x<0\end{cases} \qquad (10-24)$$

这个函数的性质与 Logistic 函数不同。Logistic 函数用于刻画连续的反应，输出量在 0~1 之间不间断地变化。阶跃函数则是离散的，其数值非 0 即 1、非 1 即 0。当某个刺激小于临界值的时候，系统不作响应；当且仅当综合刺激大于某个临界值的时候，系统才发生反应。对于这类现象，采用阶跃函数描述最为方便。现实中的很多事物或现象可以采用分类变量 0、1 表示。因此之故，阶跃函数的用途非常广泛。

（2）双曲正切函数、双曲正切函数的导数和特例。Logistic 函数变化比较舒缓，且其数值介于 0~1 之间，它代表的反应过程从无到有，从弱到强。不过，有时候，我们需要刻画这样一种类型的反应过程：从负面反应（如痛苦）到不反应（习以为常），到正面反应（如愉悦），并且变化过程比较陡峭。于是我们需要双曲正切函数

$$f(x)=\frac{e^x-e^{-x}}{e^x+e^{-x}}=\frac{1}{1+e^{-2x}}-\frac{1}{1+e^{2x}} \qquad (10-25)$$

可以看出，双曲正切函数实际上是由特殊的 Logistic 函数构成，其数值变化于

−1~1之间，即有−1≤$f(x)$≤1（图 10-5）。双曲正切函数的导数

$$\frac{\mathrm{d}f(x)}{\mathrm{d}x} = 1 - \left[\frac{\mathrm{e}^{x} - \mathrm{e}^{-x}}{\mathrm{e}^{x} + \mathrm{e}^{-x}}\right]^{2} = 1 - f(x)^{2} \qquad (10-26)$$

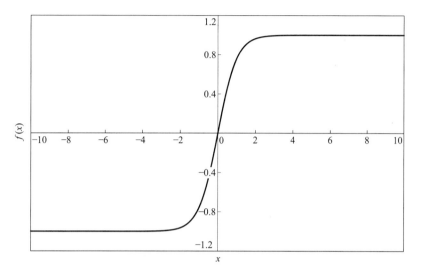

图 10-5　标准的双曲正切曲线

这个函数的曲线变化也是中间高两头低（图 10-6）。双曲正切函数的极端特例为对称型双极值阶跃函数，即符号函数

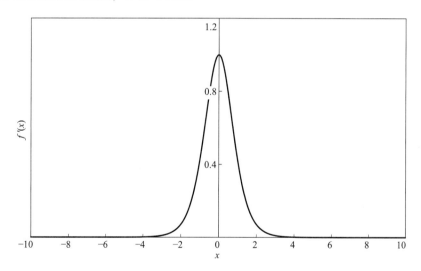

图 10-6　标准双曲正切函数的导数曲线

$$f(x) = \begin{cases} 1, & x \geq 0 \\ -1, & x < 0 \end{cases} \qquad (10-27)$$

该函数表示，当输入小于 0 的时候，反应是负面的，大于等于 0 的时候，得到正面反应。

　　上述输出函数有一个共性，那就是数值变化于较小的范围之内：0~1 之间

或者-1~1 之间。输出函数的导数也有一个共性，那就是中间高、两端低、左右对称。输出函数用于测度网络对输入量的响应，而输出函数的导数在某些算法中发挥重要作用。在常用的误差逆传播算法即误差逆传神经网络模型中，广义误差就是基于绝对误差与输出函数的导数定义的。了解输出函数的导数曲线特征有助于学习者理解误差逆传播算法以及相关的问题。

举一个简单的例子说明上述函数的应用场合和方式。考虑世界上的各个国家，将它们分为两种类型：发达国家(用分类变量 1 表示)和欠发达国家(用分类变量 0 表示)。目标是判断一个国家的发达与否，可以采用三个人口变量综合度量：出生时预期寿命(a_1)、成人识字率(a_2)和人均 GDP(a_3)。希望建设一个具有某种程度的计算"智能"的模型，只要输入一个国家的人口出生时预期寿命(a_1)、成人识字率(a_2)和人均 GDP(a_3)，立即可以识别它是发达国家(输出响应信号 1)还是欠发达国家(输出响应信号 0)。处理这类问题，备选方案之一就是采用人工神经网络模型。当然，采用传统的判别分析方法、Logistic 回归分析也未尝不可。

在具体的建模过程中，又会遇到两种情况。第一种情况，有一批国家预先知道它们属于发达国家或者欠发达国家；第二种情况，所有国家的类别事先一无所知。第一种情况下的神经网络训练属于有目标学习过程，而第二种情况下的神经网络训练则属于无目标学习过程。为了读者更好地理解神经网络概念，并且将不同领域的知识融会贯通，不妨将神经网络理论和传统数学方法结合起来，综合讲述多种方法的对照处理思路。

假定在所有的国家中，有一部分发达国家和欠发达国家的类别事先已经知道——比方说，借助传统的因子分析和聚类分析确定其类型。可以采用这已经分类的国家作为训练样本，开展判别分析——多元统计分析中的一种协方差逼近技术。首先，基于马氏距离计算一种判别得分 x，然后以出生时预期寿命(a_1)、成人识字率(a_2)和人均 GDP(a_3)为自变量，以判别得分 x 为因变量，开展多元线性回归，建立距离判别函数

$$x = w_1 a_1 + w_2 a_2 + w_3 a_3 - \theta \tag{10-28}$$

式中，w 为回归系数(判别系数)，$-\theta$ 为模型截距(判别函数的常数)。根据分类规则，如果得分为 0 或者正值，即 $x \geq 0$，则相应的国家为发达国家，属于类型 1；如果得分为负值，即 $x < 0$，则相应的国家为欠发达国家，属于类型 0。在这种情况下，可以引用一个单极值阶跃函数即式(10-24)对判别自动分类。将式(10-28)代入式(10-24)得到

$$y = f(x) = f(w_1 a_1 + w_2 a_2 + w_3 a_3 - \theta) = \begin{cases} 1, & x \geq 0 \\ 0, & x < 0 \end{cases} \tag{10-29}$$

这个模型其实也就是一个简单的神经网络模型，即前述的 M-P 模型。不同之处在于，神经网络模型的结构更为灵活，算法更为丰富，参数更有弹性。上述模型可以视为感知器类神经网络的特例。

由于最后输出的结果是 0、1 分类变量，上述问题也可以采用 Logistic 回归解决。以出生时预期寿命(x_1)、成人识字率(x_2)和人均 GDP(x_3)为自变量，然

后通过最大似然估计法确定一个过渡变量 s，要求 s 是上述三个自变量的线性组合。这样，可以通过回归分析建立一个式(10-28)所示的线性方程。将这个方程代入式(10-22)得到 Logistic 回归模型

$$o=f(x)=\frac{1}{1+\mathrm{e}^{-s}}=\frac{1}{1+\mathrm{e}^{-(w_1x_1+w_2x_2+w_3x_3-\theta)}} \tag{10-30}$$

式中

$$s=w_1x_1+w_2x_2+w_3x_3-\theta \tag{10-31}$$

相当于输入函数。现在需要的是对国家分类的 0、1 表示，但输出函数式(10-30)给出的却是 0~1 之间的连续变量。一般情况下，可以通过四舍五入和排除小数位的方式将 o 值转换为 0、1 表示的名义变量。借助阶跃函数，容易实现这种转换

$$u=o-1/2 \tag{10-32}$$

$$y=f(u)=f(o-1/2)=\begin{cases}1, & u\geqslant 0\\ 0, & u<0\end{cases} \tag{10-33}$$

式(10-30)是一个 Logistic 回归模型，但是，式(10-21)、式(10-31)、式(10-32)和式(10-33)联合起来，却构成一个神经网络模型，这是最简单的一种误差逆传神经网络模型。

最最简单的人工神经网络模型是线性神经网络模型，线性回归模型就可以视为一个线性神经网络模型。考虑到回归方程

$$y=a+b_1x_1+b_2x_2+b_3x_3 \tag{10-34}$$

可以通过分解将其表示为人工神经网络模型形式

$$s=b_1x_1+b_2x_2+b_3x_3-(-a) \tag{10-35}$$

$$y=ks=s \tag{10-36}$$

式中，回归系数 b_j 为连接权数($j=1,2,3$)，截距的负数 $-a$ 相当于阈值，比例系数 $k=1$。对于这种神经网络模型，输入函数为线性回归方程，输出函数为线性比例函数。式(10-35)和式(10-36)构成了一个二层三输入单输出线性人工神经网络模型。

由此再次可以看到，神经网络模型与传统的一些数学方法存在密切的内在联系，不同之处在于确定参数值的算法以及参数的表达是否多元化(图 10-7)。与传统的数学方法和模型相比，神经网络模型更为灵活多变。对于同一套数学模型，根据传统算法，模型结构和参数常常具有唯一性，或者仅有少数几套数值集合满足要求。然而，对于神经网络，模型结构可以根据情况适当变形，模型参数往往有很多可以相互替代的数值集合。

- 国家分类与识别
  - 有目标
    - 神经网络
      - M - P 模型
      - 误差逆传网络
    - 传统方法
      - 回归分析 + 判别分析
      - Logistic 回归
  - 无目标
    - 神经网络 —— 竞争型网络
    - 传统方法
      - 因子分析 + 判别分析
      - 聚类分析 + 判别分析

图 10-7 同一问题的多种解决方法(示例)

10.2 误差逆传网络与算法

10.2.1 模式顺向传播过程

M-P 模型是一种简单的线性网络，该网络有助于读者对神经网络知识的入门和理解。目前研究较多、应用广泛的人工神经网络模型之一是多层神经网络。由于该网络采用的是所谓误差逆向传播(error back-propagation，EBP)学习算法，也被称为误差逆传网络。误差逆传神经网络是实际应用相当广泛的一种人工神经网络，绝大多数神经网络模型采用了误差逆传网络或其衍生模式。误差逆传网络的基本思路容易理解，且能模拟非线性过程。该网络属于多阶层前馈式，层与层之间实行完全连接。典型的误差逆传网络分为三个阶层：输入层、隐含层和输出层。网络的学习和训练分为四个过程：模式顺向传播过程、误差逆向传播过程、记忆训练过程和学习收敛过程。不妨从模式的顺向传播过程开始讨论。

当数据信息提供给网络之后，模式的顺向传播就可以开始。设网络的输入向量为

$$X_k = \begin{bmatrix} x_1^{(k)} & x_2^{(k)} & \cdots & x_n^{(k)} \end{bmatrix} \tag{10-37}$$

式中，$k=1,2,\cdots,m$；m 为学习的模式数目，n 为输入层单元个数。预期的输出向量为

$$Y_k^* = \begin{bmatrix} y_1^{*(k)} & y_2^{*(k)} & \cdots & y_q^{*(k)} \end{bmatrix} \tag{10-38}$$

这里 q 为输出层单元个数。每一组输入对应一组确定的输出，形成所谓模式对。以前述 M-P 模型处理的感知器为例，一共有四个模式对：输入(0，0)—输出 1 为 $k=1$ 模式对，输入(0，1)—输出 1 为 $k=2$ 模式对，输入(1，0)—输出 1 为 $k=3$ 模式对，输入(1，1)—输出 1 为 $k=4$ 模式对。

中间隐含层各单元的输入 s 可以表作

$$s_j^{(k)} = \sum_{i=1}^n w_{ij} x_i^{(k)} - \theta_j \tag{10-39}$$

式中，w_{ij} 表示输入层到隐含层的连接权，θ_j 表示中间层单元的阈值，序号 $j=1$，$2，\cdots，p$；p 为中间层单元个数。中间层的输出可以由 Sigmoid 函数给出

$$o = f(s) = \frac{1}{1 + e^{-(s-\sigma)/s_0}} \tag{10-40}$$

当参数 $\sigma=0$、$s_0=1$ 时，可得形如式(10-41)的、最常见的 S 形曲线(图 10-3)；当 $\sigma=0$、$s_0 \to 0$ 时，考虑到 1'Hospital 法则，可以得到单位阶跃函数(Cybenko，1989)

$$\lim_{\substack{\sigma=0 \\ s_0 \to 0}} f(s) = \frac{1}{1 + e^{-s/s_0}} = \begin{cases} f(s) = 1, & x \geq 0 \\ f(s) = 0, & x < 0 \end{cases} \tag{10-41}$$

阶跃函数反映的是不连续的、非此即彼的、具有极端性质的 0-1 关系，而 Sigmoid 函数则具有一种柔性和过渡的连续过程。现实中的事物变化大都不是突

然的，因此 S 函数比阶跃函数更为常用。

假定隐含层的输出由标准的 S 函数给出

$$o_j^{(k)} = f_1(s_j) = \frac{1}{1 + \exp\left[-\sum_{i=1}^{n} w_{ij}x_i^{(k)} + \theta_j\right]} \tag{10-42}$$

则输出层的输入为

$$u_l^{(k)} = \sum_{j=1}^{p} v_{jl}o_j^{(k)} - \delta_l \tag{10-43}$$

这里 v_{jl} 为中间隐含层到输出层的连接权，u_l 为输出层的输入，δ_l 表示输出层单元的阈值，序号 $l = 1, 2, \cdots, q$；最后的输出为

$$y_l^{(k)} = f_2(u_l) \tag{10-44}$$

式中，y_l 为输出层的输出，$f_2(\cdot)$ 可取 S 函数、线性函数或者阶跃函数。具体取什么函数，可以根据问题的性质和计算效果来决定。上述过程用矩阵表示，从第一层到第二层就是

$$S_k = W_k^{\mathrm{T}}X_k - \Theta_k \tag{10-45}$$

$$O_k = f_1(S_k) \tag{10-46}$$

从第二层到第三层则为

$$U_k = V_k^{\mathrm{T}}O_k - \Delta_k \tag{10-47}$$

$$Y_k = f_2(U_k) \tag{10-48}$$

通过与前面的例子的类比，不难理解公式中的符号。

10.2.2 误差逆向传播过程

当一次模式顺向传播过程结束以后，就会得到一组计算结果。将这组结果与事先确定的预期结果比较，就会发现实际值与预期值可能存在误差。对于训练样本，输入值相当于回归分析中的自变量，输出值相当于回归分析的因变量的估计值，预期值相当于因变量的观测值，权重相当于回归系数。输入值和输出值的预期结果是已知的，权重的初始值一般是随机确定的，因而是不符合实际的，从而输出值与已知的预期值之间存在误差，误差越大表明权重脱离实际越远，或者其分布越不合理。因此，可以将误差值逆向传送到网络中，通过一定的方法调整权重值。调整之后，重新输入已知数值，开始第二轮计算和网络训练。

误差的作用是从输出层开始，向中间层传播。假定输出层的预期输出结果为 y_l^*，则误差为 $\varepsilon_l = y_l^* - y_l$。输出层的校正误差公式定义为

$$d_l^{(k)} = \left[y_l^{*(k)} - y_l^{(k)}\right] f'(u_l) \tag{10-49}$$

式中，d 表示输出层误差，序号 $l = 1, 2, \cdots, q$；$k = 1, 2, \cdots, m$。根据式 (10-5)，S 函数的导数可以表示为

$$f'(x) = \frac{e^{-x}}{(1+e^{-x})^2} = \frac{f(x)}{1+e^x} = f(x)\left[1-f(x)\right] \tag{10-50}$$

这个式子表示的是根据各个单元的实际响应值调整的偏差量。该函数的特点是：在0附近数值最大，离0越远数值越小（图10-4）。于是校正误差公式可以表作

$$d_l^{(k)} = \left[y_l^{*(k)} - y_l^{(k)} \right] \; y_l^{(k)} \; \left[1 - y_l^{(k)} \right] \tag{10-51}$$

或者

$$d_l^{(k)} = \left[y_l^{*(k)} - \frac{1}{1 + e^{-u_l^{(k)}}} \right] \frac{e^{-u_l^{(k)}}}{\left[1 + e^{-u_l^{(k)}} \right]^2} \tag{10-52}$$

当输出层的某个神经元的输入在0附近时，其输出的变化幅度最大，因而误差调整的幅度也最大，从而增加了误差的校正作用；反过来，输出层的某个神经元的输入离0越远，变化幅度越小，校正作用也应该越小。

中间层的各个神经元的校正误差计算公式为

$$e_j^{(k)} = \left[\sum_{l=1}^{q} v_{jl} \cdot d_l^{(k)} \right] f'(s_j) \tag{10-53}$$

式中，e 表示中间层误差，序号 $j = 1, 2, \cdots, p$；$k = 1, 2, \cdots, m$。S 函数的导数形式同上，符号有所不同。于是上式可以表示为

$$e_j^{(k)} = \left[\sum_{l=1}^{q} v_{jl} \cdot d_l^{(k)} \right] o_j^{(k)} \left[1 - o_j^{(k)} \right] \tag{10-54}$$

或者

$$e_j^{(k)} = \left[\sum_{l=1}^{q} v_{jl} \cdot d_l^{(k)} \right] \frac{e^{-s_j^{(k)}}}{\left[1 + e^{-s_j^{(k)}} \right]^2} \tag{10-55}$$

计算出校正误差之后，就可以沿着与模式传播相反的方向调整连接权，包括从输出层到中间隐含层的连接权和从中间层到输入层的连接权。假定学习效率系数为 α、β，则调整量的计算公式为

$$\Delta v_{jl}^{(k)}(t) = \alpha \cdot d_l^{(k)} \cdot o_j^{(k)} \tag{10-56}$$

$$\Delta \delta_l^{(k)}(t) = \alpha \cdot d_l^{(k)} \tag{10-57}$$

$$\Delta w_{ij}^{(k)}(t) = \beta \cdot e_j^{(k)} \cdot x_i^{(k)} \tag{10-58}$$

$$\Delta \theta_j^{(k)}(t) = \beta \cdot e_j^{(k)} \tag{10-59}$$

式中，t 表示由学习次数表示的序号，于是权重和阈值的修正结果为

$$w_{ij}^{(k)}(t+1) = w_{ij}^{(k)}(t) + \Delta w_{ij}^{(k)}(t) \tag{10-60}$$

$$\theta_j^{(k)}(t+1) = \theta_j^{(k)}(t) + \Delta \theta_j^{(k)}(t) \tag{10-61}$$

$$v_{jl}^{(k)}(t+1) = v_{jl}^{(k)}(t) + \Delta v_{jl}^{(k)}(t) \tag{10-62}$$

$$\delta_l^{(k)}(t+1) = \delta_l^{(k)}(t) + \Delta \delta_l^{(k)}(t) \tag{10-63}$$

式中序号为

$$i = 1, 2, \cdots, n; \; j = 1, 2, \cdots, p; \; l = 1, 2, \cdots, q;$$
$$k = 1, 2, \cdots, m; \; t = 1, 2, \cdots, \infty$$

需要说明的是学习效率 α、β 的取值，它们的数值大于 0、小于 1 即可。不过，一般情况下，学习效率假定为 25%~75% 之间，即有

$$0.25 \leqslant \alpha, \quad \beta \leqslant 0.75$$

学习效率系数的高低影响训练的速度和稳定性：系数偏高容易引起系统的振荡，系数偏低，则进展缓慢，计算过程漫长。因此，学习效率应该采用适当的数值。根据经验，采用可变系数效果较好：在网络训练初期采用较大的学习效率系数值，在训练过程中逐步降低效率系数。

10.2.3　记忆训练过程

当给定输入数据和预期输出结果之后，就可以建立误差逆传网络模型，尝试性地采用某种随机数值赋予网络的连接权重和阈值。然后，根据模式的顺向传播过程计算输出结果，将这种计算结果与预期结果比较，计算误差值。再然后，根据误差的逆向传播过程对网络的连接权进行修正，得到新的连接权数。这样就完成了第一次的网络训练（$t=1$）。采用修正后的连接权矩阵，重新输入数据，根据模式的顺向传播过程计算输出结果，与预期结果比较，这时的误差应该有所减小。接下来按照误差的逆向传播过程再次修正连接权和阈值，完成第二次网络训练（$t=2$）。如此循环往复，直到最后的计算结果与预期结果的误差达到容许的标准为止。

上述过程称为神经网络的记忆训练过程，这个过程可以用打靶作类比理解。射出子弹相当于一个输入，靶心相当于预期输出，子弹打出的弹孔相当于实际的输出，二者的偏差相当于输出层的计算误差。在瞄准靶心的过程中要确定枪支的倾斜角度：在上下方向有一个角度，左右方向也有一个角度，这个角度是根据感觉尝试性决定的。当射击出现偏差的时候，射手就会调整瞄准的角度：当弹孔出现的位置相对于靶心偏上的时候，就将枪支向下倾斜；当弹孔出现的位置相对于靶心偏左的时候，就将枪支向右倾斜……调整角度的过程，相当于调整权数的过程。射击水平的变化，相当于阈值的改变过程。这样反复训练，射击的准确性就会逐步提高。

每进行一次模式的顺向传播和误差的逆向传播过程，网络的连接权数和阈值就会得到一次修正，实际输出结果就会向预期输出结果靠近一步。网络对训练过程具有记忆性能，也就是说网络可以记住过去的训练信息，提高自身的判断能力。当然，所谓的"随着网络的训练误差逐步减小"是一个全局的概念，有时网络的输出会出现某种程度的振荡：下一步的误差相对于上一步反而增大了，但这只是暂时性的和局部性的，只要算法适当，总体看来精度就会越来越高。当经过成百上千乃至数万次的学习之后，网络输出结果与预期结果相差很小，于是可以认为网络收敛了。

10.2.4　学习收敛过程

正如一个回归模型不可能完全消除残差一样，人工神经网络模型通常也不可能达到绝对精确的程度。假定预期输出结果为

$$Y^* = \begin{bmatrix} 0 & 0 & 1 \end{bmatrix}$$

而实际输出结果为

$$Y = \begin{bmatrix} 0.01 & 0.02 & 0.98 \end{bmatrix}$$

就可认为二者非常接近了，输出层的三个神经元的误差分别为-0.01、-0.02、0.02。问题在于，误差的大小是一个模糊的概念，怎样才可以认为网络的输出达到了令人满意的精度呢？

为了衡量网络的总体模拟效果，有必要对全局误差进行度量。测度全局误差有两种方式：一是均方误差，二是误差平方和。均方误差的计算公式为

$$E = \sqrt{\frac{1}{mq} \sum_{k=1}^{m} \sum_{l=1}^{q} \left[y_l^* - y_l^{(k)} \right]^2} \tag{10-64}$$

常用的误差平方和计算公式为

$$E_k = \frac{1}{2} \sum_{l=1}^{q} \left[y_l^* - y_l^{(k)} \right]^2 \tag{10-65}$$

$$E = \sum_{k=1}^{m} E_k = \frac{1}{2} \sum_{k=1}^{m} \sum_{l=1}^{q} \left[y_l^* - y_l^{(k)} \right]^2 \tag{10-66}$$

均方误差和误差平方和被称为全局误差函数，又叫代价函数，其中误差平方和也叫能量函数。

实际上，E 的变化曲线不止一个极值点，而是有多个极值点，这些极值点比较而言又有一个最小值，这个最小值代表全局最小误差，其余的极值点则是局部最小误差(图10-8)。误差逆传网络的训练目标就是使得最后的计算结果收敛到全局误差最小的位置，但 BP 网络的困难之一也在于这个目标的实现常常会遇到一些来自于网络自身缺陷的障碍。

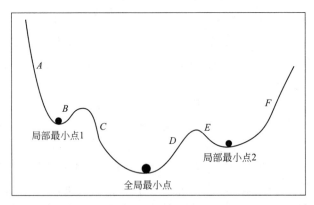

图 10-8　误差逆传网络的局部最小误差和全局最小误差示意图

10.3　误差逆传网络的数学原理

10.3.1　基本定义

上面给出了误差逆传网络的完整数学描述，但没有说明道理所在，读者可

能知其然而不知其所以然。下面简述有关计算过程和公式的数学原理。给定一个三层的误差逆传网络，第一层（输入层）的输入模式向量为

$$X_k = \begin{bmatrix} x_1 & x_2 & \cdots & x_n \end{bmatrix}$$

最后的预期的输出向量为

$$Y_k^* = \begin{bmatrix} y_1^* & y_2^* & \cdots & y_q^* \end{bmatrix}$$

第二层（中间层）的各神经元输入向量为

$$S_k = \begin{bmatrix} s_1 & s_2 & \cdots & s_p \end{bmatrix}$$

相应的输出向量为

$$O_k = \begin{bmatrix} o_1 & o_2 & \cdots & o_p \end{bmatrix}$$

第三层（输出层）的输入向量为

$$U_k = \begin{bmatrix} u_1 & u_2 & \cdots & u_q \end{bmatrix}$$

相应的输出向量为

$$Y_k = \begin{bmatrix} y_1 & y_2 & \cdots & y_q \end{bmatrix}$$

输入层到中间层的连接权为

$$W_{n\times p}^{(k)} = (w_{ij}) = \begin{bmatrix} w_{11} & w_{12} & \cdots & w_{1p} \\ w_{21} & w_{22} & \cdots & w_{2p} \\ \vdots & \vdots & \ddots & \vdots \\ w_{n1} & w_{n2} & \cdots & w_{np} \end{bmatrix}$$

中间层到输出层的连接权为

$$V_{p\times q}^{(k)} = (v_{jl}) = \begin{bmatrix} v_{11} & v_{12} & \cdots & v_{1q} \\ v_{21} & v_{22} & \cdots & v_{2q} \\ \vdots & \vdots & \ddots & \vdots \\ v_{p1} & v_{p2} & \cdots & v_{pq} \end{bmatrix}$$

式中序号为

$i = 1, 2, \cdots, n$；$j = 1, 2, \cdots, p$；$l = 1, 2, \cdots, q$；$k = 1, 2, \cdots, m$

假定网络的响应函数取 Sigmoid 函数

$$f(x) = \frac{1}{1+e^{-x}} \tag{10-67}$$

则有

$$\frac{\mathrm{d}f(x)}{\mathrm{d}x} = \frac{e^{-x}}{(1+e^{-x})^2} = \frac{f(x)}{1+e^x} = f(x)\begin{bmatrix} 1-f(x) \end{bmatrix} \tag{10-68}$$

再设第 k 个学习模式的网络预期输出与实际输出的偏差为

$$\varepsilon_l^{(k)} = y_l^{*(k)} - y_l^{(k)} \tag{10-69}$$

相应的均方值定义为

$$E_k = \frac{1}{2}\sum_{l=1}^q \begin{bmatrix} \varepsilon_l^{(k)} \end{bmatrix}^2 = \frac{1}{2}\sum_{l=1}^q \begin{bmatrix} y_l^{*(k)} - y_l^{(k)} \end{bmatrix}^2 \tag{10-70}$$

这里 E_k 表示输出的误差函数。从数学的观点来看，调节连接权数的有效办法是使得误差函数 E_k 按照梯度下降(gradient descent)：误差越大，相应的权数调整幅度越大，反之则小。对网络的实际输出均方值求偏导数得到

$$\frac{\partial E_k}{\partial y_l} = - \left[y_l^{*(k)} - y_l^{(k)} \right] = -\varepsilon_l^{(k)} \tag{10-71}$$

顺便提示，后面要多次用到这个公式。

10.3.2 隐含层到输出层

根据前面的表示，输出层的输入为

$$u_l = \sum_{j=1}^{p} v_{jl} o_j - \delta_l \tag{10-72}$$

相应的输出为

$$y_l = f(u_l) \tag{10-73}$$

对式(10-72)求权数的偏导数得到

$$\frac{\partial u_l}{\partial v_{jl}} = o_j \tag{10-74}$$

作为备用公式，对式(10-72)求输入量的导数得到

$$\frac{\mathrm{d} u_l}{\mathrm{d} o_j} = v_{jl} \tag{10-75}$$

对式(10-73)求导数可得

$$\frac{\mathrm{d} y_l}{\mathrm{d} u_l} = y_l(1-y_l) \tag{10-76}$$

连接权 v_{jl} 的微小变化对输出层的相应的影响可以表为

$$\frac{\partial y_l}{\partial v_{jl}} = \frac{\partial y_l}{\partial u_l}\frac{\partial u_l}{\partial v_{jl}} = \frac{\partial f(u_l)}{\partial u_l} o_j = y_l(1-y_j)o_j \tag{10-77}$$

考虑到式(10-71)，v_{jl} 的微小变化对第 k 个模式的均方差 E_k 的影响可以表作

$$\frac{\partial E_k}{\partial v_{jl}} = \frac{\partial E_k}{\partial y_l}\frac{\partial y_l}{\partial v_{jl}} = -\varepsilon_l^{(k)} y_l^{(k)}(1-y_l^{(k)})o_j \tag{10-78}$$

根据梯度下降原则，连接权的调整量 Δv_{jl} 应该与 $-\partial E_k / \partial v_{jl}$ 成比例，含义有二：其一，如果连接权的一个增加量导致一个相应的误差增加量，则意味着权值偏大，下一步应该减少；反过来，如果连接权的一个增加量导致一个误差的减小量，则连接权偏小，下一步应该增加，故取负号。其二，误差随连接权变化的绝对值越大，连接权应该减少的份额也就越大，故用比例关系。因此，权值调整量为

$$\Delta v_{jl} = -\alpha \frac{\partial E_k}{\partial v_{jl}} = \alpha \varepsilon_l^{(k)} y_l^{(k)} \left[1-y_l^{(k)} \right] o_j \tag{10-79}$$

需要明确的是误差逆传网络实现的是学习模式集合上均方误差 E_k 的梯度下降，

而不是某个特定模式的绝对误差 $\varepsilon_l^{(k)}$ 的梯度下降，为此需要广义误差的概念。令 $d_l^{(k)}$ 表示输出层各个神经元的广义误差，该误差定义输出层输入的偏导数

$$d_l^{(k)} = -\frac{\partial E_k}{\partial u_l} = -\frac{\partial E_k}{\partial y_t}\frac{\partial y_l}{\partial u_l} = \varepsilon_l^{(k)} y_l^{(k)}(1-y_l^{(k)}) \qquad (10-80)$$

将式(10-80)代入式(10-79)得到

$$\Delta v_{jl} = \alpha d_l^{(k)} o_j \qquad (10-81)$$

用类似的方法可以导出阈值的调整量。对式(10-72)求阈值的导数得到

$$\frac{\mathrm{d}u_l}{\mathrm{d}\delta_l} = -1 \qquad (10-82)$$

考虑到式(10-76)，阈值 δ_l 的微小变化对输出层的相应的影响量可以表作

$$\frac{\mathrm{d}y_l}{\mathrm{d}\delta_l} = \frac{\mathrm{d}y_l}{\mathrm{d}u_l}\frac{\mathrm{d}u_l}{\mathrm{d}\delta_{jl}} = -\frac{\mathrm{d}f(u_l)}{\mathrm{d}u_l} = -y_l(1-y_j) \qquad (10-83)$$

这样，δ_l 的微小变化对第 k 个模式的均方差 E_k 的影响便是

$$\frac{\partial E_k}{\partial \delta_l} = \frac{\partial E_k}{\partial y_l}\frac{\partial y_l}{\partial \delta_l} = \varepsilon_l^{(k)} y_l^{(k)}[1-y_l^{(k)}] \qquad (10-84)$$

根据前述梯度下降原则，阈值的调整量 $\Delta\delta_l$ 应该与 $-\partial E_k/\partial\delta_l$ 成比例，含义依然在于两个方面：其一，误差随阈值变化的绝对值越大，阈值应该减少的份额也就越大，故用比例关系。其二，如果阈值的一个增加量导致一个相应的误差增加量，则意味着阈值偏大，下一步理当减少；反之，如果阈值的一个增加量导致一个误差的减小量，则阈值偏小，下一步需要增加，故取负号。据此得到阈值调整量

$$\Delta\delta_l = -\alpha\frac{\partial E_k}{\partial\delta_l} = -\alpha\varepsilon_l^{(k)} y_l^{(k)}(1-y_l^{(k)}) \qquad (10-85)$$

将式(10-80)代入式(10-85)得到

$$\Delta\delta_l = -\alpha d_l^{(k)} \qquad (10-86)$$

式中，比例系数 α 又叫学习系数。

10.3.3　输入层到隐含层

中间隐含层各单元的输入和输出可以表作

$$s_j = \sum_{i=1}^{n} w_{ij}x_i - \theta_j \qquad (10-87)$$

相应的输出为

$$o_j = f(s_j) \qquad (10-88)$$

显然

$$\frac{\partial s_j}{\partial w_{ij}} = x_i, \qquad \frac{\mathrm{d}o_j}{\mathrm{d}s_j} = o_j(1-o_j) \qquad (10-89)$$

考虑到式(10-75)和式(10-80)，连接权 w_{ij} 的微小变化对第 k 个模式的均方差 E_k 的影响可以表作

$$\frac{\partial E_k}{\partial w_{ij}} = \frac{\partial E_k}{\partial o_j} \frac{\partial o_j}{\partial s_j} \frac{\partial s_j}{\partial w_{ij}}$$

$$= \left(\sum_{l=1}^{q} \frac{\partial E_k}{\partial u_l} \frac{\partial u_l}{\partial o_j} \right) \frac{\partial o_j}{\partial s_j} \frac{\partial s_j}{\partial w_{ij}} = - \left[\sum_{l=1}^{q} d_l^{(k)} v_{jl} \right] o_j^{(k)} (1 - o_j^{(k)}) x_i \qquad (10\text{-}90)$$

令 $e_j^{(k)}$ 表示中间层各个神经元的广义误差，该误差定义中间层输入的偏导数

$$e_j^{(k)} = -\frac{\partial E_k}{\partial s_j} = - \left(\sum_{l=1}^{q} \frac{\partial E_k}{\partial u_l} \frac{\partial u_l}{\partial o_j} \right) \frac{\partial o_j}{\partial s_j} = \left[\sum_{l=1}^{q} d_l^{(k)} v_{jl} \right] o_j^{(k)} (1 - o_j^{(k)}) \qquad (10\text{-}91)$$

从而

$$\frac{\partial E_k}{\partial w_{ij}} = -e_j^{(k)} x_i \qquad (10\text{-}92)$$

故连接权 w_{ij} 的调整量可以表作

$$\Delta w_{ij} = -\beta \frac{\partial E_k}{\partial w_{ij}} = \beta e_j^{(k)} x_i \qquad (10\text{-}93)$$

采用类似的方法可以得到阈值的调整量

$$\Delta \theta_j = -\beta e_j^{(k)} \qquad (10\text{-}94)$$

式中，比例系数 β 也叫学习系数。

上面的调整量是根据各个模式对的误差函数 E_k 进行比例变化的，这种网络权重的调整方法叫做标准误差逆向传播算法。如果考虑 m 个模式对的累积误差，并将全部误差的信息反馈给网络进行调整，就叫做累加误差逆向传播算法。下面的例子将借助第一种算法开展工作，至于两种算法的优点和缺点，在此不作讨论。

10.4 实例：异或问题的模拟计算

10.4.1 误差逆传网络的计算流程

一般认为，Rumelhart 和 McClelland 为首的并行分布处理(Parallel Distributed Processing)研究小组于 1986 年提出的完整的误差逆传播算法，被应用者普遍接受，从而产生了广泛的影响(Rumelhart et al, 1986)。根据前述有关算法的介绍可知，误差逆传神经网络的学习过程可以归结为如下十几个步骤。这些公式和过程前面已经给出，故不再解释符号的含义。再一次系统地梳理出一个计算流程，目的在于方便读者的理解。

(1) 网络初始化。这一步实际上就是网络权、阈的随机赋值。在 $-1 \sim 1$ 之间任意选数，包括 0、正负 1 和各种分数，作为连接权 $\{w_{ij}\}$、$\{v_{jl}\}$ 和阈值 $\{\theta_j\}$、$\{\delta_l\}$ 的初始数值。

(2) 模式对的随机输入。随机选取输入—输出模式对 (X_k, Y_k)，提供给网络进行运算($k = 1, 2, \cdots, m$)。在模式对中，输出为预期值，也就是用作网络性能判断标准的目标输出。实际输入和预期输出可以分别表作

$$X_k = \begin{bmatrix} x_1^{(k)} & x_2^{(k)} & \cdots & x_n^{(k)} \end{bmatrix}, \quad Y_k^* = \begin{bmatrix} y_1^{*(k)} & y_2^{*(k)} & \cdots & y_q^{*(k)} \end{bmatrix}$$

（3）计算中间层各单元的输入 s_j 和相应的输出 o_j。采用输入模式（X_k）、连接权 $\{w_{ij}\}$ 和阈值 $\{\theta_j\}$，借助下面的式子容易算出中间层的输入和输出数值

$$s_j^{(k)} = \sum_{i=1}^n w_{ij} x_i^{(k)} - \theta_j \tag{10-95}$$

$$o_j^{(k)} = f_1(s_j) \tag{10-96}$$

式中，序号 $j=1, 2, \cdots, p$；函数 $f_1(\cdot)$ 常取 S 函数 $1/(1+e^{-s})$。

（4）计算输出层各单元的输入 u_l 和相应的输出 y_l。有了中间层输出结果（o_j）、连接权 $\{v_{jl}\}$ 和阈值 $\{\delta_l\}$，利用下面的式子不难算出输出层的输入和输出数值

$$u_l^{(k)} = \sum_{j=1}^p v_{jl} o_j^{(k)} - \delta_l \tag{10-97}$$

$$y_l^{(k)} = f_2(u_l) \tag{10-98}$$

式中，序号 $l=1, 2, \cdots, q$；函数 $f_2(\cdot)$ 可取 S 函数，也可取阶跃函数，视具体情况而定。这一次的输出为实际输出，将它与预期输出比较，以评估网络性能的优劣。

（5）计算输出层的输入-输出误差。如果输出层的输出函数 $f_2(\cdot)$ 采用 S 函数，则一般化误差可以由下式计算

$$d_l^{(k)} = \left[y_l^{*(k)} - y_l^{(k)} \right] y_l^{(k)} \left[1 - y_l^{(k)} \right] \tag{10-99}$$

假如输出层输出函数 $f_2(\cdot)$ 采用单极值阶跃函数，则不能用式（10-99）计算一般误差。原因在于，无论此时输出结果为 $y=0$ 抑或 $y=1$，误差值都恒为 $d=0$。在这种情况下，无法利用预测误差调整权数和阈值。因此，当输出层的激发函数为阶跃函数时，一般化误差可以定义为

$$d_l^{(k)} = \eta \left[y_l^{*(k)} - y_l^{(k)} \right] \tag{10-100}$$

式中，η 为大于 0 但小于等于 1 的任意数值。也就是说，这时的一般误差与绝对误差成比例。

（6）计算中间层的输入-输出误差。中间层输出函数 $f_1(\cdot)$ 通常采用 S 函数，相应的误差由下式计算

$$e_j^{(k)} = \left[\sum_{l=1}^q v_{jl} \cdot d_l^{(k)} \right] o_j^{(k)} \left[1 - o_j^{(k)} \right] \tag{10-101}$$

从步骤（3）到步骤（6），完成一次模式的顺向传播过程。

（7）调整中间层到输出层的连接权 $\{v_{jl}\}$、阈值 $\{\delta_l\}$。从步骤（7）到步骤（8），代表一次误差的逆向传播过程。输出层与中间层的权、阈修正公式为

$$v_{jl}^{(k)}(t+1) = v_{jl}^{(k)}(t) + \alpha \cdot d_l^{(k)} o_j^{(k)} \tag{10-102}$$

$$\delta_l^{(k)}(t+1) = \delta_l^{(k)}(t) \pm \alpha \cdot d_l^{(k)} \tag{10-103}$$

（8）调整输入层到中间层的连接权 $\{w_{ij}\}$ 和阈值 $\{\theta_j\}$。中间层与输入层的权、阈修正公式为

$$w_{ij}^{(k)}(t+1) = w_{ij}^{(k)}(t) + \beta \cdot e_j^{(k)} x_i^{(k)} \tag{10-104}$$

$$\theta_j^{(k)}(t+1) = \theta_j^{(k)}(t) \pm \beta \cdot e_j^{(k)} \tag{10-105}$$

式(10-103)和式(10-105)中阈值的修正,一般教科书采用加号。可是,根据作者的推导和计算经验,它们同时采用减号才符合实际。到此为止,网络的第一次学习过程结束。

(9)下一次的学习——从步骤(3)开始,到步骤(8)结束。从剩余的模式对中随机选取另一个输入—输出模式对(X_k, Y_k),提供给网络,开始新一轮的计算,如此反复操作,直到 m 个模式对都被提供给网络为止。

(10)新一轮的训练——从步骤(2)开始,到步骤(9)为止。当 m 个模式对全部经历计算过程之后,就完成一轮训练过程。每完成一轮计算过程,计算一个全局误差平方和,作为网络性能变化的指数。全局误差平方和通常逐步衰减,或者波动衰减。

(11)学习结束。当误差平方和趋近于 0,或者下降到某个预期的临界值之下时,就可以结束全部网络训练过程。

(12)建立模型。训练神经网络的目的在于建立一个具有计算智能性质的模型,该模型的主要功能体现在预测、分类、判别或者解释等诸多方面。这个模型可以隐含在用户编写的程序语言之中,当然也可以以数学方程的形式表现出来。

神经网络的训练结果大致可以分为三种情况。其一是计算过程完全收敛:全局误差平方和为 0,连接权和阈值进入固定状态。这样,就可以利用固定之后的权数和阈值建立数学模型。其二是计算过程并不收敛,但全局误差平方和存在一个图 10-8 所示的全局极小值,并且这个极小值足够小,使得网络模型的预测结果与预期输出相差不大。这时,可以利用误差平方和全局极小点的权数和阈值建立模型。其三是计算过程渐近收敛:计算次数无穷大时,误差平方和趋于无穷小。这样,当误差平方和小到预先指定的标准之后,采用最后一次学习过后的权数和阈值建立模型。

10.4.2 计算方法演示

以异或问题为例说明误差逆传网络的计算过程。异或(XOR)是一种数学运算符,主要应用于逻辑运算。简而言之,两值相异结果为真,两值相同结果为假。异或问题与逻辑学的排中律有关。形式逻辑的基本思维定律(laws of thought)是同一律(law of identity)、矛盾律(law of non-contradiction, principle of contradiction)和排中律(law of the excluded middle)。同一律容易理解,它要求在一个思维过程中,概念恒定不变,其公式为"$A \equiv A$"。矛盾律要求:在同一思维过程中,两个互相否定的思想不能同真,必有一假。其公式为"A 不是非 A"。排中律要求:在同一思维过程中,两个互相矛盾的思想不能同假,必有一真。排中律在两个极端排除中间的可能性,其公式可以表作:"A 或者非 A"。对于简单的二值逻辑,排中律与矛盾律的应用结果是一致的。这种逻辑思维过程在数学中就是所谓异或问题:"真"异或"假"的结果是"真","假"异或"真"的结果也是"真","真"异或"真"的结果是"假","假"异或"假"的结果是"假"。假定某种现象满足二值逻辑,如果用 0 表示"错"或者

"假"，用1表示"对"或者"真"，则根据矛盾律和排中律：0异或0为0——同假为错，0异或1或者1异或0为1——一真一假为对，1异或1为0——同真为错。

举例说来，当人们提到一个城市的时候，它或者属于中国，或者不属于中国，二者必居其一（用数值表示，就是出现0、1或者1、0的情况，其结果都为1）。当人们判断它"属于中国"为真的时候，根据矛盾律，它就不可能不属于中国；另一方面，根据排中律，在"属于中国"和"不属于中国"这两个命题之外，没有第三种可能（用数值表示，就是出现0、0或者1、1的情况，其结果都是0）。这就是所谓异或问题。在回归分析的统计检验过程中，人们构造一个原假设（零假设），同时构造一个对立假设。在某个显著性水平下，当人们推翻了原假设的时候，就确认了其对立假设，反之亦然。这也是所谓异或问题。总之，两个不相容的问题不可能同假，也不可能同真。这类问题可以灵活运用。前面讲述感知器的时候，提到一维元胞自动机的空间状态转变问题，那个例子非常简单。可是，假如稍稍改变一下元胞状态的转换规则，问题就不同了。现定义规则如下：如果A、B两个元胞为空(0, 0)，归并之后依然为空(0)——饿死；如果A、B两个元胞不空(1, 1)，归并之后也为空(0)——胀死；如果A空B不空(0, 1)，或者B空A不空(1, 0)，则归并之后不空(1)——存活。这个问题的模拟可以抽象为异或问题。作为例子，不妨将问题的有关假定列表如表10-3。如果用误差逆传网络模拟这个问题的答案，则构建的网络结构如图10-1所示：$n = 2$，$m = 4$，$p = 2$，$q = 1$。异或问题表面看来与前面的模式识别感知器问题很相似，只有一个输出结果不同，但是解决起来要比感知器问题困难得多。

异或问题与误差逆传网络的初步计算结果　　　　　　　表 10-3

模式对编号 (k)	输入		预期输出 (y^*)	实际输出 (y)	误差 (d)	全局误差 (E)
	x_1	x_2				
1	0	0	0	0.5000	−0.5000	
2	0	1	1	0.4719	0.5281	
3	1	0	1	0.5015	0.4985	0.5289
4	1	1	0	0.5295	−0.5295	

为了说明算法应用的细节，不妨给出第1轮运算的详细过程。作为教学，为了演示的方便，有必要对前面的计算流程作一点细节上的改变：将局部随机训练变为按部就班的周期轮流训练。也就是说，不是在$k = 1 \sim 4$这四个模式对中随机选取输入-输出模式对，而是依序从$k = 1$到$k = 4$轮流取用模式对。这样，每一轮运算分为四个环节：①$k = 1$，输入0和0，预期输出为0；②$k = 2$，输入0和1，预期输出为1；③$k = 3$，输入1和0，预期输出为1；④$k = 4$，输入1和1，预期输出为0。每一个环节又可以分为两大步骤：第一步，模式的顺向传播过程；第二步，误差的逆向传播过程。在两步之间，存在一个权重和阈值的修正

过程。具体说明如下。

（1） $k=1$ 的情况。此时提供的实际输入和预期输出模式对为

$$X_1 = \begin{bmatrix} x_1^{(1)} \\ x_2^{(1)} \end{bmatrix} = \begin{bmatrix} 0 \\ 0 \end{bmatrix}, \quad y^{*(1)} = 0$$

上式暗示，输入信号为 $(0, 0)$ ，预期输出为 0 。注意，矩阵 X 的右下角标 1 和矩阵元素 x 、 y 的右上角标括号中的数值 1 表示的是模式编号 k 的数值，矩阵元素 x 的右下角标的数值 1 、 2 代表输入的信号编号。其余符号的编号设置依此类推。

第一步：模式的顺向传播过程

一般的权重和阈值初始值在 $-1\sim1$ 之间任意选取。不过，对于本例，为了简明起见，不妨全部采用 0 构造权重矩阵和阈值向量：

$$W_1 = \begin{bmatrix} w_{11}^{(1)} & w_{12}^{(1)} \\ w_{21}^{(1)} & w_{22}^{(1)} \end{bmatrix} = \begin{bmatrix} 0 & 0 \\ 0 & 0 \end{bmatrix}, \quad \Theta_1 = \begin{bmatrix} \theta_1^{(1)} \\ \theta_2^{(1)} \end{bmatrix} = \begin{bmatrix} 0 \\ 0 \end{bmatrix}, \quad V_1 = \begin{bmatrix} v_1^{(1)} \\ v_2^{(1)} \end{bmatrix} = \begin{bmatrix} 0 \\ 0 \end{bmatrix},$$

$$\Delta_1 = [\delta^{(1)}] = [0]$$

根据模式的顺向传播过程，中间层的输入为

$$S_1 = W_1^{\mathrm{T}} X_1 - \Theta_1 = \begin{bmatrix} w_{11}^{(1)} & w_{21}^{(1)} \\ w_{12}^{(1)} & w_{22}^{(1)} \end{bmatrix} \begin{bmatrix} x_1^{(1)} \\ x_2^{(1)} \end{bmatrix} - \begin{bmatrix} \theta_1^{(1)} \\ \theta_2^{(1)} \end{bmatrix}$$

$$= \begin{bmatrix} 0 & 0 \\ 0 & 0 \end{bmatrix} \begin{bmatrix} 0 \\ 0 \end{bmatrix} - \begin{bmatrix} 0 \\ 0 \end{bmatrix} = \begin{bmatrix} 0 \\ 0 \end{bmatrix} = \begin{bmatrix} s_1^{(1)} \\ s_2^{(1)} \end{bmatrix}$$

借助标准的 S 函数计算中间层的输出

$$O_1 = \begin{bmatrix} f(s_1) \\ f(s_2) \end{bmatrix} = \begin{bmatrix} 1/[1+\exp(-s_1^{(1)})] \\ 1/[1+\exp(-s_2^{(1)})] \end{bmatrix}$$

$$= \begin{bmatrix} 1/(1+e^{-0}) \\ 1/(1+e^{-0}) \end{bmatrix} = \begin{bmatrix} 0.5 \\ 0.5 \end{bmatrix} = \begin{bmatrix} o_1^{(1)} \\ o_2^{(1)} \end{bmatrix}$$

输出层的输入为

$$U_1 = V_1^{\mathrm{T}} O_1 - \Delta_1 = \begin{bmatrix} v_1^{(1)} & v_2^{(1)} \end{bmatrix} \begin{bmatrix} o_1^{(1)} \\ o_2^{(1)} \end{bmatrix} - [\delta^{(1)}]$$

$$= \begin{bmatrix} 0 & 0 \end{bmatrix} \begin{bmatrix} 0.5 \\ 0.5 \end{bmatrix} - [0] = [0] = [u^{(1)}]$$

于是最后的输出为

$$y^{(1)} = \frac{1}{1+e^{-u^{(1)}}} = \frac{1}{1+e^{-0}} = 0.5$$

第二步：误差的逆向传播过程

根据输出层的误差校正公式算出 $k=1$ 时的 d 值

$$d^{(1)} = \left[y^{*(1)} - y^{(1)} \right] f'(u) = \left[y^{*(1)} - y^{(1)} \right] y^{(1)} \left[1 - y^{(1)} \right]$$

$$= (0 - 0.5) \times 0.5 \times (1 - 0.5) = -0.125$$

根据隐含层的误差校正公式算出 $k=1$ 时的 e 值

$$e_1^{(1)} = v_1 d^{(1)} f'(s_1) = v_1 d^{(1)} o_1^{(1)} \left[1 - o_1^{(1)} \right]$$

$$= 0 \times (-0.125) \times 0.5 \times (1 - 0.5) = 0$$

$$e_2^{(1)} = v_2 d^{(1)} f'(s_2) = v_2 d^{(1)} o_2^{(1)} \left[1 - o_2^{(1)} \right]$$

$$= 0 \times (-0.125) \times 0.5 \times (1 - 0.5) = 0$$

学习效率系数取 $\alpha = \beta = 0.6$，于是各层权重和阈值的调整量为

$$\Delta V_1(1) = \alpha \cdot d^{(1)} O_1 = 0.6 \times (-0.125) \times \begin{bmatrix} 0.5 \\ 0.5 \end{bmatrix} = \begin{bmatrix} -0.0375 \\ -0.0375 \end{bmatrix} = \begin{bmatrix} \Delta v_1^{(1)} \\ \Delta v_2^{(1)} \end{bmatrix}$$

$$\Delta \Delta_1(1) = -\alpha \cdot d^{(1)} = -0.6 \times (-0.125) = 0.075 = [\Delta \delta^{(1)}]$$

$$\Delta W_1(1) = \beta \cdot \begin{bmatrix} e_1^{(1)} \\ e_2^{(1)} \end{bmatrix} \begin{bmatrix} x_1^{(1)} & x_2^{(1)} \end{bmatrix} = \beta \begin{bmatrix} e_1^{(1)} x_1^{(1)} & e_1^{(1)} x_2^{(1)} \\ e_2^{(1)} x_1^{(1)} & e_2^{(1)} x_2^{(1)} \end{bmatrix}$$

$$= 0.6 \begin{bmatrix} 0 \\ 0 \end{bmatrix} \begin{bmatrix} 0 & 0 \end{bmatrix} = \begin{bmatrix} 0 & 0 \\ 0 & 0 \end{bmatrix}$$

$$\Delta \Theta_1(1) = -\beta \cdot \begin{bmatrix} e_1^{(1)} \\ e_2^{(1)} \end{bmatrix} = -0.6 \begin{bmatrix} 0 \\ 0 \end{bmatrix} = \begin{bmatrix} 0 \\ 0 \end{bmatrix}$$

由于第一次的输入为 0，输入层到中间层的权重没有变化。

（2）$k=2$ 的情况。此时的输入—输出模式对为

$$X_2 = \begin{bmatrix} x_1^{(2)} \\ x_2^{(2)} \end{bmatrix} = \begin{bmatrix} 0 \\ 1 \end{bmatrix}, \quad y^{*(2)} = 1$$

这就是说，输入信号为(0，1)，预期输出为 1。

第一步：模式的顺向传播过程

将 $k=1$ 时误差逆向传播得到的修正量引入权重和阈值，调整结果为

$$W_2(2) = W_1(1) + \Delta W_1(1) = W_1(1) = \begin{bmatrix} 0 & 0 \\ 0 & 0 \end{bmatrix}$$

$$\Theta_2(2) = \Theta_1(1) + \Delta \Theta_1(1) = \begin{bmatrix} 0 \\ 0 \end{bmatrix} + \begin{bmatrix} 0 \\ 0 \end{bmatrix} = \begin{bmatrix} 0 \\ 0 \end{bmatrix}$$

$$V_2(2) = V_1(1) + \Delta V_1(1) = \begin{bmatrix} 0 \\ 0 \end{bmatrix} + \begin{bmatrix} -0.0375 \\ -0.0375 \end{bmatrix} = \begin{bmatrix} -0.0375 \\ -0.0375 \end{bmatrix}$$

$$\Delta_2(2) = \Delta_1(1) + \Delta\Delta_1(1) = [\delta^{(2)}] = 0 + 0.075 = 0.075$$

以权重矩阵 $W_2(2)$ 为例，右下角标 2 为模式编号 k 的数值，括号中的 2 为学习次数 t 的数值。其余的表达方式依此类推。重复 $k=1$ 时的模式顺向传播过程，中间层的输入是

$$S_2 = W_2^{\mathrm{T}} X_2 - \Theta_2 = \begin{bmatrix} w_{11}^{(2)} & w_{21}^{(2)} \\ w_{12}^{(2)} & w_{22}^{(2)} \end{bmatrix} \begin{bmatrix} x_1^{(2)} \\ x_2^{(2)} \end{bmatrix} - \begin{bmatrix} \theta_1^{(2)} \\ \theta_2^{(2)} \end{bmatrix}$$

$$= \begin{bmatrix} 0 & 0 \\ 0 & 0 \end{bmatrix} \begin{bmatrix} 0 \\ 1 \end{bmatrix} - \begin{bmatrix} 0 \\ 0 \end{bmatrix} = \begin{bmatrix} 0 \\ 0 \end{bmatrix} = \begin{bmatrix} s_1^{(2)} \\ s_2^{(2)} \end{bmatrix}$$

中间层的输出为

$$O_2 = \begin{bmatrix} f(s_1) \\ f(s_2) \end{bmatrix} = \begin{bmatrix} 1/[1 + \exp(-s_1^{(2)})] \\ 1/[1 + \exp(-s_2^{(2)})] \end{bmatrix}$$

$$= \begin{bmatrix} 1/(1 + e^{-0}) \\ 1/(1 + e^{-0}) \end{bmatrix} = \begin{bmatrix} 0.5 \\ 0.5 \end{bmatrix} = \begin{bmatrix} o_1^{(2)} \\ o_2^{(2)} \end{bmatrix}$$

输出层的输入为

$$U_2 = V_2^{\mathrm{T}} O_2 - \Delta_2 = \begin{bmatrix} v_1^{(2)} & v_2^{(2)} \end{bmatrix} \begin{bmatrix} o_1^{(2)} \\ o_2^{(2)} \end{bmatrix} - [\delta^{(2)}]$$

$$= \begin{bmatrix} -0.0375 & -0.0375 \end{bmatrix} \begin{bmatrix} 0.5 \\ 0.5 \end{bmatrix} - [0.075] = [-0.1125] = [u^{(2)}]$$

于是

$$y^{(2)} = \frac{1}{1 + e^{-u^{(2)}}} = \frac{1}{1 + e^{0.1125}} = 0.4719$$

第二步：误差的逆向传播过程

重复 $k=1$ 时的误差逆向传播过程，算出 $k=2$ 时的 d 值

$$d^{(2)} = [y^{*(2)} - y^{(2)}] y^{(2)} [1 - y^{(2)}] = (1 - 0.4719) \times 0.4719 \times (1 - 0.4719)$$

$$= 0.1316$$

用类似 $k=1$ 时的方法算出 $k=2$ 时的隐含层误差 e 值

$$e_1^{(2)} = v_1^{(2)} d^{(2)} o_1^{(2)} [1 - o_1^{(2)}]$$

$$= -0.0375 \times 0.1316 \times 0.5 \times (1 - 0.5) = -0.00123$$

$$e_2^{(2)} = v_2^{(2)} d^{(2)} o_2^{(2)} \left[1 - o_2^{(2)}\right]$$

$$= -0.0375 \times 0.1316 \times 0.5 \times (1 - 0.5) = -0.00123$$

学习效率系数依然取 $\alpha = \beta = 0.6$，各层权重和阈值的调整量为

$$\Delta V_2(2) = \alpha \cdot d^{(2)} O_2 = 0.6 \times 0.1316 \times \begin{bmatrix} 0.5 \\ 0.5 \end{bmatrix} = \begin{bmatrix} 0.03948 \\ 0.03948 \end{bmatrix} = \begin{bmatrix} \Delta v_1^{(2)} \\ \Delta v_2^{(2)} \end{bmatrix}$$

$$\Delta\Delta_2(2) = -\alpha \cdot d^{(2)} = -0.6 \times 0.1316 = -0.07896 = \left[\Delta\delta^{(2)}\right]$$

$$\Delta W_2(2) = \beta \cdot \begin{bmatrix} e_1^{(2)} \\ e_2^{(2)} \end{bmatrix} \begin{bmatrix} x_1^{(2)} & x_2^{(2)} \end{bmatrix} = \beta \begin{bmatrix} e_1^{(2)} x_1^{(2)} & e_1^{(2)} x_2^{(2)} \\ e_2^{(2)} x_1^{(2)} & e_2^{(2)} x_2^{(2)} \end{bmatrix}$$

$$= 0.6 \times \begin{bmatrix} -0.00123 \\ -0.00123 \end{bmatrix} \begin{bmatrix} 0 & 1 \end{bmatrix} = \begin{bmatrix} 0.00000 & -0.00074 \\ 0.00000 & -0.00074 \end{bmatrix}$$

$$\Delta\Theta_2(2) = -\beta \cdot \begin{bmatrix} e_1^{(2)} \\ e_2^{(2)} \end{bmatrix} = -0.6 \times \begin{bmatrix} -0.00123 \\ -0.00123 \end{bmatrix} = \begin{bmatrix} 0.00074 \\ 0.00074 \end{bmatrix}$$

（3）$k=3$ 的情况。此时模式对为

$$X_3 = \begin{bmatrix} x_1^{(3)} \\ x_2^{(3)} \end{bmatrix} = \begin{bmatrix} 1 \\ 0 \end{bmatrix}, \quad y^{*(3)} = 1$$

这表明，输入信号为 $(1, 0)$，预期输出为 1。

第一步：模式的顺向传播过程

将 $k=2$ 时误差逆向传播得到的修正量引入权重和阈值，调整结果为

$$W_3(3) = W_2(2) + \Delta W_2(2) = \begin{bmatrix} 0 & -0.00074 \\ 0 & -0.00074 \end{bmatrix}$$

$$\Theta_3(3) = \Theta_2(2) + \Delta\Theta_2(2) = \begin{bmatrix} 0.00074 \\ 0.00074 \end{bmatrix}$$

$$V_3(3) = V_2(2) + \Delta V_2(2) = \begin{bmatrix} 0.00198 \\ 0.00198 \end{bmatrix}$$

$$\Delta_3(3) = \Delta_2(2) + \Delta\Delta_2(2) = -0.00396$$

特别说明：计算结果一般保留 $3 \sim 4$ 位小数，但当数值较小或者比较敏感的时候，保留 5 位、6 位乃至更多。重复 $k=2$ 时的模式顺向传播过程，中间层的输入为

$$S_3 = W_3^{\mathrm{T}} X_3 - \Theta_3 = \begin{bmatrix} w_{11}^{(3)} & w_{21}^{(3)} \\ w_{12}^{(3)} & w_{22}^{(3)} \end{bmatrix} \begin{bmatrix} x_1^{(3)} \\ x_2^{(3)} \end{bmatrix} - \begin{bmatrix} \theta_1^{(3)} \\ \theta_2^{(3)} \end{bmatrix}$$

$$= \begin{bmatrix} 0 & -0.00074 \\ 0 & -0.00074 \end{bmatrix} \begin{bmatrix} 1 \\ 0 \end{bmatrix} - \begin{bmatrix} 0.00074 \\ 0.00074 \end{bmatrix} = \begin{bmatrix} -0.00074 \\ -0.00148 \end{bmatrix} = \begin{bmatrix} s_1^{(3)} \\ s_2^{(3)} \end{bmatrix}$$

中间层的输出是

$$O_3 = \begin{bmatrix} f(s_1) \\ f(s_2) \end{bmatrix} = \begin{bmatrix} 1 / [1 + \exp(-s_1^{(3)})] \\ 1 / [1 + \exp(-s_2^{(3)})] \end{bmatrix}$$

$$= \begin{bmatrix} 1 / (1 + e^{0.00074}) \\ 1 / (1 + e^{0.00148}) \end{bmatrix} = \begin{bmatrix} 0.4998 \\ 0.4996 \end{bmatrix} = \begin{bmatrix} o_1^{(3)} \\ o_2^{(3)} \end{bmatrix}$$

输出层的输入为

$$U_3 = V_3^{\mathrm{T}} O_3 - \Delta_3 = \begin{bmatrix} v_1^{(3)} & v_2^{(3)} \end{bmatrix} \begin{bmatrix} o_1^{(3)} \\ o_2^{(3)} \end{bmatrix} - [\delta^{(3)}]$$

$$= [0.00198 \quad 0.00198] \begin{bmatrix} 0.4998 \\ 0.4996 \end{bmatrix} - [-0.00396] = [0.00595] = [u^{(3)}]$$

于是

$$y^{(3)} = \frac{1}{1 + e^{-u^{(3)}}} = \frac{1}{1 + e^{-0.00595}} = 0.5015$$

第二步：误差的逆向传播过程

重复 $k=1$ 或 $k=2$ 时的误差逆向传播过程，算出 $k=3$ 时的 d 值

$$d^{(3)} = [y^{*(3)} - y^{(3)}] y^{(3)} [1 - y^{(3)}]$$

$$= (1 - 0.5015 \times) \times 0.5015 \times (1 - 0.5015) = 0.1246$$

用类似 $k=1$ 或 $k=2$ 时的方法算出 $k=3$ 时的 e 值

$$e_1^{(3)} = v_1^{(3)} d^{(3)} o_1^{(3)} [1 - o_1^{(3)}]$$

$$= 0.00198 \times 0.1246 \times 0.4998 \times (1 - 0.4998) = 0.00006$$

$$e_2^{(3)} = v_2^{(3)} d^{(3)} o_2^{(3)} [1 - o_2^{(3)}]$$

$$= 0.00198 \times 0.1246 \times 0.4996 \times (1 - 0.4996) = 0.00006$$

学习效率系数仍旧取 $\alpha = \beta = 0.6$，各层权重和阈值的调整量为

$$\Delta V_3(3) = \alpha \cdot d^{(3)} O_3 = 0.6 \times 0.1246 \times \begin{bmatrix} 0.4998 \\ 0.4996 \end{bmatrix} = \begin{bmatrix} 0.03737 \\ 0.03736 \end{bmatrix} = \begin{bmatrix} \Delta v_1^{(3)} \\ \Delta v_2^{(3)} \end{bmatrix}$$

$$\Delta \Delta_3(3) = -\alpha \cdot d^{(3)} = -0.6 \times 0.1246 = -0.0748 = [\Delta \delta^{(3)}]$$

$$\Delta W_3(3) = \beta \cdot \begin{bmatrix} e_1^{(3)} \\ e_2^{(3)} \end{bmatrix} \begin{bmatrix} x_1^{(3)} & x_2^{(3)} \end{bmatrix} = \beta \begin{bmatrix} e_1^{(3)} x_1^{(3)} & e_1^{(3)} x_2^{(3)} \\ e_2^{(3)} x_1^{(3)} & e_2^{(3)} x_2^{(3)} \end{bmatrix}$$

$$= 0.6 \times \begin{bmatrix} 0.00006 \\ 0.00006 \end{bmatrix} [1 \quad 0] = \begin{bmatrix} 0.000037 & 0.000000 \\ 0.000037 & 0.000000 \end{bmatrix}$$

$$\Delta \Theta_3(3) = -\beta \cdot \begin{bmatrix} e_1^{(3)} \\ e_2^{(3)} \end{bmatrix} = -0.6 \times \begin{bmatrix} 0.00006 \\ 0.00006 \end{bmatrix} = \begin{bmatrix} -0.000037 \\ -0.000037 \end{bmatrix}$$

（4）$k=4$ 的情况。此时模式对为

$$X_4 = \begin{bmatrix} x_1^{(4)} \\ x_2^{(4)} \end{bmatrix} = \begin{bmatrix} 1 \\ 1 \end{bmatrix}, \quad y^{*(3)} = 0$$

这意味着，输入信号为(1, 1)，预期输出为 0。

第一步：模式的顺向传播过程

将 $k=3$ 时误差逆向传播得到的修正量引入权重和阈值，调整结果为

$$W_4(4) = W_3(3) + \Delta W_3(3) = \begin{bmatrix} 0.000037 & -0.00074 \\ 0.000037 & -0.00074 \end{bmatrix}$$

$$\Theta_4(4) = \Theta_3(3) + \Delta\Theta_3(3) = \begin{bmatrix} 0.0007 \\ 0.0007 \end{bmatrix}$$

$$V_4(4) = V_3(3) + \Delta V_3(3) = \begin{bmatrix} 0.0394 \\ 0.0393 \end{bmatrix}$$

$$\Delta_4(4) = \Delta_3(3) + \Delta\Delta_3(3) = -0.0787$$

重复 $k=3$ 时的模式顺向传播过程，可得到中间层的输入

$$S_4 = W_4^T X_4 - \Theta_4 = \begin{bmatrix} w_{11}^{(4)} & w_{21}^{(4)} \\ w_{12}^{(4)} & w_{22}^{(4)} \end{bmatrix} \begin{bmatrix} x_1^{(4)} \\ x_2^{(4)} \end{bmatrix} - \begin{bmatrix} \theta_1^{(4)} \\ \theta_2^{(4)} \end{bmatrix}$$

$$= \begin{bmatrix} 0.000037 & -0.00074 \\ 0.000037 & -0.00074 \end{bmatrix} \begin{bmatrix} 1 \\ 1 \end{bmatrix} - \begin{bmatrix} 0.0007 \\ 0.0007 \end{bmatrix} = \begin{bmatrix} -0.0006 \\ -0.0022 \end{bmatrix} = \begin{bmatrix} s_1^{(4)} \\ s_2^{(4)} \end{bmatrix}$$

中间层的输出

$$O_4 = \begin{bmatrix} f(s_1) \\ f(s_2) \end{bmatrix} = \begin{bmatrix} 1/[1+\exp(-s_1^{(4)})] \\ 1/[1+\exp(-s_2^{(4)})] \end{bmatrix}$$

$$= \begin{bmatrix} 1/(1+e^{0.0006}) \\ 1/(1+e^{0.0022}) \end{bmatrix} = \begin{bmatrix} 0.4998 \\ 0.4995 \end{bmatrix} = \begin{bmatrix} o_1^{(4)} \\ o_2^{(4)} \end{bmatrix}$$

输出层的输入为

$$U_4 = V_4^T O_4 - \Delta_4 = \begin{bmatrix} v_1^{(4)} & v_2^{(4)} \end{bmatrix} \begin{bmatrix} o_1^{(4)} \\ o_2^{(4)} \end{bmatrix} - [\delta^{(4)}]$$

$$= [0.0394 \quad 0.0393] \begin{bmatrix} 0.4998 \\ 0.4995 \end{bmatrix} - [-0.0787] = [0.1181] = [u^{(4)}]$$

于是

$$y^{(4)} = \frac{1}{1+e^{-u^{(4)}}} = \frac{1}{1+e^{-0.1181}} = 0.5295$$

第二步：误差的逆向传播过程

重复 $k=3$ 时的误差逆向传播过程，算出 $k=4$ 时的 d 值

$$d^{(4)} = [y^{*(4)} - y^{(4)}] y^{(4)} [1-y^{(4)}]$$

$$= (0-0.5295) \times 0.5295 \times (1-0.5295) = -0.1319$$

用类似 $k=3$ 时的方法算出 $k=4$ 时的 e 值

$$e_1^{(4)} = v_1^{(4)} d^{(4)} o_1^{(4)} \left[1 - o_1^{(4)} \right]$$
$$= 0.0394 \times (-0.1319) \times 0.4998 \times (1 - 0.4998) = -0.001298$$
$$e_2^{(4)} = v_2^{(4)} d^{(4)} o_2^{(4)} \left[1 - o_2^{(4)} \right]$$
$$= 0.0393 \times (-0.1319) \times 0.4995 \times (1 - 0.4995) = -0.001297$$

学习效率系数仍旧取 $\alpha = \beta = 0.6$，各层权重和阈值的调整量为

$$\Delta V_4(4) = \alpha \cdot d^{(4)} O_4 = 0.6 \times (-0.1319) \times \begin{bmatrix} 0.4998 \\ 0.4996 \end{bmatrix} = \begin{bmatrix} -0.0396 \\ -0.0395 \end{bmatrix} = \begin{bmatrix} \Delta v_1^{(4)} \\ \Delta v_2^{(4)} \end{bmatrix}$$

$$\Delta\Delta_4(4) = -\alpha \cdot d^{(4)} = -0.6 \times (-0.1319) = 0.07915 = \left[\Delta \delta^{(4)} \right]$$

$$\Delta W_4(4) = \beta \cdot \begin{bmatrix} e_1^{(4)} \\ e_2^{(4)} \end{bmatrix} \begin{bmatrix} x_1^{(4)} & x_2^{(4)} \end{bmatrix} = \beta \cdot \begin{bmatrix} e_1^{(4)} x_1^{(4)} & e_1^{(4)} x_2^{(4)} \\ e_2^{(4)} x_1^{(4)} & e_2^{(4)} x_2^{(4)} \end{bmatrix}$$

$$= 0.6 \times \begin{bmatrix} -0.001298 \\ -0.001297 \end{bmatrix} \begin{bmatrix} 1 & 1 \end{bmatrix} = \begin{bmatrix} -0.000779 & -0.000779 \\ -0.000778 & -0.000778 \end{bmatrix}$$

$$\Delta\Theta_4(4) = -\beta \cdot \begin{bmatrix} e_1^{(4)} \\ e_2^{(4)} \end{bmatrix} = -0.6 \times \begin{bmatrix} -0.001298 \\ -0.001297 \end{bmatrix} = \begin{bmatrix} 0.000779 \\ 0.000778 \end{bmatrix}$$

到此为止，完成了第一轮的全部计算，根据误差平方和公式计算全局误差，得到第一轮的全局误差平方和

$$E_{(1)} = \frac{1}{2} \left\{ \left[y^{*(1)} - y_1^{(1)} \right]^2 + \left[y^{*(2)} - y_1^{(2)} \right]^2 + \left[y^{*(3)} - y_1^{(3)} \right]^2 + \left[y^{*(4)} - y_1^{(4)} \right]^2 \right\}$$

$$= \frac{1}{2} \left[(0 - 0.5)^2 + (1 - 0.4719)^2 + (1 - 0.5015)^2 + (0 - 0.5295)^2 \right]$$

$$= 0.5289$$

式中，E 和 y 的右下角标表示计算的轮次（第一轮）。注意对于本例 $q=1$，$m=4$。

完成第 1 轮运算之后，就可以着手第 2 轮计算。方法与第 1 轮完全一样，所不同的是，一开始采用的权重矩阵和阈值向量是第 1 轮第四个环节（$k=4$）给出的结果：

$$W_1(5) = W_4(4) + \Delta W_4(4), \qquad \Theta_1(5) = \Theta_4(4) + \Delta\Theta_4(4)$$
$$V_1(5) = V_1(5) + \Delta V_1(5), \qquad \Delta_1(5) = \Delta_4(4) + \Delta\Delta_4(4)$$

这就是说，学习到第 $t=5$ 次的时候，应该基于第 $t=4$ 次的权重校正量处理第 $k=1$ 种模式。

总之，每一轮的计算都是从 $k=1$ 计算到 $k=4$，如此循环往复，直到全局误差很小为止。计算到第一千轮，全局误差平方和下降到 $E_{1000} = 0.4876$；第一万轮，下降到 $E_{10000} = 0.0015\cdots\cdots$（表 10-4）。在计算开始的时候，全局误差平方和下降缓慢，从 800 轮到 1600 轮，下降速度突然加快，随后又减缓；计算到 5200 轮之后，再次加快速度，误差平方和陡然下降，6000 轮之后再次趋于平缓（图 10-9）。与全局误差平方和的曲线变化对应，网络实际输出的 y 值发生变化。第一次，在 800～1600 轮之间，四种输出模式的数值开始发生分异：模式 1 的输出

结果下降到 0.1 以下，越来越接近目标输出 $y^{*(1)}=0$；模式 2、模式 3 和模式 4 的输出结果则高于 0.65 之上，其中模式 2 和模式 3 接近目标输出 $y^{*(2)}=y^{*(3)}=1$，而模式 4 则偏离目标输出 $y^{*(4)}=0$。到了在 5200~6000 轮之间，模式 4 与模式 2 和模式 3 再次发生分异，模式 2、3 快速上升到 0.9 以上，模式 4 则下降到 0.1 以下，与模式 1 的结果靠近（图 10-10）。到了这个时候，网络的学习成绩终于显示出来。

异或问题与误差逆传网络的 t 轮计算结果（1~10000 轮）　　　　表 10-4

编号 （k）	第一轮 （1）	第十轮 （10）	第一百轮 （100）	第一千轮 （1000）	第五千轮 （5000）	第一万轮 （10000）	第四万轮 （40000）
1	0.5000	0.4994	0.4999	0.3926	0.0323	0.0196	0.0075
2	0.4719	0.4715	0.4734	0.5456	0.6606	0.9674	0.9873
3	0.5015	0.5009	0.5007	0.4934	0.6703	0.9845	0.9957
4	0.5295	0.5286	0.5262	0.5984	0.6785	0.0350	0.0127
E	0.5289	0.5286	0.5267	0.4876	0.3426	0.0015	0.0002

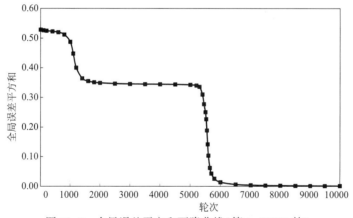

图 10-9　全局误差平方和下降曲线（第 1~10000 轮）

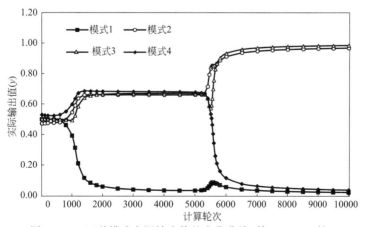

图 10-10　四种模式实际输出值的变化曲线（第 1~10000 轮）

计算到 41600 轮之后，误差平方和为 $E_{41601} = 0.000189$。到了第 41601 这一轮，每一个环节的最后输出为 $y^{(1)} = 0.0073$，$y^{(2)} = 0.9876$，$y^{(3)} = 0.9959$，$y^{(4)} = 0.0124$。如果继续训练，可以得到更为精确的预报结果。不过，当全局误差平方和小于 0.0002 的时候，功能上已经满足要求。根据这一轮次的权重矩阵和阈值向量，可以建立如下误差逆传神经网络模型

$$s_1^{(k)} = -8.0541x_1^{(k)} - 3.3415x_2^{(k)} + 3.6650$$

$$s_2^{(k)} = -21.3291x_1^{(k)} - 4.4251x_2^{(k)} + 6.1093$$

$$o_1^{(k)} = 1/\{1 + \exp[-s_1^{(k)}]\}$$

$$o_2^{(k)} = 1/\{1 + \exp[-s_2^{(k)}]\}$$

$$u^{(k)} = -11.5557o_1^{(k)} + 12.8127o_2^{(k)} - 6.4290$$

$$y^{(k)} = 1/\{1 + \exp[-u^{(k)}]\}$$

将 $x_1^{(1)} = 0$、$x_2^{(1)} = 0$ 代入上面的式子，最后得到 $y^{(1)} = 0.0073$，预期结果是 $y^{*(1)} = 0$；将 $x_1^{(2)} = 0$、$x_2^{(2)} = 1$ 代入上面的模型，最后得到 $y^{(2)} = 0.9876$，预期结果是 $y^{*(2)} = 1$；将 $x_1^{(3)} = 1$、$x_2^{(3)} = 0$ 代入上面的式子，最后得到 $y^{(3)} = 0.9959$，预期结果是 $y^{*(3)} = 1$；将 $x_1^{(4)} = 1$、$x_2^{(4)} = 1$ 代入上面的式子，最后得到 $y^{(4)} = 0.0124$，预期结果是 $y^{*(4)} = 0$。在要求不是十分精确的情况下，这个模型是可以用于异或问题判别的，因而可以接受。神经网络的求解结果不是唯一的，改变初始值，最后得到的权数和阈值不一样，故同一问题可以建立多个功能一样的神经网络数学模型。

10.5 问题与改进方案

10.5.1 误差逆传网络的缺陷和改进方案

误差逆传神经网络的突出特点在于非线性映射能力和弹性的网络结构。对于一个具体问题，网络的中间层数量、中间层和输出层处理的单元数、网络学习的效率系数都可以灵活设定。但是，上述特点并不意味着这种人工神经网络已经完善。从上一节的例子可以看到，标准的误差逆传网络还存在一些缺陷。结合异或问题算例，将有关问题总结如下。

其一，学习速度缓慢，网络训练的过程往往十分漫长。对于前述异或问题，训练了 41601 轮，相当于学习 166404 次，迭代依然没有严格地收敛，权数还在发生微小的变化。如果处理更为复杂的问题，则计算过程可能更加漫长了。

其二，预测精度有时不是太高。在误差逆传网络中，中间层和输出层都采用 S 函数作为激发函数。如果预期结果是连续变量，则 S 函数很有优势。但是，当预期结果是用 0、1 数值表示的时候，S 函数的性能就不如阶跃函数了。

其三，模型设计具有任意性和冗余性。误差逆传网络中间层的层数及其神经元数目的选定没有理论依据，只能根据经验设定。在这种情况下，如果安排不当，计算过程会出现大量的冗余计算，导致训练速度迟缓。

其四，网络性能不稳定，学习和记忆的结果容易遗忘。当应用者向经过成

功训练的网络提供新的输入-输出模式的时候,其连接权和阈值会完全打乱,必须将新、旧模式加在一起,重新训练网络。这意味着,误差逆传网络的记忆过程与生物的记忆过程不一样,不具有累计性。

其五,收敛方向不确定,不能保证网络收敛到全局最小点。在某种意义上,这也是网络性能不稳定的一种表现。改变初始值之后,不仅模型参数估计结果不一样,系统的运行路径也可能有很大差别。有时网络收敛到全局误差的局部最小点,而不是全局最小点。在某些情况下,误差最小的时候,迭代并未收敛;迭代收敛的时候,误差很大——误差平方和为 0.5 乃至 1。对于人工神经网络,误差最小和迭代收敛不是一个概念。误差大小取决于输出值与预期值之间的差距大小,而迭代是否收敛则取决于权重和阈值的调整量是否为 0。举例来说,假定采用一组随机数对网络进行初始化,给出第一次学习的权数和阈值如下

$$W_1 = \begin{bmatrix} 0.0553 & 0.0634 \\ -0.0415 & 0.0991 \end{bmatrix}, \quad \Theta_1 = \begin{bmatrix} -0.0733 \\ -0.0945 \end{bmatrix}, \quad V_1 = \begin{bmatrix} 0.0815 \\ -0.0633 \end{bmatrix},$$

$$\Delta_1 = [-0.0105]$$

网络学习到 923 轮时,全局误差平方和为 $E_{923} = 0.0135$,达到最小点。此时输出结果为 $y^{(1)} = 0.0810$,$y^{(2)} = 0.9164$,$y^{(3)} = 0.9219$,$y^{(4)} = 0.0856$。但是,网络并不趋向收敛。如果按照 10.4.2 节的方法继续训练,则误差逐渐上升,最后向 $E_\infty = 0.25$ 逼近,输出结果趋向于 (1/2, 1/2, 1, 0) 而不是目标数值 (0, 1, 1, 0)。

误差逆传网络的上述问题和缺陷,有些属于该网络本身固有的,如网络的层次和结构问题。这样的问题一时很难改进,除非采用其他类型的网络代替误差逆传网络。但是,收敛速度缓慢、学习过程容易振荡之类的问题,在一定条件下可以回避。为了提高学习效率,人们提出了一些改进算法。主要的改进方案简介如下。

第一种改进算法,一般化误差的累计校正法。误差逆传算法是利用标准误差逆向传播调整权数和阈值的,调整幅度越来越小,故训练进度越来越慢。采用式 (10-99) 和式 (10-101) 计算出一般化误差之后,可以将每一轮的 m 个误差累计计算,用累加后的一般化误差代替原来的一般误差进行逆向传播和计算。这种方法可以加快权数和阈值的调整速度,但并非总是有效。有时会引起网络训练的振荡,有时则不能保证收敛到正确的方向。以前述异或问题为例,当权数和阈值的初始值为 0 的时候,最后收敛的位置是输出 (0, 0, 1, 0) 而不是期望的 (0, 1, 1, 0)。如果一般网络的最终训练结果依赖于初始值的选定,则这个算法的效果一定很差。

第二种改进算法,S 函数的输出幅度限定算法。一般化误差是基于 S 函数的导数定义的,S 函数的导数是一个 Logistic 方程 $z(1-z)$,这里 $0 \leqslant z \leqslant 1$ 表示中间层的输出 $(z=o)$ 或者输出层的输出 $(z=y)$。当输入值的绝对值足够大的时候,输出值越来越接近于 0 或者 1,此时 $z(1-z)$ 值变得很小,从而一般化误差 d 值或 e 值也变得很小。在这种情况下,权重或者阈值的调整量将会变得很小,从而学习速度越来越慢。改进的办法是,当函数的输出 z 小于 0.01 或者大于 0.99 时,将其取为 0.01 或者 0.99,用这种方法可以加快计算收敛的过程。不过,用这种

方法得到的结果只能将 0 近似为 0.01、将 1 近似为 0.99。换言之，如果目标向量为(0，1，1，0)，最精确的计算结果只能是(0.01，0.99，0.99，0.01)。最大的问题在于，限幅之后，不能保证收敛到正确的位置。以上述异或问题为例，当权数和阈值的初始值为 0 的时候，训练 1 万轮，输出结果接近于(0，1/2，1，1/2)而不是预期的(0，1，1，0)。

第三种改进算法，惯性调整法。在对连接权数和阈值进行调整时，不仅考虑本次误差引起的校正量，而且按照一定的比例加上前次的校正量，即在调整公式中引入惯性项。表示为公式就是

$$A(t) = B(t) + \mu A(t-1) \tag{10-106}$$

式中，$A(t)$ 表示当前的权数或者阈值调整量，$B(t)$ 为本次一般化误差引起的调整量——用式(10-56)~式(10-59)计算，$A(t-1)$ 为上一次的权数或者阈值调整量，μ 为惯性系数($0<\mu<1$)。所谓惯性，就是物体受力终止以后，依然要向前运动一段距离。过去的时间虽然不再，但过去的影响并未消失，类比得到惯性概念，其实是一种自相关过程。当前一次的校正过度时，惯性项 $\mu A(t-1)$ 与本次误差校正项 $B(t)$ 的符号相反，减弱实际调整量，从而降低振荡作用；当前一次的校正不足时，惯性项 $\mu A(t-1)$ 与本次误差校正项 $B(t)$ 的符号相同，加强本次调整量，从而加快训练速度。这是一种误差校正的负反馈式调整。

对于上述异或问题，惯性调整法不能奏效。当权数和阈值的初始值为 0 的时候，训练 1 万轮，输出结果接近于(0，1，1/2，1/2)而不是预期的(0，1，1，0)。也就是说，权数、阈值修正量中引入惯性项之后，系统最后收敛的位置不对。

人们研究发现，如果惯性系数采用变量，有时会表现出更好的训练效果。基于这种经验，出现了所谓的惯性校正改进算法，该算法将式(10-106)改为

$$A(t) = B(t) + \mu(t)A(t-1) \tag{10-107}$$

$$\mu(t) = \Delta\mu + \mu(t-1) \tag{10-108}$$

式中，$\mu(t)$ 为本次惯性系数，$\mu(t-1)$ 为上次惯性系数，$\Delta\mu$ 为惯性系数的改变值。根据式(10-108)，随着网络的学习进程，惯性系数会逐步上升，以此加快训练速度。当然，惯性系数的变化有一个极限，上限值通常为 0.9。如果惯性系数值过大，不仅不能加快学习速度，反而引起振荡、降低速度，所谓欲速则不达。

其他改进算法，不一而足。常见的方法包括：①学习效率系数变化法：根据最小均方差确定学习系数，据此减少系统振荡、加快训练进程；②激发函数替代法：采用双曲正切函数代替 S 函数，据此加快学习速度；③权数范围限制法：限制连接权数和阈值的范围，尽量避免学习过程的反复和振荡。

需要注意的是，改进的方法未必就比未经改进的方法效果更好，采用什么算法，要根据问题的性质。比方说，是否采用可变的学习效率系数，要看系统迭代过程中是否发生振荡，否则没有必要采用可变系数。对于 10.4 节演示的异或问题，可以采用如下可变的学习效率系数

$$\alpha(T) = \alpha_0 + \frac{1}{1+e^{-E_{T-1}}}, \quad \beta(T) = \beta_0 + \frac{1}{1+e^{-E_{T-1}}}$$

式中，T 为学习轮次，$\alpha(T)$、$\beta(T)$ 为第 T 轮的学习效率系数，α_0、β_0 为常数，E_{T-1} 为第 $T-1$ 轮的全局误差平方和。显然，当全局误差平方和数值大的时候，学习效率系数值就高，反之则低。随着网络学习的进步，全局误差平方和越来越小，学习效率系数也就越来越低。取 $\alpha_0 = \beta_0 = 1/20$，$\alpha(1) = \beta(1) = 0.6$，并且假定 $\alpha(T) = \beta(T)$，则引入可变的学习效率系数之后，网络训练进程与采用常系数的效果相差不大，总体进度慢了一点。从图 10-9 可以看到，网络学习过程并无振荡，在这样的模型中引入可变系数未必明智。

10.5.2 改进算法之后的异或判断

人工神经网络算法的改进常常可以依据具体的模型和问题而定。上述各种改进算法都是根据具体问题总结的，未必是普适方法。对于上一节关于异或问题的例子，系统收敛速度缓慢和预测结果为近似值的原因在于激发函数 $f_2(\cdot)$ 为 S 函数。不改变输出层的激发函数，其他方面的改进有时弄巧成拙。如果采用 S 函数的极端化特例——单极值阶跃函数作为激发函数 $f_2(\cdot)$，相应地，用式(10-100)代替式(10-99)作为输出层的一般化误差函数，则整个模型的性能立即发生改变。初始化条件(权数和阈值的初值为0)其他计算公式不变，取 $\eta = \beta = 0.6$，在改变了激发函数 $f_2(\cdot)$ 和相应的一般化误差公式之后，计算过程在 220 轮收敛，实际输出结果分别为 0、1、1、0，相应的全局误差平方和下降到 0 (图 10-11)。

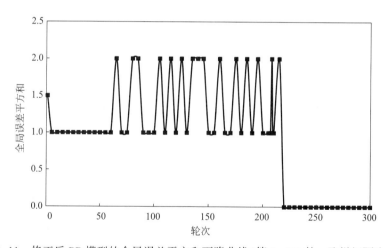

图 10-11　修正后 BP 模型的全局误差平方和下降曲线(第 1~300 轮，取样间隔为 5 轮)

经过 220 轮的迭代运算之后，权数矩阵和阈值向量完全固定。利用固定后的连接权和阈值可以建立人工神经网络模型如下

$$s_1^{(k)} = -1.6018x_1^{(k)} - 8.0241x_2^{(k)} - 0.8058$$
$$s_2^{(k)} = -0.5442x_1^{(k)} - 0.7867x_2^{(k)} - 0.5745$$

$$o_1^{(k)} = 1 / \left\{ 1 + \exp \left[-s_1^{(k)} \right] \right\}$$

$$o_2^{(k)} = 1 / \left\{ 1 + \exp \left[-s_2^{(k)} \right] \right\}$$

$$u^{(k)} = -1.0649 o_1^{(k)} + 1.8246 o_2^{(k)} - 0.3600$$

$$y^{(k)} = \begin{cases} 1, & u^{(k)} \geqslant 0 \\ 0, & u^{(k)} < 0 \end{cases}$$

将信号$(0,0)$、$(0,1)$、$(1,0)$、$(1,1)$依次提供给网络,则输出层的输入分别为$u^{(1)} = -0.0316$、$u^{(2)} = -0.0121$、$u^{(3)} = 0.0014$、$u^{(4)} = -0.1237$。这些数值经过阶跃函数的作用之后,输出的结果分别是$y^{(1)} = 0$、$y^{(2)} = 1$、$y^{(3)} = 1$、$y^{(4)} = 0$,与目标输出一样。这个例子说明,虽然 S 函数具有良好的数学性质,但在处理不连续的输出值方面并无优势。假如最后需要的数值为 0、1 分类,采用阶跃函数作为输出层的激发函数常常可以得到更好的效果。

如果将初始化的权数和阈值全部改为 1,则经过 276 轮计算,迭代过程收敛。通常的处理是采用-1~1 之间的随机数作为初始化数值。借助电子表格或者数学软件容易生成这类随机数。例如,在 Excel 中借助随机数生成函数 rand,输入公式"rand( )-0.5",可以生成一组随机数,然后采用四舍五入函数 round 保留小数点后面四位,建立初始权数矩阵和阈值向量如下

$$W_1 = \begin{bmatrix} 0.3642 & 0.3018 \\ 0.1532 & 0.4819 \end{bmatrix}, \quad \Theta_1 = \begin{bmatrix} 0.4190 \\ -0.0659 \end{bmatrix}, \quad V_1 = \begin{bmatrix} 0.4484 \\ -0.2236 \end{bmatrix}, \quad \Delta_1 = [-0.3478]$$

将这些矩阵和向量提供给修正后的误差逆传神经网络,经过 157 轮计算,迭代收敛。网络学习结束后,利用固定的权数矩阵和阈值向量建立数学模型如下

$$s_1^{(k)} = -2.7778 x_1^{(k)} + 1.2581 x_2^{(k)} - 1.8196$$

$$s_2^{(k)} = 1.1767 x_1^{(k)} - 1.5987 x_2^{(k)} - 1.1615$$

$$o_1^{(k)} = 1 / \left\{ 1 + \exp \left[-s_1^{(k)} \right] \right\}$$

$$o_2^{(k)} = 1 / \left\{ 1 + \exp \left[-s_2^{(k)} \right] \right\}$$

$$u^{(k)} = 1.8514 o_1^{(k)} + 1.5194 o_2^{(k)} - 0.7322$$

$$y^{(k)} = \begin{cases} 1, & u^{(k)} \geqslant 0 \\ 0, & u^{(k)} < 0 \end{cases}$$

这个模型与前面给出的数学模型存在参数方面的差别,但功能一样。实际上,改变初始值,学习的次数和收敛位置随之改变。总之,如前所述,针对同一问题,理论上可以建立无数个功能相同的神经网络模型。

10.6 回归分析、判别分析与神经网络建模实例

10.6.1 判别分析与 M-P 模型

在人们的心目中,人工神经网络属于一种"新"的数学方法,这种方法有别于大家熟知的"老"的数学方法,特别是传统的多元统计分析方法,如回归分析、聚类分析、判别分析,如此等等。作为一种数学工具,神经网络的确有

自身独特且强大的应用功能，但这并不意味着神经网络计算与传统的数学方法没有关系（Bhadeshia，1999；Dunne，2007；Smith，1993）。实际上，传统的很多数学方法已经包含了神经网络模型的特例。下面举例说明，目的在于两个方面：一是建立人工神经网络与传统方法的数学联系，据此了解不同数学方法的功能、特长和应用方向；二是通过与传统方法的沟通，帮助读者更好地理解人工神经网络模型的实质和数学背景。

人工神经网络模型的功能之一就是分类与判别。借助回归分析和判别分析，可以建立简单的人工神经网络模型——M-P模型。

以国家的分类与判别为例具体说明。数据来源于联合国开发计划署（UNDP）发表的《2000年人类发展报告》。联合国开发计划署报告采用出生时预期寿命、成人识字率、人均GDP等指标将全世界的国家分为三类：高人类发展水平、中等人类发展水平和低人类发展水平。为了简明起见，不妨分析其中两类国家：第一类为高人类发展水平（抽取6个国家作为训练样品，用1表示类别），第二类为中等人类发展水平（抽取8个国家作为训练样品，用0表示类别）。另外，从第一类和第二类国家中抽取4个国家作为待判样品。指标选用3个：出生时预期寿命（x_1）、成人识字率（x_2）和人均GDP（x_3）。由于样本较小且变量不多，便于在Excel上进行分步计算。而且分类结果均为已知，便于我们对分析效果进行评价。

以第一组的6个国家（类别为1）和第二组的8个国家（类别为0）作为训练样本，开展判别分析。分别计算出两组国家各个变量的平均值，以这两组平均值作为两个特殊的样品。14个国家外加两组平均值，一共16个样品。计算这16个样品彼此之间的马氏距离矩阵。每一个样品（国家）到第一组平均值和第二组平均值各存在一个马氏距离，这两个马氏距离的差值就是这个样品的距离判别法的得分。更简单地，我们可以直接利用线性判别分析计算得分值及其规范化数值（表10-5）。

18个国家的样本类别、变量和有关统计参量（1998）　　　　表10-5

类别	国家名称	出生时预期寿命	成人识字率	人均GDP	马氏距离之差	规范判别得分
y	（样品）	x_1	x_2	x_3	S	s
1	加拿大	79.1	99.0	23582	13.857	3.068
1	美国	76.8	99.0	29605	18.654	4.130
1	日本	80.0	99.0	23257	14.015	3.103
1	瑞士	78.7	99.0	25512	15.575	3.449
1	阿根廷	73.1	96.7	12013	-0.683	-0.151
1	阿联酋	75.0	74.6	17719	8.515	1.885
0	古巴	75.8	96.4	3967	-7.256	-1.607
0	俄罗斯联邦	66.7	99.5	6460	-9.984	-2.211

城市规划系统工程学

续表

类别	国家名称	出生时预期寿命	成人识字率	人均GDP	马氏距离之差	规范判别得分
0	保加利亚	71.3	98.2	4809	-9.026	-1.999
0	哥伦比亚	70.7	91.2	6006	-7.368	-1.631
0	格鲁吉亚	72.9	99.0	3353	-9.715	-2.151
0	巴拉圭	69.8	92.8	4288	-9.749	-2.159
0	南非	69.4	77.8	4036	-8.541	-1.891
0	埃及	66.7	53.7	3041	-8.293	-1.836
均值	第一组平均	77.1	94.6	21948	11.656	2.581
	第二组平均	70.4	88.6	4495	-8.742	-1.936
	总计平均值	73.3	91.1	11975	20.397	4.516
待判样品	瑞典	78.7	99.0	20659	10.717	2.373
	希腊	78.2	96.9	13943	3.961	0.877
	罗马尼亚	70.2	97.9	5648	-8.743	-1.936
	中国	68.0	82.8	3105	-10.781	-2.387

原始资料来源：联合国开发计划署（2001）。

可以看到，第一类国家——高人类发展水平国家的得分值基本上都大于0，第二类国家——中等人类发展水平国家的得分值全部小于0。根据得分值的正负，可以对待判样品进行归类。前提是计算判别函数，利用判别函数就可以估计待判样品的得分(表10-6)。

22个国家的判别得分和分类结果(1998) 表10-6

类型	类别变量	国家名称	判别得分	规范化判别值	原始类别	预测类别
高人类发展水平	1	加拿大	13.857	3.068	1	1
	1	美国	18.654	4.130	1	1
	1	日本	14.015	3.103	1	1
	1	瑞士	15.575	3.449	1	1
	1	阿根廷	-0.683	-0.151	1	0
	1	阿联酋	8.515	1.885	1	1
中等人类发展水平	0	古巴	-7.256	-1.607	0	0
	0	俄罗斯联邦	-9.984	-2.211	0	0
	0	保加利亚	-9.026	-1.999	0	0
	0	哥伦比亚	-7.368	-1.631	0	0
	0	格鲁吉亚	-9.715	-2.151	0	0

续表

类型	类别变量	国家名称	判别得分	规范化判别值	原始类别	预测类别
中等人类发展水平	0	巴拉圭	-9.749	-2.159	0	0
	0	南非	-8.541	-1.891	0	0
	0	埃及	-8.293	-1.836	0	0
待判样品	y	瑞典	10.717	2.373	未知	1
	y	希腊	3.961	0.877	未知	1
	y	罗马尼亚	-8.743	-1.936	未知	0
	y	中国	-10.781	-2.387	未知	0

以出生时预期寿命(x_1)、成人识字率(x_2)和人均 GDP(x_3)为三个自变量，以判别得分(S 或者 s)为因变量，开展多元线性回归分析，回归系数和截距可以给出判别函数的系数和常数。如果采用未经规范化的判别得分为因变量进行回归，则基于输出结果可以建立未经规范化的判别函数式

$$S^{(k)} = 0.53602x_1^{(k)} - 0.11166x_2^{(k)} + 0.001x_3^{(k)} - 41.09413$$

这个函数在人工神经网络理论中属于所谓的"线性分类器"，计算判别函数系数的过程其实就是寻找模式空间权向量(weight vector)的过程。为了对样品自动归类，有必要构建一个阶跃函数

$$y^{(k)} = f(S) = \begin{cases} 1, & S^{(k)} \geqslant 0 \\ 0, & S^{(k)} < 0 \end{cases}$$

根据阶跃函数，如果判别得分值大于 0，就属于类别 1(高人类发展水平)；如果判别得分值小于 0，就属于类别 0(中等人类发展水平)。

上面的两个式子构成一个简单而特殊的神经网络数学模型。当然，也可以采用规范化的判别得分为因变量。基于规范化得分的回归分析结果，可以建立规范化的判别函数。补充一个阶跃函数，就形成另一个神经网络数学模型

$$s^{(k)} = 0.11869x_1^{(k)} - 0.02472x_2^{(k)} + 0.00022x_3^{(k)} - 9.09902$$

$$y^{(k)} = f(s) = \begin{cases} 1, & s^{(k)} \geqslant 0 \\ 0, & s^{(k)} < 0 \end{cases}$$

上述神经网络模型与感知器模型类似，在数学形式上属于 M-P 模型(图 10-12)。将待判样品的出生时预期寿命(x_1)、成人识字率(x_2)和人均 GDP(x_3)提供给网络，最后输出的结果是：瑞典和希腊的 y 值为 1，属于第一类——高人类发展水平；罗马尼亚和中国的 y 值为 0，属于第二类——中等人类发展水平。在联合国开发计划署的《2000 年人类发展报告》中，瑞典和希腊属于第一类，

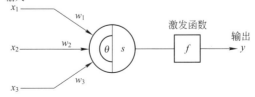

图 10-12 三个输入变量的 M-P 神经网络示意图(相当于一个生物神经元)

罗马尼亚和中国属于第二类。计算结果和专家的认识一致。

10.6.2　Logistic 回归与 BP 网络

Logistic 回归模型一般可以转换为简单的误差逆传神经网络模型，举例说明如下。采用 2005 年的数据，研究影响中国各地区城市化水平的经济地理因素。城市化水平用城镇人口比重表征，影响因素包括人均 GDP、第二产业产值比重、第三产业产值比重以及地理位置，如此等等。地理位置为名义变量，用地带属性表示。中国各地区被分别划分到三大地带：东部地带、中部地带和西部地带。用各地区的地带分类代表地理位置。一个省、市如果属于东部地带，就用 1 表示，否则为 0。其余依此类推。

就 Logistic 回归而言，希望了解哪些因素影响地方城镇化水平。根据国际惯例，城镇化水平定义为城镇人口占总人口的比重（%），这个测度也叫城市化率或者城镇化率。像地带因素、产业比重和人均 GDP 都可能影响地方城镇化水平。其中，地带性因素不仅包括地理位置信息，也包括其他方面的综合信息，可以作为一些位置缺失变量的替代变量。

现在，不妨将城镇化水平分为两个类别：达到全国平均水平以上者，用 1 表示，否则用 0 表示。也就是说，首先计算全国各地区的城镇人口比重平均值 45.405%，然后以此为临界值分类：当一个地区的城镇人口比重大于等于 45.405% 的时候，将其表示为 1，否则表示为 0。这样我们得到一个关于城镇化水平的分类变量，用这个虚拟变量——命名为"城镇化类别"——作为需要解释和预测的因变量（表 10-7）。

经过多次的回归试验发现，第二产业比重和第三产业比重之类的变量对地区城镇化水平影响不明显。地带性变量中，只有中部地带对城镇化水平解释效果好一些。因此，最终引入如下两个自变量：人均 GDP（x_1）和中部（x_2）。

中国各地区的地理位置、产业比重、人均产值和城镇化水平（2005）　　　表 10-7

地区	东部	中部	西部	二产比重	三产比重	人均 GDP（元）	城镇人口比重（%）	城镇化类别
北京	1	0	0	0.29	0.25	45443.693	83.62	1
天津	1	0	0	0.55	0.51	35783.188	75.11	1
河北	1	0	0	0.52	0.46	14782.260	37.69	0
山西	0	1	0	0.56	0.51	12495.000	42.11	0
内蒙古	0	1	0	0.46	0.38	16330.819	47.20	1
辽宁	1	0	0	0.49	0.44	18983.201	58.70	1
吉林	0	1	0	0.44	0.38	13348.000	52.52	1
黑龙江	0	1	0	0.54	0.49	14434.056	53.10	1
上海	1	0	0	0.49	0.45	51474.000	89.09	1
江苏	1	0	0	0.57	0.51	24560.000	50.11	1

地区	东部	中部	西部	二产比重	三产比重	人均GDP（元）	城镇人口比重（%）	城镇化类别
浙江	1	0	0	0.53	0.47	27702.685	56.02	1
安徽	0	1	0	0.41	0.34	8675.145	35.50	0
福建	1	0	0	0.49	0.43	18645.842	47.30	1
江西	0	1	0	0.47	0.36	9440.000	37.00	0
山东	1	0	0	0.57	0.52	20096.455	45.00	0
河南	0	1	0	0.52	0.46	11346.498	30.65	0
湖北	0	1	0	0.43	0.37	11431.000	43.20	0
湖南	0	1	0	0.40	0.34	10426.000	37.00	0
广东	1	0	0	0.51	0.47	24435.016	60.68	1
广西	1	0	0	0.37	0.31	8787.729	33.62	0
海南	1	0	0	0.25	0.17	10871.000	45.20	0
重庆	0	0	1	0.41	0.33	10982.000	45.20	0
四川	0	0	1	0.42	0.34	9060.000	33.00	0
贵州	0	0	1	0.42	0.36	5051.960	26.87	0
云南	0	0	1	0.41	0.34	7835.000	29.50	0
西藏	0	0	1	0.25	0.07	9114.000	26.65	0
陕西	0	0	1	0.50	0.42	9899.000	37.23	0
甘肃	0	0	1	0.43	0.35	7476.529	30.02	0
青海	0	0	1	0.49	0.38	10044.740	39.25	0
宁夏	0	0	1	0.46	0.38	10239.000	42.28	0
新疆	0	0	1	0.45	0.37	13108.000	37.15	0

原始数据来源：《中国统计年鉴（2006）》http：//www.stats.gov.cn/tjsj/ndsj/。各种比重均按百分比计算。人均GDP单位为元。

借助统计分析软件SPSS，容易估计Logistic回归模型的参数。将数据导入SPSS之后，该软件自动对表10-7中的名义变量重新编码：不论是自变量中的0、1，还是因变量中的0、1统统改为1、0表示。拟合的线性关系如下

$$z = 16.36489 - 0.00125x_1 + 6.91707x_2$$

将上面的关系式代入Logistic函数，即

$$p(z) = \frac{1}{1+e^{-z}}$$

得到

$$p(z) = \frac{1}{1+e^{-(16.36489-0.00125x_1+6.91707x_2)}}$$

注意，上面的表达式是根据 SPSS 重新编码的结果给出的。要想根据表 10-7 中的数据进行预测计算，需要对其进行简单的变换：

$$p(z) = \frac{1}{1+e^{-[16.36489-0.00125x_1+6.91707(1-x_2)]}} = \frac{1}{1+e^{-(23.28196-0.00125x_1-6.91707x_2)}}$$

于是

$$o(s) = p'(z) = 1-p(z)$$

$$= \frac{1}{1+e^{-(0.00125x_1+6.91707x_2-23.28196)}} = \frac{1}{1+e^{-s}}$$

将表 10-7 中的"人均 GDP(x_1)"数据和"中部(x_2)"数据代入上式，就可以给出城市化类别的计算值，这些计算值介于 0~1 之间。对这些数据进行四舍五入，全部转换为 0 和 1。结果表明，预测值与观测值之间基本一致，只有山东省的情况是一个例外。换言之，除了对山东省的判断失误之外，其余各省、市、自治区的情况符合实际。有了这么一个 Logistic 模型，就可以对各地区的城镇化水平作出预测。只要知道一个地区的人均 GDP 和所属地带，就可以判断其城镇化水平是否在平均值以上。

从上述模型中可以提出一个简单的误差逆传神经网络模型（图 10-13）。中间层的输入 s 和输出 o 分别表示为

$$s^{(k)} = 0.00125x_1+6.91707x_2-23.28196$$

$$o^{(k)} = \frac{1}{1+e^{-s^{(k)}}}$$

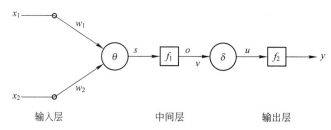

图 10-13　两个输入变量的简单误差逆传神经网络示意图（相当于两个生物神经元）

式中，k 表示样品（省、市）编号。可见，回归系数就是输入层到中间层的连接权数，截距为阈值。激发函数为 Logistic 函数。输出层的输入 u 和输出 y 分别为

$$u^{(k)} = o^{(k)} - 0.45405$$

$$y^{(k)} = f(u) = \begin{cases} 1, & u^{(k)} \geqslant 0 \\ 0, & u^{(k)} < 0 \end{cases}$$

输出层的激发函数为阶跃函数，这个容易理解。问题在于，输入函数是怎样构建的。实际上，一开始就采用各地区的城市化水平平均值（45.405%）为临界值：凡是大于等于 45.405% 的，为类别 1；小于 45.405% 的，为类别 0。只需要用 Logistic 回归模型的预测值 $o^{(k)}$ 减去这个临界值，就可以利用阶跃函数自行分类。因此，输出层的输入函数的权数为 1，阈值就是前述临界值 45.405%，或者 0.45405。

将各个省市的"人均 GDP（x_1）"和"中部（x_2）"数据代入神经网络模型，依次算出中间层输入 s 值、中间层输出 o 值、输出层输入 u 值、输出层输出 y 值。将实际输出的 y 值与事先分类结果亦即目标输出 y^* 值对比，发现只有山东的情况预报错误。其他省市的预测结果与实际结果完全相符（表10-8）。

中国各地区城镇化水平类别的预报结果与实际值的比较（2005）　　　　表10-8

地区 （k）	人均 GDP x_1	中部 x_2	城市化率 （%）	目标输出 y^*	输入1 s	输出1 o	输入2 u	输出2 y	误差 e
北京	45443.693	0	83.62	1	33.523	1.00000	0.546	1	0
天津	35783.188	0	75.11	1	21.447	1.00000	0.546	1	0
河北	14782.260	0	37.69	0	-4.804	0.00813	-0.446	0	0
山西	12495.000	1	42.11	0	-0.746	0.32166	-0.132	0	0
内蒙古	16330.819	1	47.20	1	4.049	0.98285	0.529	1	0
辽宁	18983.201	0	58.70	1	0.447	0.60994	0.156	1	0
吉林	13348.000	1	52.52	1	0.320	0.57935	0.125	1	0
黑龙江	14434.056	1	53.10	1	1.678	0.84260	0.389	1	0
上海	51474.000	0	89.09	1	41.061	1.00000	0.546	1	0
江苏	24560.000	0	50.11	1	7.418	0.99940	0.545	1	0
浙江	27702.685	0	56.02	1	11.346	0.99999	0.546	1	0
安徽	8675.145	1	35.50	0	-5.521	0.00399	-0.450	0	0
福建	18645.842	0	47.30	1	0.025	0.50634	0.052	1	0
江西	9440.000	1	37.00	0	-4.565	0.01030	-0.444	0	0
山东	20096.455	0	45.00	0	1.839	0.86278	0.409	1	-1
河南	11346.498	1	30.65	0	-2.182	0.10140	-0.353	0	0
湖北	11431.000	1	43.20	0	-2.076	0.11144	-0.343	0	0
湖南	10426.000	1	37.00	0	-3.332	0.03448	-0.420	0	0
广东	24435.016	0	60.68	1	7.262	0.99930	0.545	1	0
广西	8787.729	0	33.62	0	-12.297	0.00000	-0.454	0	0
海南	10871.000	0	45.20	0	-9.693	0.00006	-0.454	0	0
重庆	10982.000	0	45.20	0	-9.554	0.00007	-0.454	0	0
四川	9060.000	0	33.00	0	-11.957	0.00001	-0.454	0	0
贵州	5051.960	0	26.87	0	-16.967	0.00000	-0.454	0	0
云南	7835.000	0	29.50	0	-13.488	0.00000	-0.454	0	0
西藏	9114.000	0	26.65	0	-11.889	0.00001	-0.454	0	0
陕西	9899.000	0	37.23	0	-10.908	0.00002	-0.454	0	0

续表

地区 （k）	人均 GDP x_1	中部 x_2	城市化率 （%）	目标输出 y^*	输入 1 s	输出 1 o	输入 2 u	输出 2 y	误差 e
甘肃	7476.529	0	30.02	0	−13.936	0.00000	−0.454	0	0
青海	10044.740	0	39.25	0	−10.726	0.00002	−0.454	0	0
宁夏	10239.000	0	42.28	0	−10.483	0.00003	−0.454	0	0
新疆	13108.000	0	37.15	0	−6.897	0.00101	−0.453	0	0

上述人工神经网络的判断过程与 Logistic 回归分析过程在效果上没有任何本质区别。不仅模型表达形式一致，计算过程也有相似之处。Logistic 回归是基于最大似然估计迭代运算的，每迭代一次，相当于人工神经网络学习一轮。系统经过 10 次迭代收敛（误差小于 0.001），相当于神经网络经过 10 轮训练（表 10-9）。二者的不同之处在于，较之于 Logistic 回归模型，神经网络模型增添了两个自动识别函数。在 Logistic 回归分析过程中虽然没有给出这两个函数，但在思想上或者定性分析过程中其实已经包含了这两个函数。当然，神经网络模型的结构很灵活、有弹性，不像 Logistic 回归模型，整个分析过程是刚性的，不能随意改变。

中国各地区城镇化水平 Logistic 回归的迭代过程　　　　　　表 10-9

迭代步骤 （训练次数）	−2 Log likelihood （卡方统计量）	系数（连接权）			变换后的常数 （阈值）
		常数	人均 GDP （x_1）	中部（x_2）	
1	22.58009	2.25702	−0.00013	0.66580	2.92282
2	15.77043	4.01920	−0.00027	1.30384	5.32305
3	11.93073	6.37823	−0.00046	2.13551	8.51373
4	10.17142	9.12992	−0.00068	3.28427	12.41419
5	9.40087	12.17562	−0.00092	4.77753	16.95315
6	9.16413	14.88742	−0.00114	6.17341	21.06084
7	9.13772	16.18045	−0.00124	6.82635	23.00680
8	9.13734	16.36202	−0.00125	6.91569	23.27771
9	9.13734	16.36489	−0.00125	6.91707	23.28196
10	9.13734	16.36489	−0.00125	6.91707	23.28196

说明：表中数据由 SPSS 生成，其中变换后的常数为变换前的常数加上"中部"的系数。

10.7　小结

这一章讲述了人工神经网络中的感知器模型、M-P 网络和误差逆传网络。

神经网络模型的基本思想不难理解。一个线性回归模型就是一个简单的神经网络模型。一元线性回归模型相当于单输入-单输出线性神经网络模型，多元线性回归模型相当于多输入—单输出线性神经网络模型。回归系数相当于权数，截距则相当于阈值的负数。只要将一元线性回归模型分解为一个线性输入函数和一个线性比例关系代表的输出函数，就可以将线性回归模型转换为一个线性神经网络模型。此外，一个线性距离判别函数可以分解为一个 M-P 网络模型，而一个 Logistic 回归模型则可以分解为一个非常简单的误差逆传网络模型。通过神经网络与传统数学方法的类比，读者可以相对轻松地掌握神经网络的建模思路。

本章重点讲述的内容是误差逆传网络的数学原理、算法流程和计算实例。误差逆传网络的应用十分广泛，有人甚至夸张地认为，该网络是前向网络的核心部分，体现了人工神经网络中最完美的精华内容。误差逆传网络模型实际上是否如此重要姑且不论，但透彻理解这类网络的确有助于初学者了解人工神经网络的建模思想和计算原理。误差逆传网络属于多阶层前馈式，层与层之间实行完全连接。由于激发函数采用非线性形式，如 Logistic 函数、双曲正切函数，可以用它模拟非线性过程。典型的误差逆传网络分为三个阶层：输入层、中间层(隐含层)和输出层。网络的学习和训练大体分为四种过程：模式顺传播过程、误差逆传播过程、记忆训练过程和学习收敛过程。借助简单的实例如"异或"问题，不难学会误差逆传算法的计算方法。

认识 M-P 网络和误差逆传网络模型的基本思想之后，可以进一步学习其他人工神经网络理论，包括 Hopfield 神经网络、随机型神经网络、竞争型神经网络、自组织特征映射(SOM)神经网络以及对象传播神经网络。虽然模型不同，但学习的方法大同小异：第一步，学习建模思想和应用方向。不同的网络结构不同，功能也不一样，从而有不同的应用目标。第二步，如果有可能，学习其数学原理；如果数学基础不太好，学习原理有困难，不妨先将这一步放在一边，留待今后学习。第三步，学习算法流程。这一步可以与下一步交互进行。第四步，完成算例。寻找一个简单的实例，结合算法流程，在 Excel 里尝试一些基本的运算步骤；进而编写 Matlab 代码，建立完整的计算实例。最后，第五步，尝试采用神经网络解决所在领域的实际问题。结合实际应用经验回头学习数学原理，可望事半功倍。

第 11 章

城市的灰色系统
建模和预测

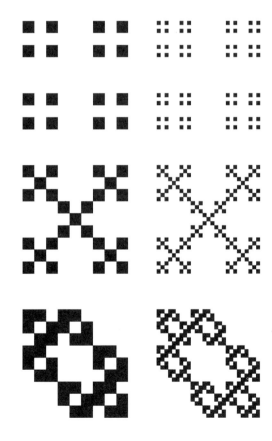

根据内部运行结构的透明程度，人们将系统划分为白色系统、黑色系统和灰色系统三种类型。灰色系统介于黑、白两种系统之间。限于技术手段和观测能力，研究人员只能获取关于系统结构和行为的有限信息。因此，灰色系统理论应运而生（邓聚龙，1984，2005）。系统建模和分析的主要目的在于两个方面：预测和控制。灰色系统理论最初是为解决结构不完全透明系统的控制问题而提出的（Deng，1982）。随着灰色系统理论的发展，有关方法在控制和预测两个方向不断拓展。预测的目的有时是为了更好地控制。本章着重讲述 GM(1，1)预测模型的基本原理和建模方法，并在此基础上讲述 GM(1，N)模型。只要明白 GM(1，1)模型的数学原理，读者就不难通过类推了解 GM(1，N)模型的基本原理。在技术方面，GM(1，1)模型的参数估计可以采用一元线性回归分析解决，GM(1，N)模型的参数估计则可以采用多元线性回归分析解决。

11.1 GM(1，1)预测模型的基本原理

11.1.1 基本思路

灰色系统理论提倡用不完全的信息建立尽可能完全的模型。GM(1，1)和 GM(1，N)模型以累加生成数作为基本数据。所谓生成数是指由原始数据经过处理后而形成的数。一般说来，尽管原始数据没有规律，处理后的生成数却可以出现较强的趋势性。原因是，经过累加之后，一些不规则的变化细节被平滑掉了。例如，对于如表 11-1 所示数据，原始数据是曲折变动的，而累加生成数据却以相对平滑的形式上升（图 11-1）。比较而言，生成数据的规律性明显增强。

数据的累加生成表   表 11-1

时间序号	1	2	3	4
原始数据	1	3	2	4
生成数据	1	4	6	10

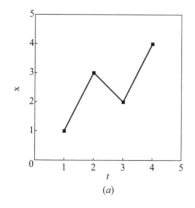
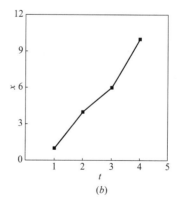

图 11-1 数据的累加生成示意图（根据邓聚龙，2005 绘制）

(a)原始数据曲线；(b)累加生成数据

生成数据除了简单累加的方法之外，还可以采用加权累加、移轴后累加等方法求得。然后，对一次累加生成数配上拟合曲线，再把拟合曲线用递减生成的办法还原，逐步恢复到原始数据的趋势，据此开展预测分析。GM(1，1)和GM(1，N)建模实际上对数据进行两次平滑处理：一是累加生成，二是移动平均。由于样本通常很小，数据量不大，原始趋势不明显，经过"如此这般"处理之后，很容易拟合灰色预测模型。

11.1.2 数学原理

假定一个系统的信号累加生成以后形成连续的轨迹，则可以利用微分方程建立模型。一般说来，一个增长系统的变化数据累加之后，或多或少具有某种指数上升趋势，可以拟合 GM(1，1)函数。不妨从动力学出发，借助微积分知识导出 GM(1，1)的数学表达。如图 11-2 所示，设有一组数据在 [0，∞)内连续变化，即可微分。当 $t=0$ 时，初始数值为 $x(0)=x_0>0$。再设时刻 t 时的数据为 $x(t)$，其增长率与自身规模 $x(t)$ 呈线性关系，即有

$$\frac{\mathrm{d}x(t)}{\mathrm{d}t}=\alpha\left[x(t)+\beta\right] \tag{11-1}$$

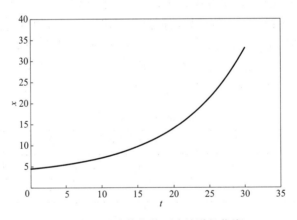

图 11-2　三参数指数型连续增长曲线

这是一个形态类似于牛顿(Newton)冷却方程的微分方程。为方便起见，令 $a=-\alpha, u=\alpha\beta$。于是上式化为

$$\frac{\mathrm{d}x(t)}{\mathrm{d}t}+ax(t)=u \tag{11-2}$$

此即所谓白化形式的微分方程。它是一个一阶线性微分方程，可以采用常数变易法求解。

首先求解式(11-2)对应的齐次方程

$$\frac{\mathrm{d}x(t)}{\mathrm{d}t}+ax(t)=0 \tag{11-3}$$

分离变量得到

$$\frac{\mathrm{d}x(t)}{x(t)} = -a\mathrm{d}t \tag{11-4}$$

两边积分化为

$$\ln x(t) = -at + c \tag{11-5}$$

或者

$$x(t) = Ke^{-at} \tag{11-6}$$

这就是齐次方程的通解，式中系数 $K = \exp(c)$，c 为积分常数。

对于非齐次方程，其通解的"系数"不再是常数，而是时间的函数。为了找到非齐次方程式(11-2)的解，采用适当的函数 $v(t)$ 代替常数 K，将式(11-6)化作

$$x(t) = v(t)e^{-at} \tag{11-7}$$

对上式求时间的导数

$$\frac{\mathrm{d}x(t)}{\mathrm{d}t} = \frac{\mathrm{d}v(t)}{\mathrm{d}t}e^{-at} - av(t)e^{-at} \tag{11-8}$$

将式(11-7)和式(11-8)代入式(11-2)可得如下结果

$$\mathrm{d}v(t) = ue^{at}\mathrm{d}t \tag{11-9}$$

积分得到

$$v(t) = \frac{u}{a}e^{at} + c' \tag{11-10}$$

式中，c' 为积分常数。将式(11-10)代入式(11-7)化为

$$x(t) = \left(\frac{u}{a}e^{at} + c'\right)e^{-at} = c'e^{-at} + \frac{u}{a} \tag{11-11}$$

已知初值

$$x\big|_{t=0} = x_0$$

将此代入式(11-11)求得参数 c' 的表达

$$c' = x_0 - \frac{u}{a}$$

于是原方程的解为

$$x(t) = \left(x_0 - \frac{u}{a}\right)e^{-at} + \frac{u}{a} \tag{11-12}$$

这就是所谓白化形式的微分方程的解，其本质是一个三参数指数函数。参数 a 和 u 早年叫做发展灰数(控制增长率)和内生控制灰数(与初始值有关)，近年改称发展系数和灰输入量(邓聚龙，2005)。第三个参数 x_0 理论上为时间序列的初始数值，即第一个时点的数值。

11.1.3　参数估计方法

在实际建模过程中，容易利用最小二乘技术估计式(11-12)的模型参数。如果学过回归分析方法，借助一元线性回归，可以非常方便地求出 GM(1,1) 的模型参数。为了说明这个问题，首先将式(11-2)离散化，转换为差分方程。考

虑到

$$\frac{\mathrm{d}x(t)}{\mathrm{d}t} \propto \frac{\Delta x_t}{\Delta t} = \frac{x_{t+1}-x_t}{t+1-t} = x_{t+1}-x_t = \Delta x_t \tag{11-13}$$

于是式（11-2）化为相应的离散形式

$$\Delta x_t = u - a x_t \tag{11-14}$$

注意，式中的 x_t 对应的不是原始数据，而是累加生成数据。累加数据递减还原的过程，其实就是一种差分过程，因此 Δx_t 对应的就是原始数据或者递减还原以后的数据。从这个意义上讲，上式是一个一元线性回归模型：自变量为累加生成后的数据序列，因变量为原始数据序列或者递减还原序列。在GM（1，1）模型中，x_t 代表的实际上是累加之后经过移动平均处理的数据序列。

如果原始数据有 n 个，差分数据将会少一个，变成 $n-1$ 个。因此，一般情况下，原始数据只有 $n-1$ 个数参与最后的最小二乘计算。然而，GM（1，1）模型采用的是原始数据的累加数据。相对于累加数据，原始数据相当于差分结果。但是，数据点的数量却是一样的，都是 n 个。这就引发了两方面的问题。第一，就物理意义而言，一个变量对其差分序列（相当于变化率或者增长率）的影响应该存在一个时间差。如果 n 个数据点全部用上，则这个时间差没法体现出来。第二，如式（11-12）所示，GM（1，1）是从基于连续变量的微分方程推导出来的，而实际建模只能采用离散采样数据。从连续到离散的变换常常导致参数估计的误差。为了解决这两方面的问题，一个处理技巧是，对原始数据进行两两移动平均：第一个与第二个平均，结果代表第一个 x_1；第二个与第三个平均，结果代表第一个 x_2；第三个与第四个平均，结果代表第一个 x_3。其余依此类推，这样将累加数据化为 $n-1$ 个。考虑到自变量的回归系数（斜率）为负值，不妨将全部移动平均结果取负数，用负的移动平均序列作为自变量。移动平均处理有两个好处：其一，可以解决前述时间差问题；其二，可以降低连续—离散转换导致的误差；其三，移动平均之后的数据序列通常更加平滑，从而规律性更加明显。

11.2 GM（1，1）建模与城市人口预测实例

11.2.1 GM（1，1）模型和检验方法

GM（1，1）是一种基于一阶、一变量微分方程的线性动态预测模型，主要用于灰色系统的时间信号建模和预报。设有原始数据序列 $x_i^{(0)}$ 包括 $n+1$ 的数据点，即

$$x^{(0)} = \begin{bmatrix} x_0^{(0)} & x_1^{(0)} & \cdots & x_n^{(0)} \end{bmatrix} \tag{11-15}$$

式中，$i = 0, 1, 2, \cdots, n$，为数据的顺序编号。对原始数据作累加生成，即

$$x_k^{(1)} = \sum_{i=1}^{k} x_i^{(0)} \tag{11-16}$$

式中，$k = 0, 1, 2, \cdots, n$，经累加得到

$$x^{(1)} = \begin{bmatrix} x_0^{(1)} & x_1^{(1)} & \cdots & x_n^{(1)} \end{bmatrix} = \begin{bmatrix} x_0^{(0)} & x_0^{(1)} + x_1^{(0)} & \cdots & x_{n-1}^{(1)} + x_n^{(0)} \end{bmatrix} \quad (11-17)$$

基于生成的数据序列 $x^{(1)}$，可以建立白化形式的微分方程

$$\frac{\mathrm{d}x^{(1)}}{\mathrm{d}t} + ax^{(1)} = u \quad (11-18)$$

式中，t 为 k 的连续形式，或者 k 为 t 的离散表示。记参数向量为

$$\hat{a} = \begin{bmatrix} a \\ u \end{bmatrix} \quad (11-19)$$

则可以采用最小二乘法估计模型参数值，即有

$$\hat{a} = (B^{\mathrm{T}}B)^{-1}B^{\mathrm{T}}y \quad (11-20)$$

式中

$$B = \begin{bmatrix} -\dfrac{1}{2}\begin{bmatrix} x_0^{(1)} + x_1^{(1)} \end{bmatrix} & 1 \\ -\dfrac{1}{2}\begin{bmatrix} x_1^{(1)} + x_2^{(1)} \end{bmatrix} & 1 \\ \cdots & \cdots \\ -\dfrac{1}{2}\begin{bmatrix} x_{n-1}^{(1)} + x_n^{(1)} \end{bmatrix} & 1 \end{bmatrix} \quad (11-21)$$

$$y_n = \begin{bmatrix} x_1^{(0)} & x_2^{(0)} & \cdots & x_n^{(0)} \end{bmatrix}^{\mathrm{T}} \quad (11-22)$$

这样得到白化形式的微分方程的解

$$\hat{x}_k^{(1)} = \begin{bmatrix} x_0^{(0)} - \frac{u}{a} \end{bmatrix} e^{-ak} + \frac{u}{a} \quad (11-23)$$

式中，初始值取 $x_0^{(1)} = x_0^{(0)}$。递减还原数列由下式计算

$$\hat{x}_i^{(0)} = \hat{x}_{k+1}^{(1)} - \hat{x}_k^{(1)} \quad (11-24)$$

接下来与原始数据序列 $x_i^{(0)}$ 进行比较，确定模型的精度，得到残差

$$\varepsilon_i^{(0)} = x_i^{(0)} - \hat{x}_i^{(0)} \quad (11-25)$$

相对误差为

$$\mu_i = \frac{\varepsilon_i^{(0)}}{x_i^{(0)}} \times 100\% = \begin{bmatrix} 1 - \frac{\hat{x}_i^{(0)}}{x_i^{(0)}} \end{bmatrix} \times 100\% \quad (11-26)$$

利用相对误差序列可以对模型的精度进行评估，这种精度检验称为残差检验。

有时候要开展所谓后验差检验和关联度检验。后验差检验的方法如下。首先计算原始数据的平均值

$$\bar{x}^{(0)} = \frac{1}{n}\sum_{i=1}^{n} x_i^{(0)} \quad (11-27)$$

然后计算原始数据序列的方差和均方差

$$S_{(0)}^2 = \sum_{i=1}^{n} \begin{bmatrix} x_i^{(0)} - \bar{x}^{(0)} \end{bmatrix}^2 \quad (11-28)$$

$$S_{(0)} = \sqrt{\frac{S_{(0)}^2}{n-1}} \quad (11-29)$$

接下来计算残差的均值

$$\bar{\varepsilon}^{(0)} = \frac{1}{n} \sum_{i=1}^{n} \varepsilon_i^{(0)} \qquad (11-30)$$

并计算残差的均方差

$$S_{(1)}^2 = \sum_{i=1}^{n} \left[\varepsilon_i^{(0)} - \bar{\varepsilon}^{(0)} \right]^2 \qquad (11-31)$$

$$S_{(1)} = \sqrt{\frac{S_{(1)}^2}{n-1}} \qquad (11-32)$$

进而得到均方差之比

$$r = \frac{S_{(1)}}{S_{(0)}} \qquad (11-33)$$

最后计算小误差概率

$$P = \left\{ \left| \varepsilon_i^{(0)} - \bar{\varepsilon}^{(0)} \right| < 0.6745 S_{(0)} \right\} \qquad (11-34)$$

式中,残差与其均值之差为中心化的残差。如果中心化的残差绝对值全部小于 $0.6745 S_{(0)}$,则小误差概率为 1;如果中心化的残差绝对值全部大于 $0.6745 S_{(0)}$,则小误差概率为 0。实际计算的小误差概率介于 0~1 之间,即有 $0 \leqslant P \leqslant 1$。$P$ 值越高,暗示模型的预测效果越好。如果 μ、r、P 都在允许的误差范围之内,则说明模型的拟合精度较高。根据经验,一般精度等级划分如表 11-2 所示。

预测精度划分等级   表 11-2

小误差概率 P 值	方差比 r 值	拟合精度等级
>0.95	<0.35	好
>0.80	<0.50	合格
>0.79	<0.65	勉强合格
≤0.70	≥0.65	不合格

资料来源:李一智等(1991)。

关联度检验的过程如下。首先计算绝对误差绝对值

$$\Delta_i = \left| \varepsilon_i^{(0)} \right| = \left| x_i^{(0)} - \hat{x}_i^{(0)} \right| \qquad (11-35)$$

然后计算最大和最小误差:$\max\{\Delta_i\}$,$\min\{\Delta_i\}$。接下来计算关联系数,公式为

$$\xi_i = \frac{\min\{\Delta_i\} + \rho \max\{\Delta_i\}}{\Delta_i + \rho \max\{\Delta_i\}} \qquad (11-36)$$

式中,ξ_i 为第 i 个数据点的关联系数,参数 ρ 为取最大差的百分比,一般取 50%,即取 $\rho = 0.5$。最后计算关联度,公式为

$$\xi = \frac{1}{n-1} \sum_{i=1}^{n} \xi_i \qquad (11-37)$$

关联度的数值越大越好。

11.2.2 建模实例

以河南省平顶山市的人口预测为例，说明如何建设 GM(1，1)模型，以及如何进行模型检验和预测。今日中国所谓"市"的概念有时是一个地区的概念（Jiang and Yao，2010）。平顶山市的人口其实是平顶山地区的人口。资料来源为《平顶山统计年鉴》，时段为 2003～2007 年，共 5 个数据点，单位为百万。序列构成的向量如下

$$x^{(0)} = (4.886 \quad 4.904 \quad 4.932 \quad 4.958 \quad 4.985)$$

需要预先声明的是，虽然下面的计算结果都是保留小数点后 3 位，但实际的计算过程却是按照保留小数点后 13 位进行的。因此，如果读者验证下面的计算结果，需要保留小数点后 13 位数据。否则，越往后来，误差可能越大。

第一步，数据累加生成。基于原始序列构建新的数据序列如下：

$$x_0^{(1)} = \sum_{i=0}^{0} x_i^{(0)} = x_0^{(0)} = 4.886$$

$$x_1^{(1)} = \sum_{i=0}^{1} x_i^{(0)} = \sum_{i=0}^{0} x_i^{(0)} + x_1^{(0)} = 4.886 + 4.904 = 9.790$$

$$x_2^{(1)} = \sum_{i=0}^{2} x_i^{(0)} = \sum_{i=0}^{1} x_i^{(0)} + x_2^{(0)} = 9.790 + 4.932 = 14.722$$

$$x_3^{(1)} = \sum_{i=0}^{3} x_i^{(0)} = \sum_{i=0}^{2} x_i^{(0)} + x_3^{(0)} = 14.722 + 4.958 = 19.680$$

$$x_4^{(1)} = \sum_{i=0}^{4} x_i^{(0)} = \sum_{i=0}^{3} x_i^{(0)} + x_4^{(0)} = 19.680 + 4.985 = 24.665$$

第二步，移动平均，构建参数矩阵。移动平均的计算结果为

$$\frac{1}{2}[x_1^{(1)} + x_0^{(1)}] = \frac{1}{2}(9.790 + 4.886) = 7.338$$

$$\frac{1}{2}[x_2^{(1)} + x_1^{(1)}] = \frac{1}{2}(14.722 + 9.790) = 12.256$$

$$\frac{1}{2}[x_3^{(1)} + x_2^{(1)}] = \frac{1}{2}(19.689 + 14.722) = 17.201$$

$$\frac{1}{2}[x_4^{(1)} + x_3^{(1)}] = \frac{1}{2}(24.665 + 19.689) = 22.173$$

于是

$$B = \begin{bmatrix} -[x_1^{(1)} + x_0^{(1)}]/2 & 1 \\ -[x_2^{(1)} + x_1^{(1)}]/2 & 1 \\ -[x_3^{(1)} + x_2^{(1)}]/2 & 1 \\ -[x_4^{(1)} + x_3^{(1)}]/2 & 1 \end{bmatrix} = \begin{bmatrix} -7.338 & 1 \\ -12.256 & 1 \\ -17.201 & 1 \\ -22.173 & 1 \end{bmatrix}$$

移动平均结果取负值的原因是：在式(11-14)中，a 前面为负号；矩阵中的 1 对应于常数项 u。然后取

$$y = [4.904 \quad 4.932 \quad 4.958 \quad 4.985]^{\mathrm{T}}$$

就可以估计模型参数。

第三步，估计模型参数。借助最小二乘法求解。先算 $B^\mathrm{T}B$，即

$$B^\mathrm{T}B = \begin{bmatrix} -7.338 & 1 \\ -12.256 & 1 \\ -17.201 & 1 \\ -22.173 & 1 \end{bmatrix}^\mathrm{T} \begin{bmatrix} -7.338 & 1 \\ -12.256 & 1 \\ -17.201 & 1 \\ -22.173 & 1 \end{bmatrix} = \begin{bmatrix} 991.550 & -58.968 \\ -58.968 & 4.000 \end{bmatrix}$$

再算 $(B^\mathrm{T}B)^{-1}$，得到

$$(B^\mathrm{T}B)^{-1} = \frac{1}{\det(B^\mathrm{T}B)}(B^\mathrm{T}B)^*$$

$$= \frac{1}{991.550 \times 4 - 58.968^2} \begin{bmatrix} 4 & 58.968 \\ 58.968 & 991.550 \end{bmatrix} = \begin{bmatrix} 0.008 & 0.121 \\ 0.121 & 2.028 \end{bmatrix}$$

式中，行列式 $\det(B^\mathrm{T}B) = 489.034$。进而算得

$$B^\mathrm{T}y = \begin{bmatrix} -7.338 & 1 \\ -12.256 & 1 \\ -17.201 & 1 \\ -22.173 & 1 \end{bmatrix}^\mathrm{T} \begin{bmatrix} 4.904 \\ 4.932 \\ 4.958 \\ 4.985 \end{bmatrix} = \begin{bmatrix} -292.245 \\ 19.779 \end{bmatrix}$$

最后计算 $(B^\mathrm{T}B)^{-1}B^\mathrm{T}y$，得到

$$\hat{a} = \begin{bmatrix} a \\ u \end{bmatrix} = (B^\mathrm{T}B)^{-1}B^\mathrm{T}y = \begin{bmatrix} 0.008 & 0.121 \\ 0.121 & 2.028 \end{bmatrix} \begin{bmatrix} -292.245 \\ 19.779 \end{bmatrix} = \begin{bmatrix} -0.005 \\ 4.865 \end{bmatrix}$$

这就是说 $a = -0.005$，$u = 4.865$。因此

$$\frac{u}{a} = \frac{4.865}{-0.005} = -894.243$$

如果利用一元线性回归方法，上述模型参数估计过程非常简单。自变量取移动平均结果的负值，表为向量 X，对应于 $x^{(1)}$，因变量取 y，对应于 $x^{(0)}$ 去掉第一位数的结果，即有

$$X = \begin{bmatrix} -7.338 \\ -12.256 \\ -17.201 \\ -22.173 \end{bmatrix}, \qquad y = \begin{bmatrix} 4.904 \\ 4.932 \\ 4.958 \\ 4.985 \end{bmatrix}$$

易得回归模型

$$\hat{y} = u + aX = 4.865 - 0.005X$$

拟合优度 $R^2 \approx 1.000$（图 11-3）。这里 X 相当于式（11-14）中的 x_t，y 相当于 Δx_t。

第四步，建模。已知 $x_0^{(0)} = 4.886$，此即初始年份 2003 年的人口。根据参数估计结果，模型表作

$$\hat{x}_k^{(1)} = \left(x_0^{(0)} - \frac{u}{a}\right)e^{-ak} + \frac{u}{a} = (4.886 + 894.243)e^{0.005k} - 894.243$$

$$= 899.129e^{0.005k} - 894.243$$

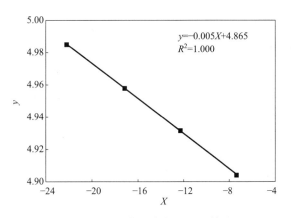

图 11-3 平顶山 GM(1，1)模型参数的回归估计(2003~2007)

有了上面的模型，就可以进行人口增长预测。例如，将 $k = 0$ 代入上面的模型，立即得到 $x_0^{(1)} = 4.886$，这是初始值；将 $k = 1$ 代入上面的模型，得到 $x_1^{(1)} = 9.790$；将 $k = 2$ 代入上面的模型，得到 $x_2^{(1)} = 14.722$，其余依此类推(表 11-3)。这些预测结果相当于累加生成数据。

然后对这些预测值进行递减还原。第一个还原值就是 2003 年的人口数 4.886；用 9.790 减去 4.886，得到 4.904，此为第二个还原数据，代表 2004 年的预测值；用 14.722 减去 9.790，得到 4.932，此为第三个还原数据，代表 2005 年的预测值。其余依此类推(表 11-3)。注意，这里给出的数值都是基于保留小数点后 13 位数得到的结果。计算预测值是为了检验分析。等到模型检验通过之后，才能开展严格意义的预测分析。

平顶山人口数据的预测值、预测值和残差　　　　　　表 11-3

年份	观测值 $x^{(0)}$	时序 k	预测值 $x^{(1)}$	递减还原 $\hat{x}^{(0)}$	残差 $\varepsilon^{(0)}$	相对误差 $\mu^{(0)}$ (%)
2003	4.886	0	4.886	4.886	0.0000	0.0000
2004	4.904	1	9.790	4.904	−0.0005	−0.0094
2005	4.932	2	14.722	4.931	0.0008	0.0159
2006	4.958	3	19.680	4.958	−0.0001	−0.0023
2007	4.985	4	24.665	4.985	−0.0002	−0.0032

11.2.3　模型检验

主要的 GM(1，1)预测模型检验包括残差检验、关联度检验和后验差检验。下面逐一具体验算并说明。

1. 残差检验

残差检验采用如下三步完成。

第一步，计算累加数据 $x^{(1)}$ 的预测值。这一步前面已经完成。

第二步，对累加数据 $x^{(1)}$ 的预测值递减还原。用式(11-24)计算，这一步得

到原始数据 $x^{(0)}$ 的预测值。

第三步，计算绝对误差 ε 和相对误差 μ。绝对误差用式（11-25）计算，相对误差用式（11-26）计算。

计算结果表明，相对误差绝对值都不超过 0.2%，可见模型的拟合精度很高（表11-3）。在实际工作中，只要相对误差绝对值不超过 2%，就可以认为模型拟合精度较高。

2. 关联度检验

关联度检验的步骤如下。

第一步，计算绝对误差。计算公式为式（11-35），数值为残差的绝对值。即有

$$\Delta_i = |\varepsilon_i|$$

第二步，计算最小和最大绝对误差。显然，最小误差和最大误差分别为

$$\min\{\Delta_i\} = 0, \quad \max\{\Delta_i\} = 0.0008$$

第三步，计算关联系数。关联系数公式为式（11-36），取 $\rho = 0.5$，从而

$$\xi_i = \frac{0 + 0.5 \times 0.0008}{\Delta_i + 0.5 \times 0.0008} = \frac{0.0004}{\Delta_i + 0.0004}$$

于是

$$\xi_0 = \frac{0.0004}{0 + 0.0004} = 1$$

$$\xi_1 = \frac{0.0004}{0.0005 + 0.0004} = 0.459$$

$$\xi_2 = \frac{0.0004}{0.0008 + 0.0004} = 0.333$$

$$\xi_3 = \frac{0.0004}{0.0001 + 0.0004} = 0.775$$

$$\xi_4 = \frac{0.0004}{0.0002 + 0.0004} = 0.712$$

全部结果列入表11-4。

第四步，计算关联度。关联度公式为式（11-37）。于是

$$\xi = \frac{1}{5-1}(1 + 0.459 + 0.333 + 0.775 + 0.712) = 0.820$$

根据经验，在 $\rho = 0.5$ 时，$\xi > 0.8$ 是令人满意的结果。

3. 后验差检验

后验差检验可以分为七步完成。

第一步，计算原始数据的均值。用式（11-27）计算，得到

$$\bar{x}^{(0)} = \frac{1}{5}(4.886 + 4.904 + 4.932 + 4.958 + 4.985) = 4.933$$

第二步，计算原始数据序列的均方差 $S_{(0)}$。用式(11-28)、式(11-29)计算。首先算出

$$S_{(0)}^2 = (4.886-4.933)^2 + (4.904-4.933)^2 + \cdots + (4.985-4.933)^2 = 0.006$$

于是

$$S_{(0)} = \sqrt{\frac{0.006}{5-1}} = 0.040$$

第三步，计算残差的均值。用式(11-30)计算，结果为

$$\bar{\varepsilon}^{(0)} = \frac{1}{5}(0 - 0.0005 + 0.0008 - 0.0001 - 0.0002) = 0.00001$$

第四步，计算残差的均方差。用式(11-31)、式(11-32)计算。首先算出

$$S_{(1)}^2 = (0 - 0.00001)^2 + (-0.0005 - 0.00001)^2 + \cdots + (-0.0002 - 0.00001)^2$$
$$= 0.0000009$$

于是

$$S_{(1)} = \sqrt{\frac{0.0000009}{5-1}} = 0.0005$$

第五步，计算方差比 r。用式(11-33)计算

$$r = \frac{S_{(1)}}{S_{(0)}} = \frac{0.0005}{0.040} = 0.012$$

第六步，计算小误差概率 P。要求满足式(11-34)。根据前面的计算结果

$$\bar{\varepsilon}^{(0)} = 0.00001, \qquad 0.6745S_{(0)} = 0.6745 \times 0.040 = 0.027$$

绝对误差与均值之差的绝对值如表11-4所示。它们全部小于0.027，因此达到100%，即概率为 $P=1$。

第七步，评判。对于本例，$P=1>0.95$，$r=0.012<0.35$，故模型拟合精度很好(参见表11-2)。

关联度和后验差检验的有关计算结果   表11-4

年份	误差绝对值 Δ	关联系数 ξ	$\|\varepsilon^0 - \bar{\varepsilon}^0\|$	>或<	0.6745 S_0	P
2003	0.0000	1.000	0.0003	<		
2004	0.0005	0.459	0.0002	<		
2005	0.0008	0.333	0.0005	<	0.027	1
2006	0.0001	0.775	0.0002	<		
2007	0.0002	0.712	0.0001	<		

11.2.4 预测

模型经检验合格之后，就可以开展预测分析。将 k 值序列逐次代入模型，可以得到一系列的预测结果。已知 $k=0$、1、2、3、4代表已知年份2003~2007年。将 $k=5$、6、7、8、9、…、27代入公式，可以得到2008、2009、2010、2011、2012、…、2030年的预测值(表11-5)。

平顶山人口数据的预测值(2008~2030)(百万)　　　　　　　　表 11-5

时序 k	年份	累加值预测值 $x^{(1)}$	还原值预测值 $x^{(0)}$
5	2008	29.677	5.012
6	2009	34.717	5.040
7	2010	39.784	5.067
8	2011	44.879	5.095
9	2012	50.002	5.123
12	2015	65.538	5.207
17	2020	92.001	5.350
22	2025	119.195	5.498
27	2030	147.138	5.650

11.3 GM(1，N)建模与城市增长预测实例

11.3.1 GM(1，N)建模方法

GM(1，1)模型是基于时间序列建模的，该模型没有真正的解释变量，其输入变量为时间 t(离散化之后表示为 i 或者 k)。时间变量和空间变量通常是一个虚拟(dummy)变量，即名义上的解释变量(陈彦光，2011；Diebold，2004)。有时需要借助若干个变量解释另外一个变量，那些解释变量就是系统输入变量，被解释的变量就是输出变量或者响应变量。比方说，采用一个地区的工业产值、农业产值和固定资产投资解释交通运输业产值，则存在 3 个输入变量和 1 个输出变量，共计 4 个变量(陈彦光，2010)。这时建立的灰色预测模型就是GM(1，4)模型了。一般地，如果存在 N 个变量，可以建立一个 GM(1，N)模型。

对于 N 个变量 x_1，x_2，$\cdots$，x_N，如果每个变量都有 n 个相互对应的数据，则可形成 N 个数列 $x_j^{(0)}$，即有

$$x_j^{(0)} = \begin{bmatrix} x_{1(j)}^{(0)} & x_{2(j)}^{(0)} & \cdots & x_{n(j)}^{(0)} \end{bmatrix} \tag{11-38}$$

式中 $j=1$，2，$\cdots$，N。展开表示为

$$x_{(1)}^{(0)} = \begin{bmatrix} x_{1(1)}^{(0)} & x_{2(1)}^{(0)} & \cdots & x_{n(1)}^{(0)} \end{bmatrix}$$

$$x_{(2)}^{(0)} = \begin{bmatrix} x_{1(2)}^{(0)} & x_{2(2)}^{(0)} & \cdots & x_{n(2)}^{(0)} \end{bmatrix}$$

$$\cdots\cdots$$

$$x_{(N)}^{(0)} = \begin{bmatrix} x_{1(N)}^{(0)} & x_{2(N)}^{(0)} & \cdots & x_{n(N)}^{(0)} \end{bmatrix}$$

对数列 $x_j^{(0)}$ 进行累加生成，形成 N 个生成变量 $x_j^{(1)}$。这时

$$x_{k(j)}^{(1)} = \sum_{i=1}^{k} x_{i(j)}^{(0)} = x_{i-1(j)}^{(1)} + x_{i(j)}^{(0)} \tag{11-39}$$

式中 i, $k=1$, 2, $\cdots$, n。这样得到

$$x_{(j)}^{(1)} = \begin{bmatrix} x_{1(j)}^{(1)} & x_{2(j)}^{(1)} & \cdots & x_{n(j)}^{(1)} \end{bmatrix} \tag{11-40}$$

展开表示就是

$$x_{(1)}^{(1)} = \begin{bmatrix} x_{1(1)}^{(1)} & x_{2(1)}^{(1)} & \cdots & x_{n(1)}^{(1)} \end{bmatrix}$$

$$x_{(2)}^{(1)} = \begin{bmatrix} x_{1(2)}^{(1)} & x_{2(2)}^{(1)} & \cdots & x_{n(2)}^{(1)} \end{bmatrix}$$

$$\cdots\cdots$$

$$x_{(N)}^{(1)} = \begin{bmatrix} x_{1(N)}^{(1)} & x_{2(N)}^{(1)} & \cdots & x_{n(N)}^{(1)} \end{bmatrix}$$

假定以第一个数列为响应变量，即被解释或者需要预测的变量，则对于 N 个数列，可以建立微分方程如下

$$\frac{\mathrm{d}x_{(1)}^{(1)}}{\mathrm{d}t} + ax_{(1)}^{(1)} = b_1 x_{(2)}^{(1)} + b_2 x_{(3)}^{(1)} + \cdots + b_{N-1} x_{(N)}^{(1)} \tag{11-41}$$

式中参数表示为

$$\hat{a} = \begin{bmatrix} a & b_1 & b_2 & \cdots & b_{m-1} \end{bmatrix}^{\mathrm{T}} \tag{11-42}$$

微分方程式(11-41)的含义是，系统输出量的变化率与自身规模负相关，与输入变量正相关。这里输入变量和输出变量都是累加生成数据，而变化率对应的恰恰是未经累加的原始数据输出量。

不难看出，式(11-41)离散化之后便是一个多元线性方程

$$\Delta x_{(1)}^{(1)} = -ax_{(1)}^{(1)} + b_1 x_{(2)}^{(1)} + b_2 x_{(3)}^{(1)} + \cdots + b_{N-1} x_{(N)}^{(1)} \propto x_{(1)}^{(0)} \tag{11-43}$$

这个方程没有常数项，可以借助最小二乘法估计参数向量 $\hat{a}$ 的数值，即有

$$\hat{a} = (B^{\mathrm{T}}B)^{-1} B^{\mathrm{T}} y \tag{11-44}$$

式中

$$B = \begin{bmatrix} -\begin{bmatrix} x_{1(1)}^{(1)} + x_{2(1)}^{(1)} \end{bmatrix}/2 & x_{2(2)}^{(1)} & \cdots & x_{2(N)}^{(1)} \\ -\begin{bmatrix} x_{2(1)}^{(1)} + x_{3(1)}^{(1)} \end{bmatrix}/2 & x_{3(2)}^{(1)} & \cdots & x_{3(N)}^{(1)} \\ \cdots & \cdots & \cdots & \cdots \\ -\begin{bmatrix} x_{n-1(1)}^{(1)} + x_{n(1)}^{(1)} \end{bmatrix}/2 & x_{n(2)}^{(1)} & \cdots & x_{n(N)}^{(1)} \end{bmatrix} \tag{11-45}$$

$$y = \begin{bmatrix} x_{2(1)}^{(0)} & x_{3(1)}^{(0)} & \cdots & x_{n(1)}^{(0)} \end{bmatrix}^{\mathrm{T}} \tag{11-46}$$

初始值取

$$x_{1(1)}^{(1)} = x_{1(1)}^{(0)} \tag{11-47}$$

利用上述参数，可以建立 GM(1, N) 模型

$$\hat{x}_{k(1)}^{(1)} = \begin{bmatrix} x_{1(1)}^{(0)} - \frac{1}{a} \sum_{j=2}^{N-1} b_{j-1} x_{k(j)}^{(1)} \end{bmatrix} e^{-a(k-1)} + \frac{1}{a} \sum_{j=2}^{N} b_{j-1} x_{k(j)}^{(1)} \tag{11-48}$$

式中，$k=1$, 2, $\cdots$表示离散化时间序号。注意，在本章，GM(1, N) 模型的时

序编号与 GM(1，1)模型的时序编号不同：前者从 $k=1$ 开始编号，符合人们日常的工作习惯；后者从 $k=0$ 开始编号，与微分方程的理论推导过程对应。

11.3.2 建模实例

下面以 $N=2$ 为例，说明如何建立 GM$(1，N)$ 模型。现有山东省淄博市 1999~2003 年共计 5 个年份的非农业人口和建成区面积资料。数据来自《淄博统计年鉴》。不妨以人口为解释变量，以面积为响应变量，建立一个 GM$(1，2)$ 模型。利用这 5 年的数据累加生成，并且取移动平均，整理结果列入表 11-6 中。

淄博市的非农业人口和建成区面积数据的累加与移动平均结果　　表 11-6

人口：万人；面积：km^2

年份	建成区面积 $x_1^{(0)}$	非农业人口 $x_2^{(0)}$	面积累积 $x_1^{(1)}$	人口累积 $x_2^{(1)}$	移动平均 X_1	人口累积 X_2	面积 y
1999	144.00	137.78	144.00	137.78	—	—	—
2000	147.00	138.93	291.00	276.71	−217.500	276.71	147.00
2001	150.00	142.70	441.00	419.41	−366.000	419.41	150.00
2002	153.63	145.62	594.63	565.03	−517.815	565.03	153.63
2003	163.76	147.67	758.39	712.70	−676.510	712.70	163.76

根据表 11-6 中的数据初步处理结果可知：

$$B=\begin{bmatrix} -(144.00+291.00)/2 & 276.71 \\ -(291.00+441.00)/2 & 419.41 \\ -(441.00+594.63)/2 & 565.03 \\ -(594.63+758.39)/2 & 712.70 \end{bmatrix}=\begin{bmatrix} -217.500 & 276.71 \\ -366.000 & 419.41 \\ -517.815 & 565.03 \\ -676.510 & 712.70 \end{bmatrix}$$

$$y=\begin{bmatrix} 147.00 & 150.00 & 153.63 & 163.76 \end{bmatrix}^T$$

于是算得

$$B^TB=\begin{bmatrix} -217.500 & -366.000 & -517.815 & -676.510 \\ 276.710 & 419.410 & 565.030 & 712.700 \end{bmatrix}\begin{bmatrix} -217.500 & 276.710 \\ -366.000 & 419.410 \\ -517.815 & 565.030 \\ -676.510 & 712.700 \end{bmatrix}$$

$$=\begin{bmatrix} 907060.404 & -988418.171 \\ -988418.171 & 1079673.363 \end{bmatrix}$$

$$(B^TB)^{-1}=\begin{bmatrix} 907060.404 & -988418.171 \\ -988418.171 & 1079673.363 \end{bmatrix}^{-1}=\begin{bmatrix} 0.000458 & 0.000419 \\ 0.000419 & 0.000385 \end{bmatrix}$$

$$B^Ty=\begin{bmatrix} -217.500 & -366.000 & -517.815 & -676.510 \\ 276.710 & 419.410 & 565.030 & 712.700 \end{bmatrix}\begin{bmatrix} 147.00 \\ 150.00 \\ 153.63 \\ 163.76 \end{bmatrix}$$

$$=\begin{bmatrix} -277209.696 \\ 307105.181 \end{bmatrix}$$

最后得到参数估计向量

$$\hat{a} = (B^{\mathrm{T}}B)^{-1}B^{\mathrm{T}}y = \begin{bmatrix} a \\ b \end{bmatrix} = \begin{bmatrix} 0.000458 & 0.000419 \\ 0.000419 & 0.000385 \end{bmatrix} \begin{bmatrix} -277209.696 \\ 307105.181 \end{bmatrix} = \begin{bmatrix} 1.803 \\ 1.935 \end{bmatrix}$$

以及参数之比

$$\frac{b}{a} = \frac{1.935}{1.803} = 1.073$$

基于上述参数估计结果,得到 GM(1,2)模型如下:

$$\hat{x}^{(1)}_{k(1)} = \left[x^{(0)}_{1(1)} - \frac{b}{a} x^{(1)}_{k(2)} \right] e^{-a(k-1)} + \frac{b}{a} x^{(1)}_{k(2)} = (144 - 1.073 x^{(1)}_{k(2)}) e^{-1.803j} + 1.073 x^{(1)}_{k(2)}$$

借助这个模型可以计算建成区面积的预测值。当 $k=1$ 时,将 1999 年的人口数值代入模型,容易算出

$$\hat{x}^{(1)}_{1(1)} = 144$$

当 $k=2$ 时,将 1999 年与 2000 年的人口累加数值代入模型,计算可得

$$\hat{x}^{(1)}_{2(1)} = (144 - 1.073 \times 276.710) e^{-1.803 \times 1} + 1.073 \times 276.710 = 271.765$$

其余依此类推,进而得到累加数据的全部预测值。然后递减还原,例如

$$\hat{x}^{(0)}_{1(1)} = \hat{x}^{(1)}_{1(1)} = 144$$

$$\hat{x}^{(0)}_{2(1)} = \hat{x}^{(1)}_{2(1)} - \hat{x}^{(1)}_{1(1)} = 271.765 - 144 = 127.765$$

$$\hat{x}^{(0)}_{3(1)} = \hat{x}^{(1)}_{3(1)} - \hat{x}^{(1)}_{2(1)} = 441.812 - 271.765 = 170.047$$

其余依此类推。数据还原之后,可以计算模型预测结果的误差(表 11-7)。

淄博市建成区面积的预测值及其误差　　　　　　　　　　　表 11-7

年份	建成区面积 $x^{(0)}_{(1)}$	累加面积预测值 $\hat{x}^{(1)}_{(1)}$	面积预测值 $\hat{x}^{(0)}_{(1)}$	残差 ε	相对误差 μ(%)
1999	144.00	144.000	144.000	0.000	0.000
2000	147.00	271.765	127.765	-19.235	-13.085
2001	150.00	441.812	170.047	20.047	13.365
2002	153.63	604.341	162.529	8.899	5.792
2003	163.76	764.438	160.096	-3.664	-2.237

　　上述建模过程可以借助多元线性回归分析来实现(陈彦光,2010)。以矩阵 B 中的两列数据为自变量,以向量 y 为因变量,开展二元线性回归。具体说来,以表 11-6 中的 X_1、X_2 为两个自变量,以 y 为因变量,回归时设定常数项为 0。借助 Excel,得到回归分析的结果如图 11-4 所示。可以看到,这两个回归系数正是我们需要的参数 a 值和 b 值。

　　利用城市人口-城区面积的 GM(1,2)模型进行预测的前提是先要知道城市人口所占的面积。比方说,如果我们已经知道 2010 年淄博市的城市非农业人口,但却不知道其建成区面积,就可以利用上述模型进行估计。以已知的非农

业人口累加值为输入变量代入模型，得到一个输出变量，就是相应年份的建成区面积累加数据的估计值或者预测值。递减还原之后得到相应年份建成区面积的预测值。然而，就本例而言，GM(1，N)模型的效果并不理想。既然是基于1999~2003年5个年份的观测值建立的模型，不妨利用前面建设的模型计算这

SUMMARY OUTPUT					
回归统计					
Multiple R	0.99961				
R Square	0.99923				
Adjusted R S	0.49884				
标准误差	6.05112				
观测值	4				
方差分析					
	df	SS	MS	F	Significance F
回归分析	2	94455.282	47227.641	1289.806	0.01969
残差	2	73.232	36.616		
总计					
	Coefficients	标准误差	t Stat	P-value	Lower 95%	Upper 95%
Intercept	0	#N/A	#N/A	#N/A	#N/A	#N/A
X_1	1.80304	0.12947	13.92637	0.00512	1.24598	2.36010
X_2	1.93508	0.11867	16.30653	0.00374	1.42449	2.44568

图 11-4　基于二元线性回归的参数估计结果(利用 Excel)

几个年份的建成区面积预测值，然后进行散点匹配。如果观测值与预测值大体吻合，则模型效果良好，否则效果不佳。观测值与预测值匹配的散点图表明，两类数值并不很好地吻合(图 11-5)。由此判断，对于本例，GM(1，N)模型不是适当的选择。

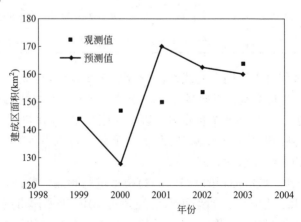

图 11-5　淄博建成区面积及其 GM(1，2)预测值的匹配效果(1999~2003)

11.4　GM 模型的适用范围

GM(1，1)模型本质上是一种三参数指数模型，即包含三个参数的指数增长模型。式(11-2)可以等价地表做如下形式

$$x(t) = Ae^{\beta t} + B \qquad (11-49)$$

式中，三个参数分别为

$$A = \left[x_0 - \frac{u}{a} \right], \qquad B = \frac{u}{a}, \qquad \beta = -a$$

只要一个变量 $x(t)$ 按照尺度 B 平移之后，得到的新变量 $x(t)-B$ 满足指数增长，就可以拟合这个三参数指数模型，从而得到所谓 GM(1，1)模型。

人们常说 GM(1，1)之类的模型适合数据量不多的系统，而数据量不多的系统属于灰色系统。因此这个三参数指数模型属于灰色系统理论的典型预测模式。这种认识是一种误会。在一个系统的数据量不多的情况下，其累加生成的数据变化趋势不明朗。对于变化趋势不明确的有限数据，原则上可以拟合多种可能的模型，并不限于三参数指数模型。不过，许多增长过程的信号经过累加之后表现出指数上升趋势，故拟合三参数指数模型效果似乎很好。尽管如此，不表明 GM(1，1)模型的应用适得其所。本书作者在研究生期间曾经借助吉林省1981~1985 年 5 个年份的数据建立 GM(1，1)模型，当时看来效果很好：预测值与样本内的观测值相当友好地匹配。模型的残差检验、后验差检验、关联度检验都顺利通过。如今，十多年过去了，当时未见报道的人口观测值也已经公布。回头检视那个模型及其预测结果，发现较大的时间尺度上预测值与实际观测值之间的偏差越来越大(图 11-6)。

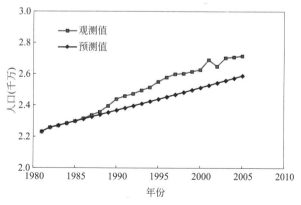

图 11-6　吉林省人口的 GM(1，1)预测值与实际值的比较(1981~2005)

(吉林省人口数据来源：吉林省情网 http：//www.jlsq.gov.cn/szjl/2005/0703/38.htm)

本章建立的平顶山人口预测的 GM(1，1)模型，看起来精度很好，各项检验效果令人满意。这是否意味着平顶山市的人口增长适合采用 GM(1，1)模型呢？其实未必。正确运用 GM(1，1)模型的方法是采用时间序列的长样本路径，借助

回归分析估计模型参数(陈彦光,2010)。如果在图 11-3 所示的坐标图上,散点与趋势线匹配很好,则表明采用 GM(1,1)模型是适当的,否则就不适当。通过《平顶山统计年鉴》可以得到 1984~2007 年共计 24 个年份的人口数据。首先将原始数据累加生成,然后以两个数据为单元进行移动平均。以移动平均序列的负值为自变量 X,以 1985~2007 年的原始数据为因变量 y,作散点图,并添加线性趋势线。结果表明,点线不能友好地匹配(图 11-7)。这暗示,平顶山的人口增长累加数据不具备三参数指数增长特征,不宜采用 GM(1,1)模型。实际上,平顶山的人口增长表现为 Logistic 变化规律,可以采用第 4 章介绍的 Logistic 函数建模并预测,模型如下

$$\hat{P}(n) = \frac{5175000}{1+0.332e^{-0.092(n-1984)}}$$

式中,n 代表年份,$P(n)$ 表示年份 n 的人口。拟合优度 $R^2 = 0.998$,散点与预测趋势线匹配很好。

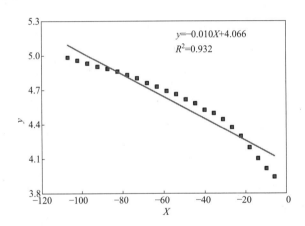

图 11-7 平顶山人口 GM(1,1)模型参数的回归估计(1984~2007)

(平顶山人口数据来源:平顶山统计局编历年《平顶山统计年鉴》)

然而,如果我们借助 GM(1,1)模型拟合河南省郑州市 1984~2004 年 21 年间的非农业人口,效果差强人意。以郑州市人口累加数据的移动平均序列的负值为自变量 X,以 1985~2004 年的原始数据为因变量 y,绘制散点图,并添加线性趋势线,结果表明点线匹配效果较好(图 11-8)。根据参数估计结果,得到 GM(1,1)模型如下

$$\hat{x}_k^{(1)} = \left(0.963+\frac{0.939}{0.033}\right)e^{0.033k} - \frac{0.939}{0.033} = 28.050e^{0.033k} - 27.001$$

人口单位为百万,模型拟合优度为 $R^2 = 0.987$。

一些教科书提出如下观点:如果 GM(1,1)模型的检验效果不理想,还可以利用残差建立 GM(1,1)残差模型,据此对 GM(1,1)模型进行修正。这种方法的理论依据并不明确,实际效果也不尽人意。虽然这样处理有时可以降低样本内误差,但不能据此提高样本外预测精度。为避免误导,本章没有讲授有关知识。

至于 GM(1,N)模型,它是 GM(1,1)模型的一种推广,其应用范围同样存

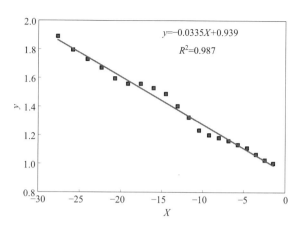

图 11-8　郑州市 GM(1，1)模型参数的回归估计(1984~2004)
(郑州市人口数据来源：郑州市统计局编历年《郑州统计年鉴》)

在明显的局限。从本章讲述的例子可以看出，GM(1，N)模型的预测效果有时很差。这个问题前面已经讨论过。

11.5　小结

GM(1，1)模型是关于时间序列的三参数指数增长模型。该模型具有一定的适用范围。如果一个系统的信号形成的时间序列经过累加生成之后表现为指数增长趋势，就可以建立 GM(1，1)预测模型。GM(1，1)模型参数可以采用最小二乘法估计，其本质就是线性回归分析。采用一元线性回归建立 GM(1，1)模型的思路如下：首先对数据进行累加生成，然后以两个相邻数据为单元进行移动平均；以移动平均结果的负值序列为自变量，以原始数据序列去掉第一个数据点后形成的序列为因变量，开展线性回归分析，回归系数就是 GM(1，1)模型的发展灰数和灰作用量参数。建立 GM(1，1)模型的可靠方法如下：第一，要有足够的数据。最好具备 10 以上的数据点。第二，采用回归分析。利用累加生成数据的移动平均序列与原始序列建立散点图并添加线性趋势线，根据点线匹配效果判断模型的采用是否合适。第三，用回归分析检验代替灰色系统理论的残差检验、后验差检验和关联度检验。

GM(1，N)模型可以视为 GM(1，1)模型的一种推广，但二者存在本质的差异。GM(1，1)模型是基于单个时间序列的模型，解释变量为时间"虚拟"变量。GM(1，N)模型处理的则是多输入、单输出问题，它是采用一个或者多个变量解释或者预测另外一个变量。GM(1，N)模型的适用条件如下：其一，一个系统的输出信号难以观测，但可以通过另外一个或者几个输入信号进行预测。其二，系统信号的累加结果具有指数上升趋势。其三，系统的若干个输入信号之间彼此无关。如果系统的多个输入信号之间相互关联，则不宜采用最小二乘法估计 GM(1，N)模型参数，否则会引起多重共线性问题。

参考文献

[1]　Albeverio S. , Andrey D. , Giordano P. , Vancheri [M] A. The Dynamics of Complex Urban Systems: An Interdisciplinary Approach [M]. Heidelberg: Physica-Verlag, 2008.

[2]　Allen P. M. Cities and Regions as Self-Organizing Systems: Models of Complexity [M]. Amsterdam: Gordon and Breach Science Pub. , 1997.

[3]　Allen P. M. , Sanglier M. Urban Evolution: Self-Organization and Decision-Making [J]. Environment and Planning A, 1981(13): 167–183.

[4]　Anderson J. A. An Introduction to Neural Networks [M]. Cambridge: The MIT Press, 1995.

[5]　Anderson P. W. More Is Different: Broken Symmetry and the Nature of the Hierarchical Structure of Science [J]. Science, 1972 (177): 393–396.

[6]　Anderson P. W. Is Complexity Physics? Is It Science? What Is It [J]? Physics Today, 1991, 44(7): 9–11.

[7]　Anderson P. W. Complexity II: The Santa Fe Institute [J]. Physical Today, 1992, 45(6): 9.

[8]　Aris R. Mathematical Modelling Techniques [M]. New York: Dover, 1994.

[9]　Bak P. How Nature Works: The Science of Self-Organized Criticality [M].New York: Springer-Verlag, 1996.

[10]　Banks R. B. Growth and Diffusion Phenomena: Mathematical Frameworks and Applications [M]. Berlin Heidelberg: Springer-Verlag, 1994.

[11]　Batty M. Spatial Entropy [J]. Geographical Analysis, 1974 (6): 1–31.

[12]　Batty M. Entropy in Spatial Aggregation [J]. Geographical Analysis, 1976(8): 1–21.

[13]　Batty M. Cities as Fractals: Simulating Growth and Form [M] // A. J. Crilly, R. A. Earnshaw, H. Jones. Fractals and Chaos. New York: Springer-Verlag, 1991: 43–69.

[14]　Batty M. The Fractal Nature of Geography [J]. Geographical Maga-

zine, 1992, 64(5): 33-36.

[15] Batty M. Editorial: Less Is More, More Is Different: Complexity, Mor-phology, Cities, and Emergence [J]. Environment and Planning B: Planning and Design, 2000(27): 167-168.

[16] Batty M. Cities and Complexity: Understanding Cities with Cellular Au-tomata, Agent-Based Models, and Fractals [M]. London: The MIT Press, 2005.

[17] Batty M. The Size, Scale, and Shape of Cities [J]. Science, 2008 (319): 769-771.

[18] Batty M. Space, Scale, and Scaling in Entropy Maximizing [J]. Geo-graphical Analysis, 2010, 42(4): 395-421.

[19] Batty M., Couclelis H., Eichen M. Editorial: Urban Systems as Cellular Automata [J]. Environment and Planning B: Planning and De-sign, 1997(24): 159-164.

[20] Batty M., Longley P. A. The Fractal Simulation of Urban Structure [J]. Environment and Planning A, 1986(18): 1143-1179.

[21] Batty M., Longley P. A. Fractal Cities: A Geometry of Form and Func-tion [M]. London: Academic Press, 1994.

[22] Beasley J. E. Advances in Linear and Integer Programming [M]. Ox-ford: Oxford University Press, 1996.

[23] Bekenstein J. D. Information in the Holographic Universe [J]. Scientific American, 2003, 289(2): 48-55.

[24] Bender E. A. An Introduction to Mathematical Modelling [M]. New York: Dover, 2000.

[25] Berry B. J. L. Cities as Systems within Systems of Cities [J]. Papers and Proceedings of the Regional Science Association, 1964(13): 147-164.

[26] Bertalanffy L. von. General System Theory: Foundations, Development, and Applications [M]. New York: George Braziller, Inc., 1968.

[27] Bertuglia C. S., Bianchi G., Mela A., eds. The City and Its Sciences [M].Heidelberg: Physica-Verlag, 1998.

[28] Bettman J. R. An Information Processing Theory of Consumer Choice [M].Reading: Addison-Wesley, 1979.

[29] Bhadeshia H. K. D. H. Neural Networks in Materials Science [J]. ISIJ International, 1999, 39(10): 966-979.

[30] Bishop C. M. Neural Networks for Pattern Recognition [M]. Oxford: Oxford University Press, 1995.

[31] Bourne L. S., Simons J. W., eds. Systems of Cities: Readings on Structure, Growth, and Policy [M]. New York: Oxford University Press, 1978.

[32] Chen Y. G. A Wave-Spectrum Analysis of Urban Population Density: Entropy, Fractal, and Spatial Localization [J]. Discrete Dynamics in Nature and Society,. 2008: 22.

[33] Chen Y. G. The Rank-Size Scaling Law and Entropy-Maximizing Principle [J]. Physica A, 2010.

[34] Christaller W. Central Places in Southern Germany [M]. Translated by C. W. Baskin. Englewood Cliffs: Prentice Hall, 1933-1966.

[35] Clark C. Urban Population Densities [J]. Journal of Royal Statistical Society, 1951(114): 490-496.

[36] COMAP. Principles and Practice of Mathematics [M]. New York: Springer, 1997.

[37] Curry L. The Random Spatial Economy: An Exploration in Settlement Theory [J]. Annals of the Association of American Geographers, 1964(54): 138-146.

[38] Cybenko G. V. Approximation by Superpositions of a Sigmoidal Function [J]. Mathematics of Control, Signals, and Systems, 1989 (2): 303-314

[39] Dantzig G. B. Maximization of a Linear Function of Variables Subject to Linear Inequalities [M] // T. C. Koopmans. Activity Analysis of Production and Allocation. New York/London: Wiley & Chapman-Hall, 1947: 339-347.

[40] Dantzig G. B. , Thapa M. N. Linear Programming 1: Introduction [M]. Berlin/New York: Springer-Verlag, 1997.

[41] Dantzig G. B. , Thapa M. N. Linear Programming 2: Theory and Extensions [M]. Berlin/New York: Springer-Verlag, 2003.

[42] Dendrinos D. S. Cites as Spatial Chaotic Attractors [M] // L. D. Kiel, E. Elliott, eds. Chaos Theory in the Social Sciences: Foundations and Applications. Ann Arbor: The University of Michigan Press, 1996: 237-268.

[43] Deng J. L. Control Problems of Grey Systems [J]. Systems & Control Letters, 1982, 1(5): 288-294.

[44] Diebold F. X. Elements of Forecasting [M]. 3rd ed. Mason: Thomson, 2004.

[45] Duda R. O. , Hart P. E. , Stork D. G. Pattern Classification [M]. 2nd ed. New York: Wiley, 2001.

[46] Duncan O. D. , Scott W. R. , Lieberson S. , Duncan B. , Winsborough H. H. Metropolis and Region [M]. Baltimore: Johns Hopkins(University) Press, 1960.

[47] Dunne R. A. A Statistical Approach to Neural Networks for Pattern Recognition [M]. Hoboken, NJ/Chichester: Wiley, 2007.

[48] Eberhart R. C. , Shi Y. H. Computational Intelligence: Concepts to Implementations [M]. Beijing: Posts & Telecom Press, 2009.

[49] Egmont-Petersen M. , de Ridder D. , Handels H. Image Processing with Neural Networks-A Review [J]. Pattern Recognition, 2002, 35 (10): 2279-2301.

[50] Feder J. Fractals [M]. New York: Plenum Press, 1988.

[51] Feng J. , Chen Y. G. Spatiotemporal Evolution of Urban Form and Land Use Structure in Hangzhou, China: Evidence from Fractals [J]. Environment and Planning B: Planning and Design, 2010, 37 (5): 838–856.

[52] Forrester J. W. Systems Analysis as a Tool for Urban Planning [J]. IEEE Transactions on Systems Science and Cybernetics, 1970, ssC-6 (4): 258–265.

[53] Gallagher R., Appenzeller T. Beyond Reductionism [J]. Science, 1999(284): 79.

[54] Gershenfeld N. The Nature of Mathematical Modelling [M]. Cambridge: Cambridge University Press, 1998.

[55] Gurney K. An Introduction to Neural Networks [M]. London: Routledge, 1997.

[56] Haggett P. Geography: A Modern Synthesis [M]. Second Edition. New York: Harper & Row, 1975.

[57] Haken H. Synergetics: An Introduction [M] 4rd ed. Berlin: Springer – Verlag, 1986.

[58] Haken H. A Synergetic Approach to the Self–Organization of Cities and Settlements [J]. Environment and Planning B: Planning and Design, 1995, 22(1): 35–46.

[59] Haken H., Portugali J. The Face of the City Is Its Information [J]. Journal of Environmental Psychology, 2003(23): 385–408.

[60] Haykin S. Neural Networks: A Comprehensive Foundation [M]. Englewood Cliffs: Prentice Hall, 1999.

[61] Hertz J., Palmer R. G., Krogh A. S. Introduction to the Theory of Neural Computation [M]. Cambridge: Perseus Books, 1990.

[62] Holland J. Hidden Order: How Adaptation Builds Complexity [M]. Reading: Addison – Wesley, 1995 (中译本: Holland J. 著. 隐秩序——适应性就是复杂性 [M]. 周晓牧, 韩辉译. 上海: 上海科技教育出版社, 2000).

[63] Holland J. Emergence: From Chaos to Order [M]. Cambridge: Perseus Books, 1998(中译本: Holland J. 著. 涌现——从混沌到有序 [M]. 陈禹, 等译. 上海: 上海科学技术出版社, 2001).

[64] Jiang B., Yao X., eds. Geospatial Analysis and Modeling of Urban Structure and Dynamics [M]. New York: Springer-Verlag, 2010.

[65] Kaye B. H. A Random Walk through Fractal Dimensions [M]. New York: VCH Publishers, 1989.

[66] Keyfitz N. Introduction to the Mathematics of Population [M]. Reading: Addison-Wesley, 1968.

[67] Knox P. L., Marston S. A. Places and Regions in Global Context: Human Geography [M]. Upper Saddle River: Prentice Hall, 1998.

[68] Krone R. M. Systems Analysis and Policy Sciences [M]. New York: John Wiley & Sons, 1980(中译本: Krone R. M. 著. 系统分析和政策

科学 [M]. 陈东威译. 北京：商务印书馆，2000).

[69] Lederman L. M., Teresi D. The God Particle: If the Universe Is the Answer, What Is the Question [M]? London/New York: Bantam Press, 1993.

[70] Lee Y. An Allmetric Analysis of the US Urban System: 1960－80 [J]. Environment and Planning A, 1989(21): 463－476.

[71] Longley P. A. Computer Simulation and Modeling of Urban Structure and Development [M] // Applied Geography: Principles and Practice. M. Pacione. London and New York: Routledge, 1999: 605－619.

[72] Lösch A. The Economics of Location [M]. Translated by W. H. Woglom and W. F. Stolper. New Haven: Yale University Press, 1940－1954.

[73] Malthus T. R. An Essay on the Principle of Population [M]. Harmondsworth: Penguin Books, 1798.

[74] Mandelbrot B. B. The Fractal Geometry of Nature [M]. New York: W. H. Freeman and Company, 1983: 334－345(中译本：Mandelbrot B. B. 著. 大自然的分形几何学 [M]. 陈守吉，凌复华译. 上海：上海远东出版社，1998).

[75] Mandelbrot B. B. Fractals: Form, Chance, and Dimension. San Francisco: W. H. Freeman, 1977(Mandelbrot B. B. 著. 分形对象 形、机遇和维数 [M]. 文志英，苏虹译. 北京：世界图书出版公司，1999).

[76] Maslow A. H. A Theory of Human Motivation [J]. Psychological Review, 1943(50): 370－396.

[77] Mayhew S. Oxford Dictionary of Geography [M]. 2nd Edition. Oxford/New York: Oxford University Press, 1997(参见上海外语教育出版社重新本，2001).

[78] McCulloch W. S., Pitts W. A Logical Calculus of Ideas Immanent in Nervous Activity [J]. Bulletin of Mathematical Biophysics, 1943(5): 115－133.

[79] Miles R. F., Jr. 主编. 杨志信，葛明浩译. 系统思想 [M]. 成都：四川人民出版社，1986.

[80] Miller G. A. The Magic Number Seven Plus or Minus Two: Some Limits on Our Capacity for Processing Information [J]. The Psychological Review, 1956, 63(2): 81－97.

[81] Miser H. J. Handbook of Systems Analysis, Volume 3, Cases [M]. New York: John Wiley & Sons, 1995.

[82] Miser H. J., Quade E. S. Handbook of Systems Analysis: Craft Issues and Procedural Choices, Volume 2 [M]. Oxford: Elsevier Science, 1988.

[83] Mitchell T. M. Machine Learning [M]. Boston: WCB/McGraw-Hill, 1997.

[84] Mitchell W. J. City of Bits: Space, Place, and the Infobahn. Cambridge: The MIT Press, 1996.

[85] Portugali J. Self-Organization and the City [M]. Berlin: Springer-Verlag, 2000.

[86] Portugali J., ed Complex Artificial Environments: Simulation, Cognition and VR in the Study and Planning of Cities [M]. Berlin: Springer-Verlag, 2006.

[87] Prigogine I., Allen P. M. The Challenge of Complexity [M] // W. C. Schieve, P. M. Allen, eds. Self-Organization and Dissipative Structures: Applications in the Physical and Social Sciences. Austin: University of Texas Press, 1982.

[88] Prigogine I., Stengers I. Order Out of Chaos: Man's New Dialogue with Nature [M]. New York: Bantam Book, 1984.

[89] Pullan W., Bhadeshia H., eds.. Structure in Science and Art [M]. Cambridge: Darwin College, 2000(中译本: Pullan W., Bhadeshia H. 主编. 科学与艺术中的结构 [M]. 曹博译. 北京: 华夏出版社, 2003).

[90] Quade E. S., Carter G. M. Analysis for Public Decisions [M]. 3rd Edition. Englewood Cliffs: Prentice Hall, 1989.

[91] Rényi A. Probability Theory [M]. Amsterdam: Plenum Press, 1970.

[92] Ripley B. D. Pattern Recognition and Neural Networks [M]. Cambridge: Cambridge University Press, 1996.

[93] Ritchey T. On Scientific Method – Based on a Study by Bernhard Riemann [J]. Systems Research, 1991, 8(4): 21-41.

[94] Rosenblatt F. The Perceptron: A Perceiving and Recognizing Automaton(Project PARA) [M] // Technical Report 85-460-1 [M]. Buffalo: Cornell Aeronautical Laboratory, 1957.

[95] Rosenblatt F. The Perceptron: A Probabilistic Model for Information Storage and Organization in the Brain [J]. Psychological Review, 1985(65): 386-408.

[96] Rosenblatt F. Principles of Neurodynamics [M]. New York: Spartan Books, 1962.

[97] Rumelhart D. E., McClelland J. L., The PDP Research Group. Parallel Distributed Processing: Explorations in the Microstructure of Cognition (Volume I) [M]. Cambridge: MIT Press, 1986.

[98] Rumelhart D. E., McClelland J. L., The PDP Research Group. Parallel Distributed Processing: Explorations in the Microstructure of Cognition (Volume II) [M]. Cambridge: MIT Press, 1986.

[99] Ryabko B. Ya. Noise – Free Coding of Combinatorial Sources, Hausdorff Dimension and Kolmogorov Complexity [J]. Problemy Peredachi Informatsii, 1986(22): 16-26.

[100] Saaty T. L. Decision Making for Leaders: The Analytic Hierarchy Process for Decisions in a Complex World [M]. Pittsburgh: RWS Publications, 1999.

[101] Saaty T. L. Relative Measurement and Its Generalization in Decision Making: Why Pairwise Comparisons Are Central in Mathematics for the Measurement of Intangible Factors – The Analytic Hierarchy/Network Process [J]. Review of the Royal Spanish Academy of Sciences A:

Mathematics, 2008, 102(2): 251-318.

[102] Saaty T. L. , Alexander J. M. Thinking with Models: Mathematical Models in the Physical, Biological, and Social Sciences [M]. Oxford or New York: Pergamon Press, 1981.

[103] Schrijver V. Theory of Linear and Integer Programming [M]. New York: John Wiley & Sons, 1998.

[104] Shannon C. E. A Mathematical Theory of Communication [J]. Bell System Technical Journal, 1948(27): 379-423, 623-656.

[105] Simmons J. W. The Organization of the Urban System [M] // L. S. Bourne, J. W. Simons. , eds Systems of Cities. New York: Oxford University Press, 1978: 61-69.

[106] Smith M. Neural Networks for Statistical Modeling [M]. New York: Van Nostrand Reinhold, 1993.

[107] Theil H. Economies and Information Theory [M]. Amsterdam: North Holland, 1967.

[108] Theodoridis S. , Koutroumbas K. Pattern Recognition [M]. 4th ed. London/New York: Academic Press, 2009.

[109] Tosh C. R. , Ruxton G. D, eds. Modelling Perception with Artificial Neural Networks [M]. Cambridge : Cambridge University Press, 2010.

[110] Wheeler J. A. Review on The Fractal Geometry of Nature by Benoit B. Mandelbrot [J]. American Journal of Physics, 1983, 51(3): 286-287.

[111] Wiener E. Cybernetics or Control and Communication in the Animal and the Machine [M]. Paris: Hermann & Cie Editeurs/Cambridge: The Technology Press/New York: John Wiley & Sons Inc. , 1948.

[112] Wilson A. G. Modelling and Systems Analysis in Urban Planning [J]. Nature, 1968(220): 963-966.

[113] Wilson A. G. Entropy in Urban and Regional Modelling [M]. London: Pion Press, 1970.

[114] Wilson A. G. Complex Spatial Systems: The Modelling Foundations of Urban and Regional Analysis [M]. Singapore: Pearson Education Asia Pte Ltd. , 2000.

[115] Zadeh L. A. Fuzzy Sets and Systems [M] // Fox J. , ed. System Theory. Brooklyn: Polytechnic Press, 1965: 29-39.

[116] Zadeh L. A. Fuzzy Sets [J]. Information and Control, 1965(8): 338-353.

[117] Zadeh L. A. Outline of a New Approach to the Analysis of Complex Systems and Decision Processes [J]. IEEE Transactions on Systems, Man and Cybernetics, 1973, SMC-3(1): 28-44.

[118] Zadeh L. A. Fuzzy Sets and Applications: Selected Papers(edited by R. R. Yager, S. Ovchinnokov, R. M. Tong, H. T. Nguyen) [M]. New York: Wiley, 1987.

[119] Zadeh L. A. , ed. Fuzzy Logic for the Management of Uncertainty [M] . New York: Wiley, 1992.

[120] Zimmermann H-J, Zadeh L. A., Gaines B. R. Fuzzy Sets and Decision Analysis [M]. New York /Amsterdam: North-Holland, 1984.

[121] 陈彦光. 地理学是一门空间信息科学 [J]. 信阳师范学院学报(自然科学版), 1994, 7(2): 217-220.

[122] 陈彦光. 分形城市系统: 标度、对称和空间复杂性 [M]. 北京: 科学出版社, 2008.

[123] 陈彦光. 基于 Excel 的地理数据分析 [M]. 北京: 科学出版社, 2010.

[124] 陈彦光. 地理数学方法: 基础和应用 [M]. 北京: 科学出版社, 2011.

[125] 邓聚龙. 社会—经济灰色系统的理论与方法 [J]. 中国社会科学, 1984(6): 47-60.

[126] 邓聚龙. 灰色系统基本方法 [M] 第 2 版. 武汉: 华中科技大学出版社, 2005.

[127] 高阪宏行. 都市规模分布的动态分析——以新潟县为例. 地理学评论, 1978, 51(3): 223-234.

[128] 何晓群, 刘文卿编著. 应用回归分析 [M]. 北京: 中国人民大学出版社, 2001.

[129] 贺仲雄, 王伟. 决策科学: 从最优到满意 [M]. 重庆: 重庆出版社, 1988.

[130] 胡永宏, 贺思辉编著. 综合评价方法 [M]. 北京: 科学出版社, 2000.

[131] 李一智, 向文光, 胡振华编著. 经济预测技术 [M]. 北京: 清华大学出版社, 1991.

[132] 联合国开发计划署(UNDP). 2000 年人类发展报告 [M]. 北京: 中国财政经济出版社, 2001.

[133] 苏维宜主编. 数形思辨 [M]. 南京: 江苏科学技术出版社, 2000.

[134] 许国志主编. 系统科学 [M]. 上海: 上海科技教育出版社, 2000.

[135] 许学强, 朱剑如. 现代城市地理学 [M]. 北京: 中国建筑工业出版社, 1988.

[136] 杨吾扬. 论城市体系 [J]. 地理研究, 1987, 6(3): 1-8.

[137] 钟义信. 信息科学原理 [M]. 福州: 福建人民出版社, 1988: 35-36.

[138] 周一星. 城市地理学 [M]. 北京: 商务印书馆, 1995.

[139] 周一星, 于海波. 中国城市人口规模结构的重构(二) [J]. 城市规划, 2004, 199(8): 33-42.

[140] 庄大方, 邓祥征, 战金艳, 赵涛. 北京市土地利用变化的空间分布特征 [J]. 地理研究, 2002, 21(6): 667-674.

[141] 左鸿恕编写. 怎样求最佳点 [M]. 上海: 上海科学技术出版社, 1980.

后 记

在全书定稿之后，我想对本书的来龙去脉有一个简单的交代。2005年，北京大学环境学院(现在的城市与环境学院的前身)城市与区域规划系的有关负责人提议我为北京大学城市规划专业本科生讲授"城市规划系统工程学"课程。当时我在北京大学承担的课程仅有研究生"地理数学方法"，没有达到学院规定的课时量要求，因此接受了这个教学任务。我在大学本科期间就对系统科学理论和系统分析方法很感兴趣。后来走上城市分形和空间复杂性研究之路，在很大程度上与我早年对系统科学的兴趣是分不开的。毕竟复杂性科学是一般系统论的继续发展。我曾在研究生期间系统地学习过区域系统工程学课程，加之具有定量分析方法的技术训练背景，因此，感到自己大体可以胜任这门课程的教学。

然而，选择何种教材，却是一开始就面临的一个问题。当时国内有一本同济大学陈秉钊教授编著的《城市规划系统工程学》。我一开始将该书列为备选教材之一。但是，2006年秋开课之后，学生感到陈秉钊教授的那本书与我讲授的本科计量地理学以及研究生地理数学方法存在内容上的重叠。简而言之，陈秉钊先生的《城市规划系统工程学》更为偏重统计方法和计量地理，对系统科学理论和系统分析方法的讲授有所欠缺。于是，从2006年开始，我着手编写自己的城市规划系统工程学讲义。写一套讲稿并不困难。一方面，我对系统科学理论和系统分析方法关注多年。另一方面，在我的地理数学方法讲义里面，有一部分内容如层次分析法等正准备淘汰出来，而这一部分恰恰与系统工程学具有密切的关系。这样，《城市规划系统工程学》的初步框架成型。此后，北京大学蔡运龙老师邀请我参与他主持的科技部创新方法(2007FY140800)总体组的研究工作，遂将这本书列入其教材写作计划。于是，经过几轮教学和研究，内容不断增删，逐步演变成目前这个面貌。

今天读者见到的这本书，前面三章即系统思想、系统分析方法以及信息熵分析是专为这个教本写作的，线性规划、层次分析法和模糊综合评价三章是在地理数学方法课程中试用多年后转移过来的，灰色系统预测模型一章是基于研究生期间写好的讲义初稿修改的，人工神经网络一章原本打算用于"地理数学方法"教程之二，现根据实际教学和城市规划系统工程学体系需要安排到本书中。此外，还有两章——Logistic分析和Markov链，曾经是我的地理数学方法教程中的内容，但这两方面的内容与城市规划系统工程学理论体系和应用方法关系密切，经修改之后纳入本书，并且计划今后修订地理数学方法教材时将相关章节从研究生教程中删除。一句话，本书中的绝大部分内容经过多个轮次的教学实践检验。

　　虽然我对这本书的结构还很不满意，但其中许多内容的讲解的确具有作者的特色。例如，Logistic 回归是一种有效的黑箱分析技术，如何将 Logistic 回归讲解明白，本人这些年有自己的一些教学心得；这类心得体现在教材中，就是用更为简单的方式让读者更好地明白 Logistic 回归的原理。再如，人工神经网络是许多读者感兴趣的非线性系统建模方法，如何让读者更好地明白神经网络理论，本人也有自己的经验总结，包括简明的案例，不同方法的类比。总之，这本书不是简单的编写，而是融入了作者的研究和创造。因此之故，本书才具有自身的特色和出版的价值。自己写的东西，每隔一段时间再看都会发现许多不满意的地方。改进是没有止境的。相信今后经过读者的批评指正，作者将能更好地提高城市规划系统工程学的教学水平。

　　最后，衷心感谢北京大学蔡运龙老师对本书写作提供的支持！感谢中国建筑工业出版社为本书出版的大力支持！感谢我的研究生陈青和龙玉清协助校对书稿！